技術大全シリーズ

板金加工大全

遠藤順一 編著

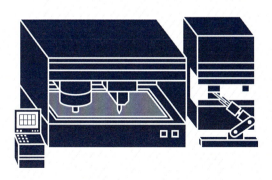

日刊工業新聞社

はじめに

　「板金加工」という用語を学術用語集で調べると、実は載っていない。この言葉は業界用語であり、金属薄板をせん断・切断、曲げ、溶接をして部品・製品をつくることを指している。薄板と断ったのは、厚板を対象とすると、業界では製缶として区別されているからである。学術の対象としても認知されていないので、学者・研究者がこの分野を研究対象として取り上げることは極めて稀であった。

　板金加工製品は１兆円を超える産業規模があるとも言われている。しかし、この業界そのものが組織化されていないため、統計が取られていないのが実情である。また、業界が社団法人として組織化されておらず、監督官庁である経済産業省にも認知されていない。したがって、国の施策の中には板金加工に関するものがない。このような状況では、業界の正しい発展は期待できないのではなかろうか。監督官庁が個々の企業に対して助言・助成をすることはあり得ず、社団法人として公共性が認められれば、各種の助成や法の下での庇護が受けやすくなると思われる。また、学術としても認知されることになれば、学者・研究者が広く研究対象として取り上げることが期待される。

　板金加工とプレス加工の違いは何か？例えば薄板からの円板の打抜きを考えよう。塑性学の見地からは板金加工もプレス加工も全く同じで、板のせん断加工である。ところが同じ円板の打抜きでも、プレス加工では打ち抜かれた円板そのものが製品であり、一方、板金加工では打ち抜かれた円板はスクラップであり、抜かれた残りの板が製品となる。この相違は大きな意味を持つ。

　プレス加工では抜かれた円板が製品であるから、製品形状は全く同じであり、大量生産に適していることになる。一方、板金加工では抜かれた板の残りが製品であるから、抜く位置を変えたものは他の製品となって、多品種少量生産に適していることになる。複数の穴の位置を変えて抜くためには位置決めが重要になり、NC化が必要とされた。その結果、板金加工ではNC化された加工機が早くから用いられ、NC装置を有するということからネットワークへの接続が行われ、FMS化、IoT化が進んだのである。

　一方のプレス加工では、製品を変えるためには金型を変える必要があり、

大量生産は可能だが、加工機械であるプレス機械はNC化の必要がなかった。最近になってサーボプレスが開発され、プレスにもNC装置が付き、これによりネットワークに接続できるようになった。

　サーボプレスが開発されたのは、ACサーボモータが開発されたことが大きな理由である。それまでのDCサーボモータでは高出力が期待できなかったからである。ところがACサーボモータを動力源にしたプレスは、板金プレスの1つであるプレスブレーキが最初であり、1985年には市販されている。NC化、ネットワーク化がプレス加工に先立って板金加工で行われたのはNC加工機の存在によるので、板金加工システムでは夜間無人運転、24時間以上の長時間の無人運転は早くから行われているが、プレス加工において夜間無人で運転した例を著者は知らない。

　板金加工の内容を学術的に見ると、極めて広範囲に及ぶことが分かる。板のせん断と曲げでは塑性変形の様子は異なっている。また板の接合でも、機械的にかしめを行う場合には塑性変形を利用するが、溶接となると熱による溶融加工となる。したがって、これらを統一的に学問として扱うことは極めて難しい。そこで板金加工を対象とする場合には、加工機械・加工法別に取り扱う方がより自然なように思われる。板金加工の従事者は各加工機械・加工法の特性を十分理解したうえで、加工法の選択をすることが望まれる。

　出版社から「板金加工大全」の出版を相談されたとき、直ちに賛成をしたのは、この加工を社会的にも学問的にも認知させたいという強い思いがあったからに他ならない。浅学菲才をも顧みず、本書の編集・執筆を引き受けたのも同じ理由からである。各章の内容は編者が全面的に目を通したつもりである。したがって、本書の内容についての責任はひとえに編者にある。本書が板金加工に従事する者の必携の書とならんことを期待したい。読者の忌憚のないご意見、ご叱正を待つ次第である。

　なお、本書は通読することにより板金加工全体の理解を促すものだが、必要な章のみを読むことでその加工を理解できるようにも配慮した。一部、内容が重複しているのは以上の理由からであり、読者の理解を賜りたい。

2017年6月

遠藤　順一

目　　次

はじめに ……………………………………………………………… 1

第1章　板金製品の設計

1.1　板金加工のメリット ………………………………………… 8
1.2　板金材料 ……………………………………………………… 9
1.3　板金設計の実例 ……………………………………………… 12
1.4　板金図面と読み方 …………………………………………… 15
1.5　展開と板取り ………………………………………………… 20
1.6　金型および加工法の選択 …………………………………… 35
1.7　板金CAD（2次元、3次元） ……………………………… 41

第2章　シヤーとせん断加工

2.1　せん断の原理と素材への影響 ……………………………… 56
2.2　シヤーについて ……………………………………………… 66
2.3　シヤリング加工Q&A ……………………………………… 69
2.4　シヤリング加工の注意点 …………………………………… 73

第3章　パンチングプレスと加工

3.1　打抜き加工における基礎知識 ……………………………… 76
3.2　パンチングプレスの特徴 …………………………………… 79
3.3　パンチング加工における課題と解決策 …………………… 89
3.4　新しい加工の取り込み ……………………………………… 113

第4章　ベンディングマシンと加工

- 4.1　曲げ加工に使われる材料 …………………………………………………… 122
- 4.2　V曲げ加工 …………………………………………………………………… 123
- 4.3　L曲げ加工 …………………………………………………………………… 145
- 4.4　ベンディングマシン ………………………………………………………… 155
- 4.5　曲げ加工における金型 ……………………………………………………… 162
- 4.6　曲げ順序 ……………………………………………………………………… 184

第5章　レーザマシンと加工

- 5.1　レーザによる切断とその特徴 ……………………………………………… 196
- 5.2　レーザマシンの種類とその特徴 …………………………………………… 205
- 5.3　板金加工に利用されるレーザの種類 ……………………………………… 211
- 5.4　レーザ切断加工 ……………………………………………………………… 218
- 5.5　CO_2レーザマシンと固体レーザマシンの比較 …………………………… 239

第6章　板金加工での溶接

- 6.1　溶接・接合技術 ……………………………………………………………… 246
- 6.2　冶金的接合法の利用 ………………………………………………………… 249
- 6.3　板金加工に利用される各種溶接法 ………………………………………… 252
- 6.4　溶接で発生する欠陥の検出と防止策 ……………………………………… 283

第7章　仕上げ・測定作業

- 7.1　仕上げ加工 …………………………………………………………………… 290
- 7.2　測定作業 ……………………………………………………………………… 299

目次

第 8 章　板金加工における安全と装置

8.1　板金加工機械などの労働災害発生状況 …………………………… 312
8.2　労働安全衛生法の規制 ………………………………………………… 314
8.3　安全対策 ………………………………………………………………… 318

第 9 章　金型の選定と保守

9.1　パンチングプレスにおける金型の選択と保守 ……………………… 332
9.2　ベンディングマシンにおける金型の保守 …………………………… 338

第 10 章　自動化ツール

10.1　自動プログラミング装置 …………………………………………… 348
10.2　板金 CAD／CAM …………………………………………………… 360

第 11 章　板金加工システムと IoT

11.1　板金加工システム …………………………………………………… 398
11.2　板金加工システムとソフトウェア ………………………………… 408
11.3　板金加工システムと周辺機器類 …………………………………… 414
11.4　板金加工と IoT ……………………………………………………… 418
11.5　板金加工の課題 ……………………………………………………… 420
11.6　板金加工業の課題 …………………………………………………… 425

索　引 ……………………………………………………………………… 428

板金製品の設計

　板金製品を設計する場合、板金加工の加工工程を理解したうえで、品質、コスト、納期を考慮しなければならない。板金加工は汎用的な金型を使って、穴あけ、切断、曲げ加工を行う。汎用的という部分がプレス加工と大きく異なる部分である。この特徴を捉えて設計を行わないと、思わぬコストアップ、納期遅れにつながってしまう。まずは、板金加工とは何か、どのような工程があり、どんなマシンを使用するのかといった概要を解説する。そして、板金加工の最大の特徴である展開図はどのように作成するのか、ここではそれら板金加工に必要な技術に関して記述する。

1.1 板金加工のメリット

▶ 1.1.1 板金加工の特徴

　金属の板材に力を作用させて、所定の形状に変形させて製品をつくり上げる加工方法を塑性加工という。金属板の塑性加工は、プレス機械を使ったプレス加工と曲げ板金、打ち出し板金といった手板金、そして機械を使った機械板金に分けることができるが、ここで記述するのは機械を使った機械板金であり、中央職業能力開発協会の技能検定で分類されるところでは、工場板金の中の機械板金作業や数値制御（以下、NC）タレットパンチプレス板金作業に該当する。

　よく比較されるプレス加工との違いだが、プレス加工は製品に合った金型を製造し、規定の切断された材料をプレスマシンにて加工することをいう。プレス加工はプレスマシンで穴あけから、曲げ、切断までを行うことができる。これに対して機械板金作業は、定尺材やスケッチ材をパンチングプレスやレーザマシンという切断装置で切断した後、ベンディングマシンという曲げ機械で曲げ加工を行う。曲げた製品は溶接やネジ、リベットなどにより結合され、組み立てられる。機械板金加工のことをここでは板金加工として記述する。

　板金加工の特徴は、以下の4つを挙げることができる。
① 専用の金型を使わずに、汎用の金型を使用する
② 製品のサイズは問わない
③ 多品種少量生産に向いている
④ 作業者の技能に影響される

　以上のように、板金加工は板金製品の試作や少量のロットサイズでの加工に適していることから、大量生産時代より現在の変種変量生産時代に適した加工と言われている。その一方、作業者の技能に依存する部分もある。

▶ 1.1.2　板金加工でつくられる製品

　板金加工は多品種少量生産に適し、大小様々な大きさに対応できることから、身の回りのいろいろな場所で使われている。ここではその一部を紹介する。

（1）オフィス

　スチール家具や照明機器のカバー、パーテーションから、電話機のフレーム、パソコンのサーバーラックなど

（2）駅

　券売機や改札機の筐体、案内掲示板、転倒防止用の柵やエスカレータ、エレベータなど

（3）街中

　自動販売機の扉や内部の機構部品、信号機、看板、サッシ窓の枠など

（4）コンビニエンスストア

　レジの筐体、厨房機器、ATM、冷凍ショーケース、業務用レンジなど

（5）病院

　レントゲン装置やMRI・CT装置の筐体など

（参考）http://www.amada.co.jp/products_made/

1.2 板金材料

▶ 1.2.1　板金材料の種類

　板金加工で使用する材料は、軟鋼板、ステンレス鋼板、表面処理鋼板、アルミニウム板、銅板などが主なものである（**表1.1**）。鋼板は板厚によって、厚板（6mm以上）、中板（3mm以上6mm未満）、薄板（3mm未満）に分けられる。

　軟鋼板は、熱間圧延軟鋼板（SPHC）と冷間圧延鋼板（SPCC）が代表的

表 1.1 板金材料の種類

```
板金材料 ─┬─ 鉄鋼 ─┬─ 冷延・熱延鋼板（軟鋼板）
         │       ├─ ステンレス鋼板
         │       ├─ 亜鉛鉄板（表面処理鋼板）
         │       └─ その他
         │
         └─ 非鉄 ─┬─ アルミニウムとアルミニウム合金板
                 ├─ 銅と銅合金板
                 └─ その他
```

表 1.2 板金加工に使用される材料の JIS 記号

区分	名　　　称	記　　　号
鉄鋼	一般構造用圧延鋼材	SS
	熱間圧延軟鋼板	SPHC、SPHD、SPHE
	冷間圧延鋼板	SPCC、SPCD、SPCE
	ブリキ	SPTE、SPTH
	溶融亜鉛めっき鋼板	SGCC、SGHC
	電気亜鉛めっき鋼板	SECC、SEHC
	熱間圧延ステンレス鋼板	SUS-HP
	冷間圧延ステンレス鋼板	SUS-CP
非鉄	銅および銅合金の板	C××××P
	例えば、黄銅板（3種）の場合	C2801P
	例えば、タフピッチ銅板の場合	C1100P
	アルミニウムおよびアルミニウム合金の板	A××××P
	例えば、合金番号 5052 の合金板の場合	A5052P

なもので、一般に"鉄板"と呼ばれる（**表 1.2**）。熱間圧延では、鋼塊を赤熱状態のままロールで延ばし鋼板にする（この鋼板の表面には、高温で形成される赤褐色や黒色の酸化鉄膜が付着していて、黒皮材とも呼ばれる）。冷間圧延では、熱間圧延された材料の酸化皮膜を除去した後、常温で圧延加工される（この鋼板には、酸化鉄膜は形成されず、みがき材とも呼ばれる）。

　ステンレス鋼板（SUS）は、鋼にクロムを 12 ％以上添加したもので耐食性に優れている。表面処理鋼板は、軟鋼板を母材として表面にめっきしたも

の、あるいはめっきして更に塗装したものである。アルミニウムは軽く、伝熱性、導電性に優れている。銅も伝熱性、導電性に優れており、合金には銅に亜鉛を添加した黄銅、スズを添加した青銅などがある。

▶ 1.2.2　板金材料の寸法

　板金材料は、あらかじめ必要な寸法に切断されたスケッチ材と、寸法が規格で決められた定尺材（**表1.3**、**表1.4**）がある。通常は定尺材をそのまま使い、切断、穴あけ加工を行う。

　定尺の鋼板は、2トン（tonf）梱包の姿で売買されて、荷姿は**図1.1**および**表1.5**のようになる。

　スケッチ材は、所望するサイズに鋼材会社で切断してもらうことになるが、その寸法はそのまま穴あけ加工を行ったり、曲げ加工を行う前の外形寸法に切断されるのが一般的である。

　加工方法については後の各章で詳述するので省略する。

表1.3　定尺材のサイズ（軟鋼板）

規格サイズ（単位：フィート）	メートル寸法
3′×6′（サブロク）	914×1,829 mm
4′×8′（シハチ）	1,219×2,438 mm
5′×10′（ゴトー）	1,524×3,048 mm

表1.4　定尺材のサイズ（ステンレス、アルミニウム）

規　格　サ　イ　ズ	
ステンレス	アルミニウム
	400×1,200 mm（小板）
1,000×2,000 mm（メーター板）	1,000×2,000 mm（メーター板）
1,219×2,438 mm（シハチ）	1,250×2,500 mm（シハチ）
1,524×3,048 mm（ゴトー）	1,525×3,050 mm（ゴトー）

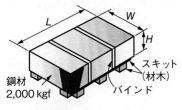

図1.1 2トン梱包姿

表1.5	定尺と高さの関係（鋼板）		
	L	W	H
3′×6′	1,829	914	（約）152
4′×8′	2,438	1,219	86
5′×10′	3,048	1,524	55

1.3 板金設計の実例

　板金設計の実例を、職業訓練法人アマダスクール主催の優秀板金製品技能フェアの作品から紹介する。

　図1.2は　京浜パネル工業(株)から出品された作品で、医療機器用の部品である。材質はSUS430で板厚1.5mm、作品の大きさは353×150.2×120.5mmである。CAD／CAMで展開、プログラム作成、レーザマシンで切断し、タッピング、曲げ、リベット締結を行った作品である。曲げ部が29個所で、4つの角は曲げ加工した後、リベット締結を行う。リベット穴が同芯でないと締結でないため、要求精度が±0.05mmから±1.0mmと高精度な加工が求められる。

　複雑な形状をしているため、展開図作成およびCAMで120分、穴あけ、曲げ加工で1個当たり60分かかっている。精密機器部品は機器の中に入り込むため、表に出ることは無いが、軽量で強度があり、一方、放熱のための風穴が設けられる場合が多い。そして多くの部品と締結する必要があるため、切り起こしやバーリング、タップ加工、リベットのための通し穴が設計され、高精度で複雑な曲げ加工が求められる。高精度な薄板機械板金加工を代表する例である。

　図1.3は(有)浜部製作所から出品された作品で、同社が開発・製造・販売を行っている環境試験機（恒温槽）を1/4のサイズで製作したものである。

第1章 板金製品の設計

図1.2 単体品　　　　　図1.3 組立品

　材質は SUS304 で板厚 1.5 mm、作品の大きさは 295×468×468 mm で、要求精度は ±0.3 mm である。3 次元 CAD で設計し、展開、パンチングプレス、レーザマシン、ベンディングマシン、溶接、仕上げ、リベット止めで製作している。部品点数は 113 点もあることから、2 次元 CAD での設計では部品間の干渉確認や分割が難しくなるため、3 次元 CAD での設計が不可欠になる。

　これだけの部品点数があると、段取りと加工に多くの時間がかかってしまうため、パンチングプレス、レーザマシンの CAM においてはネスティングを行うための専用ソフトを活用している。これにより、素材の歩留まり率を向上させ、段取り時間の削減につなげている。ベンディングマシンにおいても同様で、曲げプログラムを自動で作成するソフトを利用している。

　溶接においては、電極棒の径や研磨角度など最適な溶接条件を決定し、バックシールドにアルゴンガスを流し、熱を逃がすことでひずみが最小になるよう工夫している。また、リベット結合を多く取り入れ、溶接工数を減らしている。

　板金製品の組立品は、設計、ソフトウェア、そしてそれぞれの工程の加工技術の総合力でつくられるという実例である。

　図1.4 は(株)ナダヨシから出品されたオードブル保温器という作品で、立食パーティーなどで中華料理のように回して使用するものである。材質は SUS304 で板厚 1.2 mm、作品の大きさは 690×690×150 mm である。食料品を扱う場合はさびにくいステンレス材料を用いる。8 つの槽にお湯を張り、食材を保温したり、氷を敷いて冷温できる。パーティーで使用するために、見た目の美しさを追求し、R 形状を多用する設計が特徴である。

図 1.4 溶接品

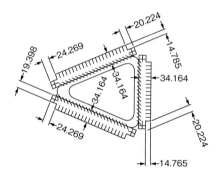

図 1.5 組立前部品展開図

図 1.6 組立前部品

　製作は3次元CADで設計し、パンチ・レーザ複合機で成形・切断、曲げ加工後、TIG溶接、仕上げ、組み立てを行っている。それぞれの槽や食材を置く受け皿は、**図 1.5**で代表される展開図となり、**図 1.6**のように3方向Rの突き合わせで構成される。R曲げを機械板金で正確に行った後、坊主ならしとハンマーを使って丸みを付け、TIG溶接を行った後、仕上げ、鏡面研磨を行っている。この作品は、機械板金だけでなく、打ち出し板金を合わせた実例である。

　板金材料であるステンレスは、磨き方によって美しい模様になり、これを利用すると、造形品を製作することができる。大田産業(株)から出品された装飾鏡(**図 1.7**)は美術家三宅律子氏のデザインによるもので、材料にSUS304板厚1.2 mm、作品の大きさは460×590×160 mmである。ステンレスを使い、曼珠沙華をモチーフにしてデザインされている。

第1章　板金製品の設計

図1.7　造形品

　デザイナーの描いた形状が多角形にならないように自由曲線で外形をCAD化し、レーザマシンで切断、ステンレスの代表的な仕上げである鏡面仕上げ、バイブレーション仕上げを行い、組み立てを行っている。板金加工を造形作品として利用している例である。

1.4 板金図面と読み方

▶ 1.4.1　三面図

　板金設計図面は特別な書き方がされるわけではなく、JISに準じた三面図（図1.8）で設計される。板材を使用した製品設計では、板厚部分が複雑に絡み合うため、製造者に分かるように記述には注意する。また曲げ部分はR（アール）形状とする。

　三面図には材質、板厚の記述、また、箱形状ならば突き合わせがどうなっているのかなどを描画する。板厚は注記で記述する場合もあるが、図枠に記述される場合もある。

　また、板金図面では仕上げ記号や寸法公差を書かない場合も多い。寸法公

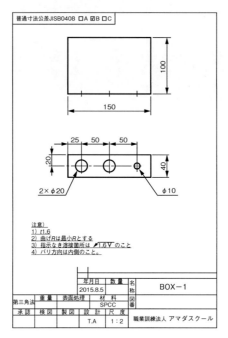

図1.8　板金図面例

差に関しては、金属プレス加工品の普通寸法公差 JIS B0408（表1.6）に公差が規定されているので、JISの等級を指示すればよい。

　さらに、板金製品は通常曲げ加工を行って形づくられる。曲げ加工を行うと曲げ部は R 形状になるが、その寸法を記述しないこともある。この場合には、「指示なき曲げ R は最小 R」などと注記で記述することにより、およそ板厚程度の内 R で製作される。バリに関する記述も板金製品には多い。板金図面例（図1.8参照）では、「バリ方向は内側のこと」と記述されている。

▶ 1.4.2　展開図

　展開図（図1.9）は、三面図から曲げ加工前の展開した状態の図面で、板金加工を特徴づけるものである。

　展開図に必要な情報は、展開の長さ（展開長）、切り欠きの寸法、穴の大きさや位置などである。また、曲げ工程で金型のパンチを材料に合わせる線を曲げ線というが、曲げ線に関する情報として、曲げ位置までの寸法や曲げ

表1.6 JIS B 0408 プレス加工品の普通寸法公差

打抜きの普通寸法許容差

単位：mm

基準寸法の区分	等級		
	A級	B級	C級
6 以下	±0.05	±0.1	±0.3
6 を超え　30 以下	±0.1	±0.2	±0.5
30 を超え　120 以下	±0.15	±0.3	±0.8
120 を超え　400 以下	±0.2	±0.5	±1.2
400 を超え　1,000 以下	±0.3	±0.8	±2
1,000 を超え　2,000 以下	±0.5	±1.2	±3

備考　A級、B級およびC級は、それぞれ JIS B 0405 の公差等級 f、m および c に相当する。

曲げおよび絞りの普通寸法許容差

単位：mm

基準寸法の区分	等級		
	A級	B級	C級
6 以下	±0.1	±0.3	±0.5
6 を超え　30 以下	±0.2	±0.5	±1
30 を超え　120 以下	±0.3	±0.8	±1.5
120 を超え　400 以下	±0.5	±1.2	±2.5
400 を超え　1,000 以下	±0.8	±2	±4
1,000 を超え　2,000 以下	±1.2	±3	±6

備考　A級、B級およびC級は、それぞれ JIS B 0405 の公差等級 m、c および v に相当する。

方向が記述される場合もある。**図 1.10** の曲げ線の例は、谷曲げの曲げ線を実線で、山曲げの曲げ線を破線で表した例である。板金 CAD システムでは**図 1.11** のように表すこともある。

　展開図には表面と裏面がある。展開図を正面から見た面が表面になる。パンチングプレスやレーザマシンでこの形状をつくる場合は、材料をテーブル

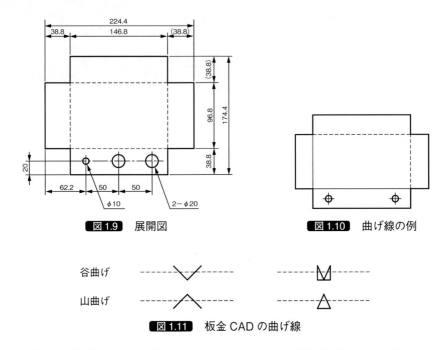

図 1.9 展開図　　　　　　　　　　**図 1.10** 曲げ線の例

図 1.11 板金 CAD の曲げ線

に載せ、展開図のとおり加工する。したがって、切断した後のバリやドロスは展開図の裏面に現れることになる。バリ面が内側のこと、などと記述されていた場合は、この展開図（図 1.9）の曲げ線は山方向に曲げる必要がある。谷方向で曲げるとバリ面が外側になるだけでなく、穴位置に違いが出て異なる製品になってしまう。

▶ 1.4.3　アイソメトリック図、分解図

　三面図で書かれた図面は板厚線が重なり合って形状が分かりにくい場合がある。また、速やかに展開図を作成するには、三面図から立体的な形状をイメージしなければならない。その際にアイソメトリック図（**図 1.12**）があると分かりやすく、よく利用されている。さらに、組立図で表された三面図ではそれぞれの部品だけでなく、どのように組み立てられているのかが分かりにくい場合は、分解図（**図 1.13**）を 3 次元で表現する場合がある。

第 1 章 板金製品の設計

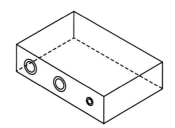

図 1.12 アイソメトリック図

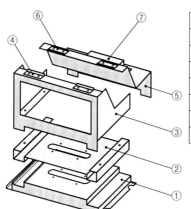

部品番号	部品名	個数
1	Base	1
2	Support	1
3	Front Cover	1
4	Slip Joint Male	2
5	Top Cover	1
6	Slip Joint Female	2
7	Handle	1

図 1.13 分解図

▶ 1.4.4　三面図の読み解き方の注意事項

三面図から展開図を作成するための注意事項をまとめると、以下のようになる。
(1) 材質、板厚の確認（**図 1.14** および **図 1.15**）
(2) 製品形状の理解（図 1.12 参照）
(3) 加工における注意事項の確認（図 1.15 参照）
(4) 展開図の作成（図 1.9 参照）
　展開図の外形寸法（展開長）や切り欠き寸法、穴寸法、穴位置を求め、展開図を作成する。

図1.14 材質、板厚の確認　　　　図1.15 加工注意事項

1.5 展開と板取り

▶ 1.5.1 展開手法

展開図をつくるために必要な基礎知識は、板金加工特有の伸び補正値を知り、それを使って展開長や切り欠き寸法、曲げ線の位置を求めることである。

(1) 展開長の求め方

展開図の展開長を求めるには、まず伸び補正値を知る必要がある。板金材料を曲げると、製品寸法と展開図では次のような関係がある。

図1.16において、a、b、cは板の外側の寸法で外寸と言い、$α$は伸び補正値（伸び値）、展開した長さを展開長という（図1.17）。

$α$は、曲げ加工前の展開長と、加工後の外側寸法（$a+b$）の差を計算することにより求める。例えば、曲げ加工する前の展開長が90 mm、曲げ加工後のaの長さ（外寸）が31.08 mm、bの長さ（外寸）が61.08 mmとなったとすると、伸び補正値は31.08＋61.08－90＝2.16 mmとなる。

①外側寸法加算法

外側寸法加算法は、製品の各フランジの外側寸法（外寸）を加算した合計から、各曲げ部の伸び補正値を加算した合計を減算する方法である。外側寸法（外寸）とは、図1.18に示したL寸法のことである。

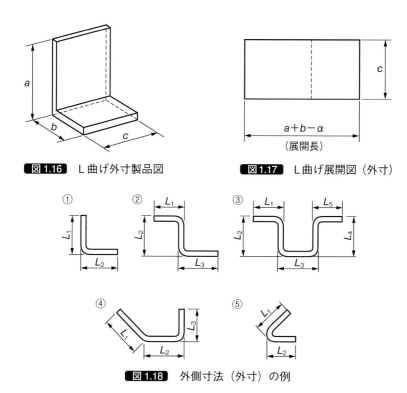

図1.16 L曲げ外寸製品図

図1.17 L曲げ展開図（外寸）

図1.18 外側寸法（外寸）の例

図1.18の90°曲げの伸び補正値を$α1$、鈍角曲げの伸び補正値を$α2$、鋭角曲げの伸び補正値を$α3$とすると、①から⑤の展開長はそれぞれ次のように求めることができる。

① $L1+L2-α1$
② $L1+L2+L3-2×α1$
③ $L1+L2+L3+L4+L5-4×α1$ (1.1)
④ $L1+L2+L3-α1-α2$
⑤ $L1+L2-α3$

②内側寸法加算法

図1.19において、a、b、cは板の内側の寸法で内寸という。

$β$はちぢみ補正値（内伸び補正値）と言い、曲げ加工前の展開長と、加工後の内側寸法（$a+b$）の差を計算することにより求めることができる（図1.20）。

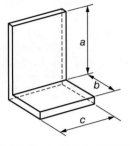

図1.19 L曲げ内寸製品図

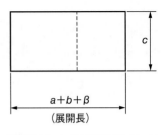

図1.20 L曲げ展開図（内寸）

βは外側寸法加算法の伸び補正値（α）と次式の関係があるので参考にするとよい。

90°曲げのとき

$$\beta = 2t - \alpha \tag{1.2}$$

③中立面基準法

曲げられた材料は、内側に圧縮ひずみ、外側に引張りひずみを生じる。そのひずみの大きさは、材料の表面で最も大きく、板厚の内部に向かって小さくなる。そして、中心部近くにおいて、圧縮ひずみも引張りも受けない架空の面が想像されるが、この架空の面を中立面（**図1.21**）という。この中立面の長さは、曲げた後も曲げる前と変わらないため、展開長を計算するときに利用することができる。この長さを計算する方法が中立面基準法である。中立面の位置は、V曲げでは内側へ寄ってくることが分かっている（**図1.22**）。

・中立面基準法（$r_i \geq 5t$ の場合）

r_i が板厚の5倍以上の場合、曲げ部における板厚の変化はない（**図1.23**）。したがって、中立面は元の板厚 t の中心線上 $\frac{t}{2}$ にあると考えられる。

R部の中立面の半径は、

$$\left(r_i + \frac{t}{2}\right) \tag{1.3}$$

R部の中立面の円弧の長さは、

$$2\pi\left(r_i + \frac{t}{2}\right) \times \frac{\alpha°}{360°} \tag{1.4}$$

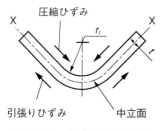

図 1.21　曲げ加工とひずみ

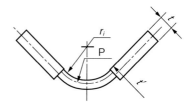

図 1.22　中立面の移動イメージ

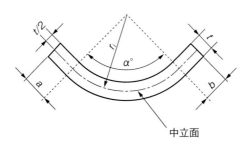

図 1.23　$r_i≧5t$ の場合の曲げ部の図

直線部を含む前の図の展開長は、

$$a + \left\{2\pi\left(r_i + \frac{t}{2}\right) \times \frac{\alpha°}{360°}\right\} + b \tag{1.5}$$

と計算できる。

　R 曲げと言われるこのような条件の展開長は、一般的にこの方法で求められることが多い。

・中立面基準法（$r_i<5t$ の場合）

　r_i が板厚の 5 倍未満の場合、曲げ部において板厚が薄くなる。したがって、中立面は元の板厚より薄くなった t' の中心線上 $\frac{t'}{2}$ にあると考えられる。すなわち、中立面は内側へ寄ってくる（**図 1.24**）。

　内側曲げ半径 r_i と板厚 t' の関係は、およそ**表 1.7** 中立面の移動の割合のようになる。

$r_i=t$ のとき、$t'=0.6t$ と考えられる。

　R 部の中立面の半径は、

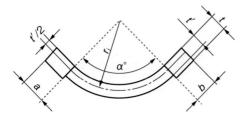

図1.24 $r_i < 5t$ の場合の曲げ部の図

表1.7 中立面の移動の割合

r_i/t	t'/t
0.5 以下	約 0.4
0.5〜1.5	0.6
1.5〜3.0	0.66
3.0〜5.0	0.8
5 以上	1.0

$$\left(r_i + \frac{t'}{2}\right) \tag{1.6}$$

R 部の中立面の円弧の長さは、

$$2\pi \left(r_i + \frac{t'}{2}\right) \times \frac{\alpha°}{360°} \tag{1.7}$$

直線部を含む前の図の展開長は、

$$a + \left\{2\pi \left(r_i + \frac{t'}{2}\right) \times \frac{\alpha°}{360°}\right\} + b \tag{1.8}$$

と計算できる。

④曲げ線の寸法の求め方

曲げ線の位置は a、b の各外寸から伸び補正値 α の 1/2 を引いた値である（**図1.25**）。1/2α は片伸びという。曲げ線は一般に、外形加工には必要ない。しかし、ベンディングマシンのパンチの位置を示していることから、曲げ加工を行う場合には必ず必要になる情報である。

⑤伸び補正値（伸び値）

伸び補正値は、材質、板厚、曲げダイの V 幅（**図1.26**）の加工条件などによって異なり、各工場において実際に加工してデータを持っているのが一般的である。これらの条件別に求めた伸び補正値表の例を、別表（**表1.8〜表1.10**）に示す。表はボトミング加工（底突加工と言い、多く用いられている曲げ方法）で、90°の曲げを行ったときのものである。

ダイの V 幅は、**表1.11** のように各板厚によって推奨値があるので参考にするとよい。

伸び補正値は、

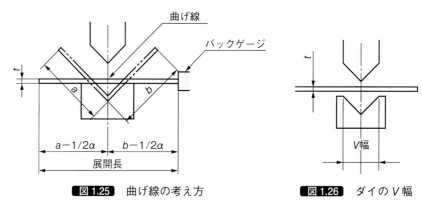

図1.25 曲げ線の考え方　　図1.26 ダイのV幅

表1.8 SPCCの90°曲げ伸び補正値表

【SPCC／90°曲げ】　t＝板厚　v＝ダイのV幅　単位：mm

t \ v	4	6	8	10	12	14	16	18	20	25
0.5	0.94	1.1								
0.6	1.08	1.24	1.38							
0.8	1.34	1.48	1.64							
1.0	1.60	1.74	1.90							
1.2		2.00	2.16	2.30						
1.6			2.64	2.80	2.94					
2.0				3.30	3.44	3.58				
2.3				3.64	3.80	3.94				
3.2							5.32	5.46	5.60	5.96

表1.9 ステンレス材の90°曲げ伸び補正値表

【SUS／90°曲げ】　t＝板厚　v＝ダイのV幅　単位：mm

t \ v	4	6	8	10	12	14
0.5	1.04	1.26				
0.6	1.16	1.38	1.60			
0.8	1.40	1.62	1.84			
1.0	1.64	1.88	2.10			
1.5			2.68	2.90	3.12	
2.0				3.48	3.70	3.92

表1.10 アルミニウム材料の90°曲げ伸び補正値表

【Al／90°曲げ】　t＝板厚　v＝ダイのV幅　単位：mm

t＼v	4	6	8	10	12	14
0.5	0.80	0.88				
1.0	1.38	1.48	1.60			
1.5			2.18	2.28	2.38	
2.0				2.90	2.98	3.08

表1.11 ボトミング加工でのV幅の求め方

t	0.5〜2.6	3.0〜8	9〜10	12以上
V	6t	8t	10t	12t

① 材料属性　・板厚　　・材質　　・ロール目方向
② 金型属性　・ダイV幅　・ダイ肩R　・パンチ先端R
③ 加工属性　・曲げ角度　・曲げ方法（ボトミング・コイニング）

などに影響を受ける。したがって、高い精度の展開を必要とするときは、社内の曲げ機械および材料ごとに伸び補正値表を作成する必要がある。

（2）製品形状と展開手法

　展開図を作成する手法は、製品形状を見ながら判断するが、板金CADでよく使われるのが面合成という方法である。そのほか代表的な箱形状の展開法と平行線法、ダクト形状で使われる放射線法、三角形法の展開法を紹介する。

　①面合成

　三面図を見て、面が判別できる場合に展開の作業がしやすい。

・L字曲げの場合（図1.27）

　a、bそれぞれ外側の面を独立した面と考え、図1.28のように抽出する。そして、それぞれの面を接合することを面合成と言い、図1.29のようになる。ここで大事なのが、のり代のように伸び補正値を$α$分ラップさせることである（図1.30）。

・コの字曲げの場合（図1.31、図1.32）

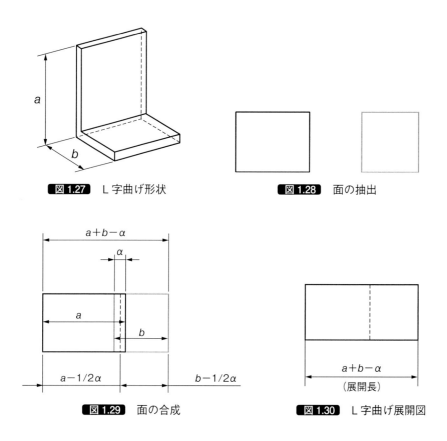

図 1.27 L字曲げ形状

図 1.28 面の抽出

図 1.29 面の合成

図 1.30 L字曲げ展開図

・切り欠きがある場合（**図 1.33**、**図 1.34**）
　②箱物の展開寸法の求め方
・ボックス形状（両引きの突き合わせ）の場合（**図 1.35**、**図 1.36**）
・ボックス形状（片引きの突き合わせ）の場合（**図 1.37**、**図 1.38**）
・Vノッチ（**図 1.39**、**図 1.40**）
・ボックス形状（内折り込み、外折り込み）の場合（**図 1.41**～**図 1.44**）
・重ね合わせ（斜め、平行）（**図 1.45**～**図 1.48**）
　③平行線法
　比較的単純な形状で、中立面が明らかな場合に利用される。平行線法は、投影図（正面図、平面図）から平行線を引き出し、長さを移して展開図を描く方法である。円筒や角筒を斜めに切断した展開形状などを求めるときに用

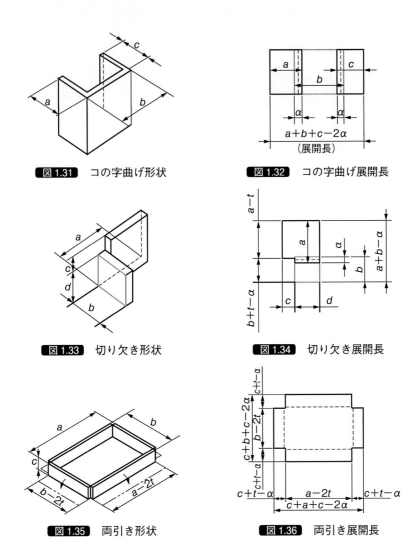

図 1.31　コの字曲げ形状
図 1.32　コの字曲げ展開長
図 1.33　切り欠き形状
図 1.34　切り欠き展開長
図 1.35　両引き形状
図 1.36　両引き展開長

いられる。

・斜めに切断した円筒の展開図（**図 1.49**）
　製品の投影図として正面図と平面図を描く。平面図の稜線を展開図の底面として直線として描く。正面図からその高さを反映させると展開図となる。
　④放射線法
　放射線法は、中心点 O から放射線上に伸びた線上の交点を用いて展開図形

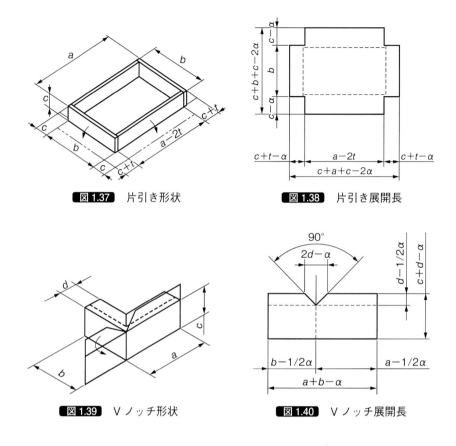

図1.37 片引き形状　　図1.38 片引き展開長

図1.39 Vノッチ形状　　図1.40 Vノッチ展開長

を得る方法で、円錐、角錐などの形状の製品の展開に用いられる。

・円錐、円錐台の展開例（図1.50、図1.51）

　投影図として平面図、正面図を描く。平面図を12等分した長さを移し取り、その長さを正面図の円弧に反映して中心と結べば展開図になる。

・直円錐を斜めに切断した展開図（図1.52）

　投影図を描き、平面図の円周を12等分する。各等分点から正面図に垂線を引き、A_1B_1との交点を求め、頂点O_2とその交点を結ぶ。切断線$A'_1B'_1$との交点を求め、$B_1B'_1$に平行線を引き、再び交点1′、2′、3′、4′、5′、A′を求める。平面図での12等分した長さを写し取り、正面図上に円弧B_1B_2を作成し、頂点O_2とその交点を結び1～11とする。O_2から1′、2′、3′、4′、5′、

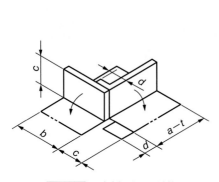

図1.41 内折り込み形状

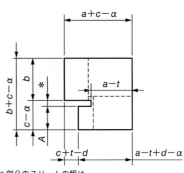

＊部分のスリットの幅は
パンチ加工…約3mm、レーザ加工…約0.2mmである
A寸法は$c-3t$くらいが適当

図1.42 内折り込み展開長

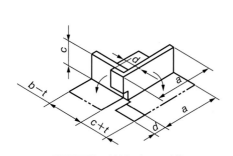

図1.43 外折り込み形状

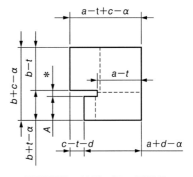

図1.44 外折り込み展開長

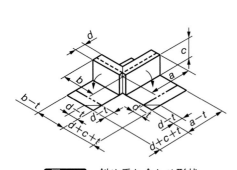

図1.45 斜め重ね合わせ形状

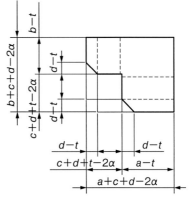

図1.46 斜め重ね合わせ展開長

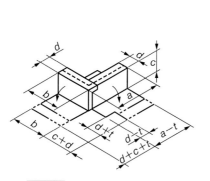

図1.47　並行重ね合わせ形状

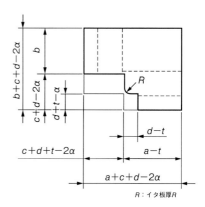

図1.48　並行重ね合わせ展開長

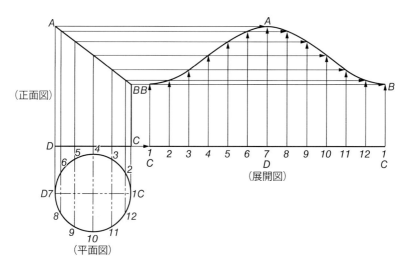

図1.49　斜めに切断した円筒の展開図

A' の半径とそれぞれの O_2 からの直線との交点 $1''$ から B''_2 までの位置を求めてなだらかな連続線にすると展開図となる。

⑤三角形法

・三角錐の例（図1.53）

　平行線法、放射線法は、平面図と正面図に立体の実長が現れているため、そのまま展開図を描くことができる。しかし、同図の三角錐のように傾斜し

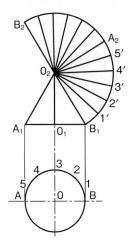

図 1.50 円錐の展開図

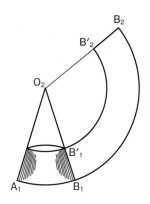

図 1.51 円錐台の展開図

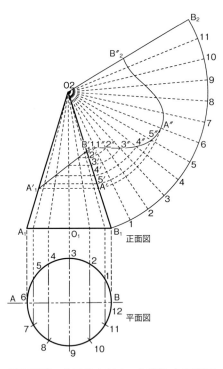

図 1.52 直円錐を斜めに切断した展開図

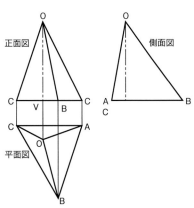

図 1.53 三角錐

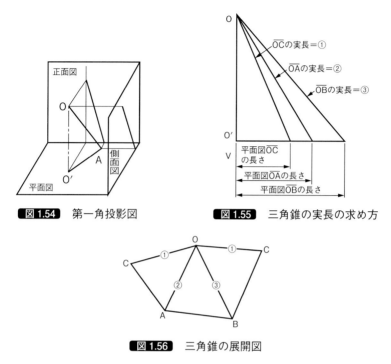

図1.54 第一角投影図　　**図1.55** 三角錐の実長の求め方

図1.56 三角錐の展開図

ている稜線が描かれている場合には、立体の表面をいくつかの三角形に分割して展開図を描いていく三角形法が適している。三角錐の OA 部分を第一角法に投影すると**図1.54** 第一角投影図のようになる。

　平面図の OA は第一角法の平面図 O′A であり、その垂線 OO′ が OV と等しい。OA を求めるには、OO′ を Y 軸とし、実長 O′A を X 軸とした場合に斜辺の長さが OA の実長に該当する。同じように、OC、OB も求める（**図1.55**）。

　展開図はまず、C を基点として線分 CA を描く。C からは OC の実長を半径とする円弧を描き、A からは OA の実長を半径とする円弧を描き、その交点を O とする。次に A から AB の円弧と O から実長 OA の円弧との交点が B となる。そして、B から BC の円弧と O から実長 OA の円弧の交点を C とし、線分を描くと展開図ができる（**図1.56**）。

▶ 1.5.2 板取り

（1）板取りに求められるもの

①材料と歩留まり

展開図を作成した後に材料に板取りをするが、定尺材料に板取りを行うのが一般的である。材料は製造過程では、圧延ロールで一定方向に繰り返し圧延されるので、金属内部の組織が繊維状になってくる。これを板目と言い圧延方向を縦目、これに直角な方向を横目と呼んでいる（**図 1.57**）。圧延方向とこれに直角な方向とでは、金属の性質が違ってくるが、これを材料に異方性があるという。圧延方向は伸びが大きく、直角方向の伸びは小さいため、圧延方向の曲げは直角方向より材料の割れが起こりやすい（**図 1.58**）。

②矩形（くけい）板取りと異形板取り

展開図を材料に板取りする場合には、大きく矩形板取りと異形板取りがある。材料の歩留まりを上げるために、できるだけ多くのブランクを材料に配置する必要があるが、2つの手法を適宜に組み合わせて配置を行う。

製品の形状を桟幅を考えた矩形形状（**図 1.59**）と捉え、材料に板取りを行うことを矩形板取りという（**図 1.60**）。

それに対して、製品を回転させるなどして材料に配置する方法を異形板取

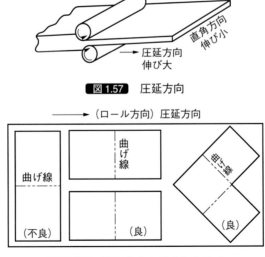

図 1.57 圧延方向

図 1.58 圧延方向を考慮した曲げ

図 1.59 矩形形状

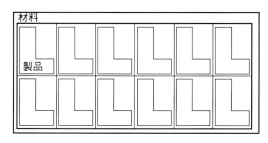

図 1.60 矩形板取り

図 1.61 異形形状

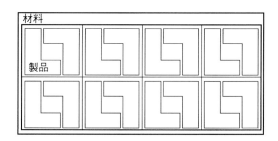

図 1.62 異形板取り

りという（図 1.61、図 1.62）。曲げ方向が板目で異なる場合は異形板取りはしない。

1.6 金型および加工法の選択

設計した板金製品をどのように加工するかは、保有しているマシンに影響されるが、一般的には精度とコストおよび納期の関係から選択される。

▶ 1.6.1 加工形状と加工方法の選択

（1）穴あけ、切断工程の加工法

切断工程においてはシヤーが一番安価であり、切断速度も速い。穴が無く、

表1.11 JIS B0410 金属板せん断加工品の普通公差

単位：mm

基準寸法の区分		板厚（t）の区分							
		$t≦1.6$		$1.6<t≦3$		$3<t≦6$		$6<t≦12$	
		等級							
		A級	B級	A級	B級	A級	B級	A級	B級
	30 以下	±0.1	±0.3	—	—	—	—	—	—
30 を超え	120 以下	±0.2	±0.5	±0.3	±0.5	±0.8	±1.2	—	±1.5
120 を超え	400 以下	±0.3	±0.8	±0.4	±0.8	±1	±1.5	—	±2
400 を超え	1,000 以下	±0.5	±1	±0.5	±1.2	±1.5	±2	—	±2.5
1,000 を超え	2,000 以下	±0.8	±1.5	±0.8	±2	±2	±3	—	±3
2,000 を超え	4,000 以下	±1.2	±2	±1.2	±2.5	±3	±4	—	±4

　短冊に切断して曲げ加工を行う場合に使われる。切断の寸法許容差はJIS B0410　金属板せん断加工品の普通公差（**表1.11**）が基準になる。

　また、製品に穴がある場合でも、穴加工の後、シヤーリングで切断することもある。この場合はシヤーリングの突き当てはバックゲージではなく、フロントゲージが適している。建築関係の幅が狭く、長い扉の枠などは、このような加工方法が取られる。

　一方、切断だけでなく穴あけが多く含まれると、パンチングプレスやレーザマシンなど定尺材から穴あけ、切断、成形まで行えるマシンが使用される。これらは高価であるが、JIS B0408　B級以上の精度の加工が行え、自動化にも対応できるため、主流の加工マシンである。

　加工方法の選択を行うための目安として、切断加工での加工費率と加工の特徴を**表1.12**に示す。加工費率はマシンの稼働率、人件費、償却期間、ランニングコストなどで変わるため一概に求めることはできないが、ある条件での例として示す。

　①矩形製品の加工

　製品がおおよそ矩形（**図1.63**）であれば、板厚が3.2 mm未満の場合はパンチングプレスが加工費率が低く、精度も高い。バーリング、タッピング加

表1.12 切断加工での加工費率例と加工の特徴

機械	シヤー	パンチングプレス	レーザマシン
加工費率（円／分）	55	92	125
精度	△	○	○
成形加工	—	○	—
自由形状切断	—	△	○

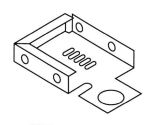

図1.63 矩形製品

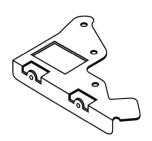

図1.64 異形製品

工といった成形加工も行えるため、一番よく利用されている。

②異形形状の加工

製品外形に異形形状（図1.64）が多く含まれたり、自由曲線で構成されている場合は、パンチング金型を外形に割り付ける作業が難しくなるため、レーザマシンでの加工が適している。精度も高く、切断条件にもよるが軟鋼で板厚が9 mmを超えたものでも切断できる。

レーザ加工は切断面を熱で溶融し、それをアシストガスで吹き飛ばす加工であり、切断面が加熱されるため注意が必要な場合がある。アシストガスに酸素を使った切断を行うと、切断面が酸化され、黒い酸化皮膜が付く。溶接や塗装が必要な場合は、これを除去しなくてはならない。

アシストガスに窒素を使った切断は切断面に色の変化は無く良好だが、切断面が窒化され硬くなる。そのため、その穴に対してタッピング加工を行う場合には硬度の注意が必要になる。また、熱ひずみが切断面に残るため、短冊切断のような、幅の狭い切断の後平行に曲げ加工を行うと、反りが発生することもある。これは通常の曲げ加工に起こる鞍反りと逆方向に反るのが特

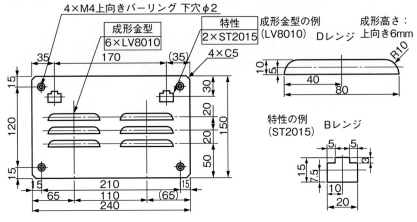

図1.65 成形を含む形状例

徴である。

　このような注意が必要なものの、CAMデータを作成するのがパンチングプレスに比べ極めて容易であり、外形切断の幅がパンチングプレスの場合の5 mmに対して、0.2 mmと極めて狭く、板取りしやすいことから、パンチングプレスが得意な薄板であってもレーザマシンの利用頻度が拡大している。

　③成形を含む加工

　バーリングやタッピングなど成形加工が含まれる場合（**図1.65**）は、パンチングプレスを使うことになる。しかし、異形形状がある場合でも、2 mm程度の小径の丸パンチ（**図1.66**）を使用し、近似的に打ち抜くことができる。また、パンチングプレスとレーザマシンを複合的に利用したりすることもあるが、パンチング、レーザの両方の機能を有したパンチ・レーザ複合マシンであると容易に加工が行える。

（2）曲げ工程の加工法

　曲げ製品を形状別にパターン化すると**表1.13**のように分類できる。

　これらのパターンのうち、標準型で曲げられるものは、「V曲げ」、「R曲げ」、「ヘミング」の3つで、これ以外のものは特型が必要になる。パンチとダイの形状については第4章で詳細を述べる。

　①曲げ加工限界

　製品の三面図と、参照金型組み合わせ表からある程度のパンチ、ダイの種

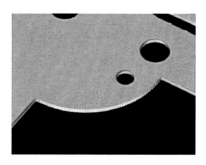

図 1.66　小径丸パンチによる外形切断例

表 1.13　曲げ加工パターン

V曲げ	∨ ∨ ∨	段曲げ	⌐ ¬
U曲げ	⊔ U	筒曲げ	○ ⬡
コの字曲げ	⌐_	R曲げ	⌒
ヘミング	⊂	カーリング	⊙ ⊙
ビーディング	〜▽〜	L曲げ	⌐
クロージング	⌐⌐	総型	⌣

類が選択できるが、難しいのはその加工限界がどこまでなのか、どのような曲げ順で加工すれば加工限界を回避できるのかを、曲げる前に知ることにある。切断、穴あけが終了したブランクと三面図を見比べて、曲げ作業者はそれを判断し、曲げ作業を行わなければならない。

　曲げ金型と曲げ順を決めるには、道具を上手に使いこなすのが確実である。道具としては次のものがある。リターンベンド限界グラフ（**図 1.67**）はパンチ、パンチホルダが実寸で記述されたグラフ用紙で、製品の曲げ寸法を記述して、加工限度を確認することができる。

　実寸金型断面モデル（**図 1.68**）は実寸大の金型断面がプラスチック製で、これを三面図に差し込み、加工可否を検討することができる。針金は展開の状態から1工程ずつ曲げた後、曲げ順を検討する手法として使われる。コンピュータが発達している現在では、曲げCAM（**図 1.69**）が各社から開発さ

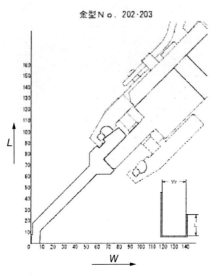

図 1.67 リターンベンド限界グラフ

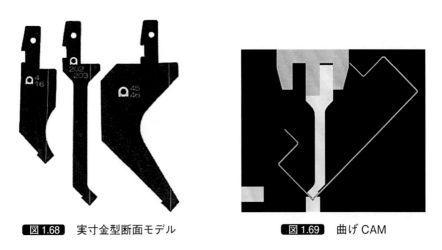

図 1.68 実寸金型断面モデル **図 1.69** 曲げ CAM

れていて、パソコンまたは NC 上で加工の可否が確認できるようになってきている。

1.7 板金CAD（2次元、3次元）

▶ 1.7.1 板金CADに求められる機能（2次元）

板金CAD（2次元）には、通常の作図機能以外に描かれた三面図を使って、図面に示された板金形状から穴あけ・切断工程に必要な展開図を作成する機能が求められる。

（1）展開図を作成する場合に必要な機能

①材料の認識

通常の2次元CADでは、材質・板厚といった情報は、単なる文字情報として扱われる（図1.70）。

このため、材料情報という形で材質・板厚を意味ある情報として扱うことが必要になる。また、展開作業に不可欠な材質や板厚ごとの伸び値を管理する必要がある（図1.71）。

②形状の認識機能

2次元CADで書かれた三面図では、線・円・円弧・自由曲線といった各要素の情報は持っているが、どのような形状をしているかは、「読図」する人間の判断に委ねられる。このため、板金部品を構成する「面」、「穴」といった形状を認識し、個別に置き換える必要がある。

まず、穴形状の認識であるが、定形的な形状（丸、角、長角、長丸など）

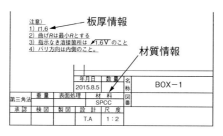

図1.70　図面上での材質・板厚情報の表示

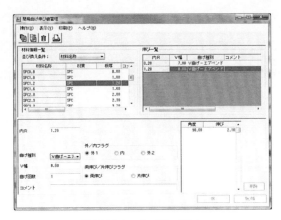

図 1.71 曲げ伸び値表

表 1.14 変換条件テーブル

は、上限値を決めておけば、比較的簡単に認識はできる。しかし、成形加工やバーリング・タッピングといった加工（**図 1.72**、**図 1.73**）は、定形的な形状や単純な形状（同心円）で表記されている場合、定形的な穴形状として誤認識されてしまう。このため、変換するための条件をあらかじめ設定して正しい形状に認識する必要がある（**表 1.14**）。

次に、面の認識である。面は閉経路となるため、三面図でいうところの正面・側面・平面に書かれた外形線から取り出される。このため、三面図作成時に、多重線が無いように描いたり、外形線が開経路にならないようにしなければならない。また、開経路があっても、簡単に修正できる機能が必要になる（**図 1.74**）。

第 1 章　板金製品の設計

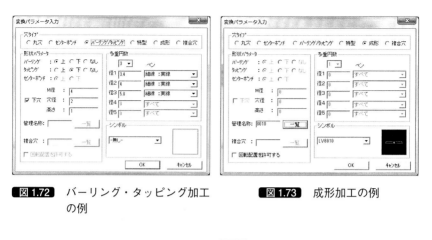

　図 1.72　バーリング・タッピング加工の例　　**図 1.73**　成形加工の例

　　　　図 1.74　外形線の修正機能の例

③面抽出機能

2次元CADで書かれた図面には、図枠や表題欄や中心線、寸法線といった、展開作業には直接必要のないデータが表示されている。面抽出機能とは、展開作業に必要なデータのみを表示させてから、面の取り出し（抽出）を行う機能である（**図 1.75**、**図 1.76**）。

④面合成機能

面合成とは、箱の底面と側面から成る立体を作成するような場合、底面と

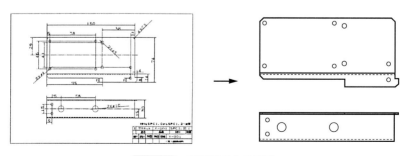

　　　　図 1.75　外形線のみの表示

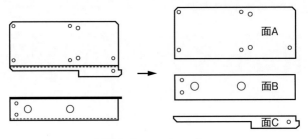

図 1.76 面の取り出し

側面を別々に描いて貼り合わせ(合成)、かつ、この2つの面の間に曲げ情報(曲げ角度と方向、曲げ伸び値など)の設定を行い、展開図を作成する方法である(**図 1.77**)。2次元CADで作成された三面図の場合、面抽出された面同士を三面図に従って貼り合わせ(合成)、貼り合わされる2つの面の間に、曲げ線と曲げ情報が設定されることを意味する(**図 1.78**、**図 1.79**)。また、面合成により作成された曲げ情報を含む図を「合成展開図」ともいう。

⑤立体表示機能

立体表示機能とは、面合成などの結果、作成された合成展開図を立体形状に起こし表示する機能である(**図 1.80**)。こうすることで曲げ角度や曲げ方向の間違いを確認することができる。

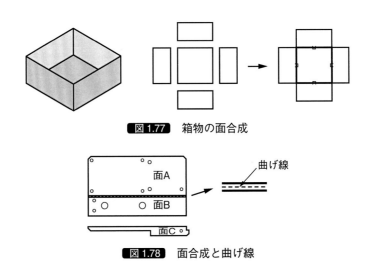

図 1.77 箱物の面合成

図 1.78 面合成と曲げ線

第1章 板金製品の設計

⑥立体編集機能

立体編集機能とは、立体形状に対して、曲げ方向や曲げ角度に誤りがあったり、干渉部分などがあった場合、編集作業を行い、正しい形状に修正する機能である（図1.81）。

まず、曲げ方向や曲げ角度などの曲げ情報に間違いがあった場合、曲げ情報を直接修正し、正しい形状にする（図1.82）。

次に、立体上の干渉を表示させ、干渉部分を取り除く機能である（図1.83）。板厚分の干渉を取り除くことを「突き合わせ」（図1.84）、面の干渉を取り除くことを「重ね合わせ」（図1.85）という。

さらに、立体図上で寸法確認を行ったり、立体図から三面図を再作成することで、2次元CADでの寸法表示機能を使い、データの表示寸法との比較

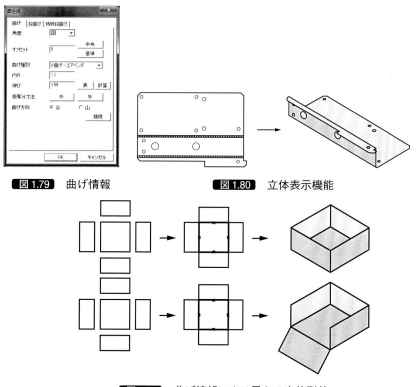

図1.79　曲げ情報　　　図1.80　立体表示機能

図1.81　曲げ情報により異なる立体形状

図1.82 正しい曲げ情報に修正を実施

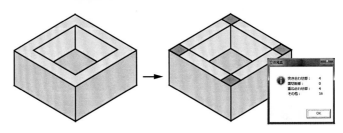

図1.83 立体図に対する干渉部分の表示例

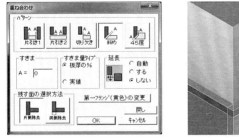

図1.84 突き合わせ条件と突き合わせ結果（両引き、片引き）

図1.85 重ね合わせ条件と重ね合わせ結果（斜め、片引き）

第 1 章 板金製品の設計

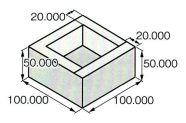

図 1.86 立体図上での寸法確認

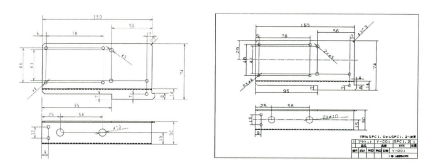

図 1.87 三面図作成後の寸法表示と 2 次元 CAD 三面図

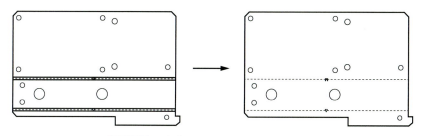

図 1.88 合成展開図から展開図への変換

を行う（図 1.86、図 1.87）。

⑦展開図生成機能

今まで扱ってきた合成展開図は、各面の形状情報を保持したままの状態である。CAM に展開図を渡すためには、外形線を一筆書きの状態にして、レーザの軌跡やパンチ加工の金型が割り付けられる状態にする必要がある。このため、展開図生成機能を使って、合成展開図を展開図に置き換える（図 1.88）。

▶ 1.7.2　板金 CAD に求められる機能（3 次元）

　板金 CAD（3 次元）には、通常の 3 次元モデル作成機能以外に 3 次元モデルを使って板金形状を認識し、穴あけ・切断工程に必要な展開図を作成する機能が求められる。ここでは、3 次元 CAD の利点と 3 次元モデルの表現方法による分類、3 次元モデルから 3 次元板金モデルへの置き換え、展開図作成に必要な機能について述べていく。

（1）3 次元 CAD の利点

　3 次元 CAD は、2 次元 CAD と比べて様々な利点が得られる。

　2 次元 CAD は、従来、ドラフタを使って行ってきた製図作業をコンピュータ操作に置き換えたものにすぎない。3 次元 CAD は 3 次元モデルを製作するだけはなく、様々な利点を関係する人々に与えてくれる。

　①直感的で分かりやすい 3 次元モデル

　3 次元 CAD で作製された 3 次元モデルは、製作される製品そのもの形状をしているので誰が見ても、同じ形状を認識できる。また 3 次元モデルは、モニター上で自由に回転させて形状の確認することができるので、2 次元 CAD で描かれた三面図から立体を認識する際に必要とされる「読図」能力は、必要としない（図 1.89）。

　②部品同士の干渉確認が部品製作前に行える

　組立図ベースで考えると、2 次元 CAD で描かれた組立図は設計者の意図に従って、三面図という形で表される。このため、組立工程で部品同士の干渉が発生することが多々あった。3 次元 CAD の場合、3 次元モデル同士を

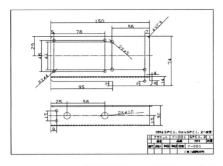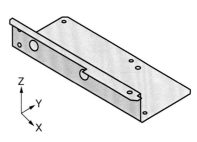

図 1.89　三面図と 3 次元モデルの形状認識の違い

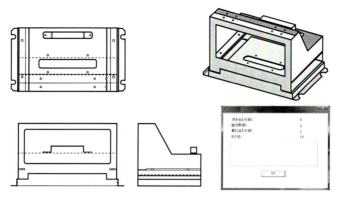

図 1.90 組図三面図と 3 次元モデルの違い

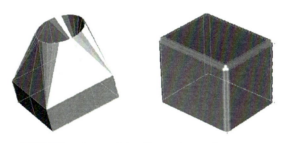

図 1.91 ダクト形状や曲面を含む 3 次元モデル

空間に配置して画面上で組立作業のシミュレーションを行うことができるため、干渉が発生するかどうか、画面上で確認することができる（**図 1.90**）。つまり、モノづくりをする前に確認ができる。

③複雑な形状や曲面などの設計が可能

ダクト形状などの曲面を含む複雑な形状を容易に表現することができる（**図 1.91**）。

（2）3 次元 CAD モデルの分類

3 次元 CAD モデルは、表現方法の違いから以下のように分類される。

①ワイヤフレームモデル（**図 1.92**）

ワイヤフレームモデルとは、輪郭の線だけを用いて立体を表現したモデルである。

コンピュータグラフィックスの 3 次元画像でよく用いられる。取り扱う情

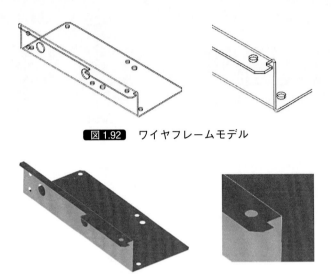

図 1.92 ワイヤフレームモデル

図 1.93 サーフェスモデル

報量が少ないため、高速描画が可能という利点がある。現在は、描画のためだけに利用されることが多い。

②サーフェスモデル（**図 1.93**）

サーフェスモデルとは、面の集合体から成り、断面を見た場合紙のように厚みを持たないモデルである。

③シェルモデル（**図 1.94**）

シェルモデルとは、断面を見た場合一定の厚みで保持されているモデルである。

④ソリッドモデル（**図 1.95**）

ソリッドモデルとは、断面を見た場合内部が詰まっているモデルであり、板金部品で見た場合、板厚を持ったモデルとなる。

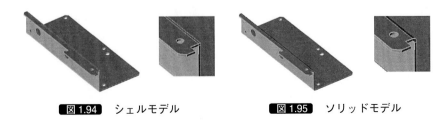

図 1.94 シェルモデル　　**図 1.95** ソリッドモデル

⑤板金ソリッドモデル（図 1.96）

ソリッドモデルに対して、曲げ、突き合わせ、重ね合わせなど情報や成形加工形状の情報を付加したモデルである。自動展開後、展開図を作成できる。

（3）3次元 CAD モデルから展開図を作成するのに必要な機能

板金 CAD（3次元）には、通常の3次元 CAD モデル作成機能以外に、モデルに示された板金形状から穴あけ・切断工程に必要な展開図を作成する機能が求められる。

①特殊形状認識機能（図 1.97）

定形的な穴形状（丸、角、長角、長丸など）ではなく、3次元モデルに表された形状に意味がある場合、その情報に従って、意味のある形状（成形加工、バーリング、タッピングなど）と認識して置き換える。

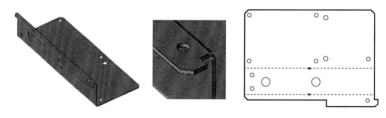

図 1.96 板金ソリッドモデル

 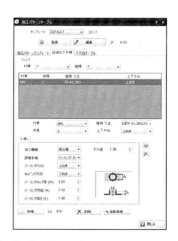

図 1.97 特殊形状認識機能

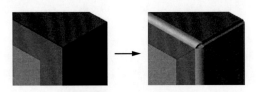

図1.98 板金形状認識機能

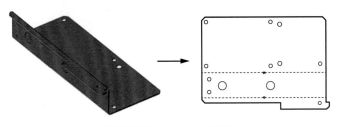

図1.99 展開図生成機能

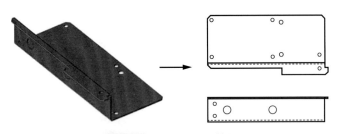

図1.100 三面図出力機能

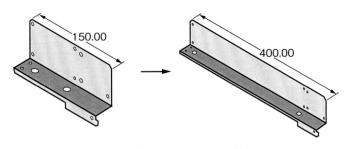

図1.101 パラメトリック機能

②板金形状認識機能（図1.98）

突き合わせ、重ね合わせといった展開ライン作成、曲げや分断位置を指定し、自動展開が可能になる板金ソリッドモデルへ置き換える機能である。

③展開図生成機能（図1.99）

板金ソリッドモデルよりCAMで加工データを作成できる展開図に変換する機能である。

④三面図出力機能（図1.100）

板金形状認識後の板金ソリッドモデルより三面図を生成、出力する機能である。

⑤パラメトリック機能（図1.101）

3次元CADでは、寸法値を変更することでモデル形状を変更できる。それぞれの寸法を関係式でお互いに関連性を持たせることもできる。この機能があることで、設計変更やシリーズ設計などに役立てることができる。

シヤーとせん断加工

　1909年、イギリスから初めて平行刃せん断機（ギロチンシヤ、以下シヤーと記す）が日本に輸入されシヤーによる加工が始まってから100年以上の歴史がある。シヤーは金属、紙、樹脂など様々な素材の加工に利用されている。板金加工製品は多くの加工工程を経て完成するが、定尺材と言われる板から必要寸法に切断してブランク材をつくる切断工程で使用されている。このブランク材は穴あけ、切り欠き加工後、曲げ工程、溶接工程、組立工程、塗装工程と経て板金加工製品となる。
　近年、製品形状の複雑化により、シヤーのような直線切断機を使用することなく、一工程からプレス、レーザによる板金加工が多く見られるが、業界、製品によっては必要不可欠な加工機として稼働している。

2.1 せん断の原理と素材への影響

▶ 2.1.1 シヤリング加工におけるせん断の原理

切断加工には機械的に切削したり、熱的溶断（レーザ切断を含む）などの除去切断と、引張り、曲げ、せん断といった破壊切断がある。せん断加工は基本的に一対のパンチとダイの工具間に板材を挟み加圧することで、素材を破断まで変形させる工程である。

シヤーによるせん断の場合、パンチは上刃、ダイは下刃となるが、通常、下刃を固定刃にして上刃を可動させて板材をせん断する。上刃は板材面に対して刃を傾けて切り込むようにする。この傾きをシヤー角という。

シヤリング加工ではせん断長さが長くなるため、板を一度にせん断するには非常に大きな力を要する。図 2.1 のようにシヤー角を付けて一度にせん断される長さを小さくし、せん断工程を順次移動することで、板材の全長のせん断を少ない力で可能にしている。

▶ 2.1.2 せん断力の求め方

せん断力は、せん断抵抗と材料の切り口面積の積で求められる。図 2.1 の塗り潰しで示した三角形の部分が切り口面積となる。シヤリング加工におけるせん断荷重を概算するには下記を用いる。

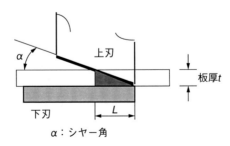

図 2.1 せん断力の求め方

表2.1 板厚係数とシャー角の関係

板厚	K	α	cot α	板厚	K	α	cot α
1	0.72	40′	85.94	10	0.42	2°00′	28.64
1.6	0.69	1°00′	57.29	12	0.39	2°10′	26.43
2.3	0.66	1°10′	49.10	13	0.37	2°20′	24.54
3.2	0.62	1°20′	42.96	16	0.33	2°30′	22.90
4.5	0.57	1°30′	38.19	20	0.29	2°40′	21.47
6	0.52	1°40′	34.37			2°50′	20.21
9	0.45	1°50′	31.24			3°00′	19.08

$$P = K \times t^2 \times \tau \times \cot \alpha \quad (L = t \times \cot \alpha) \tag{2.1}$$

P：せん断に要する力　N

K：板厚係数（**表2.1**）

t：板厚（mm）

τ：せん断抵抗（N/mm²）

（引張強さの約80％とされる）

α：シャー角

　近年、板金加工に使用される鉄鋼の種類、材質は多様化し、保有機でのせん断可否を判断する必要がある。例えばSS400、板厚6mm シャー角1°30′のせん断に要する力は

$P = K \times t^2 \times \tau \times \cot \alpha$ （N）

　　$= 0.52 \times 36 \times 400 \times 0.8 \times \cot 1°30′$

　　$= 228,773$（N）

となる。

　シャーに表記している最大能力板厚を用いて計算し、その判断したい板材の引張強さを確認し計算した値が小さい場合、加工が可能であると判断できる。ただし、機械の状態、ブレードの摩耗状態を確認する必要がある。板厚が2倍になると刃が食い込む長さも2倍になり、断面積としては4倍になるので注意が必要である（式(2.1)、**図2.2**）。

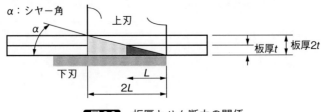

図2.2 板厚とせん断力の関係

せん断する長さが短いという理由で、最大能力以上の板材をせん断することは避けるべきである。

▶ 2.1.3 シヤー角とひずみ
　　　　（ボウ、キャンバー、ツイスト）

シヤー角はせん断力の軽減や長い板材を加工できるメリットがあるが、デメリットもある。シヤリング加工において板材に生じる製品の不良現象（ひずみ）には3つある。

（1）ボウ（反り）（図2.3）

ボウとは、切り落とされた板材に発生する現象で、同図のように板厚方向に湾曲する状態である。一般的にはシヤー角を小さくすればボウの値は小さくなる（図2.4）。また、幅と板厚にも関係し、せん断幅が板厚の10倍以上になるとボウの発生が少なくなる。言い換えれば、板厚の10倍以下の幅であれば発生する（図2.4参照）。

（2）ツイスト（ねじれ）（図2.5）

ツイストとは、切り落とされた板材に発生する現象で同図のように製品に

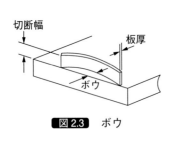

図2.3 ボウ

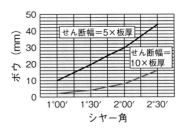

図2.4 ボウとシヤー角およびせん断幅の関係

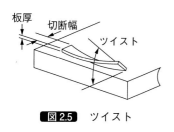

図2.5 ツイスト

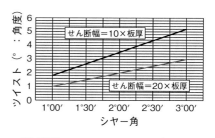

図2.6 ツイストとシヤー角およびせん断幅の関係

ねじれが生じる。ツイストはシヤー角が大きいほど大きくなる。また、せん断幅が小さくなると大きくなる。一般的には板厚の20倍以上のせん断幅があればねじれの発生による精度への影響を考慮しなくてよい。同じせん断条件で硬質材、軟質材の比較をすると硬質材の方が多く発生し、板厚の増加でツイストも増加する。図2.6はツイストおよびせん断幅とシヤー角の関係を示す。

(3) キャンバー（曲がり）

キャンバーとは、断面がせん断幅方向に円弧状（扇形）に湾曲する現象である（図2.7）。一般的には板材の材質と残留応力が大きく影響する。せん断時に材料の残留応力が開放され、キャンバーが発生する。キャンバーの量はせん断幅に大きく影響する（図2.8）。

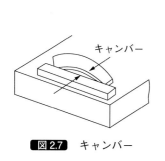

図2.7 キャンバー

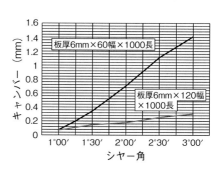

図2.8 キャンバーとシヤー角およびせん断幅の関係

表2.2 板厚とシヤー角の関係

板厚 mm	シヤー角の範囲
1〜3	50′〜3°30′
4〜6	1°30′〜3°45′
7〜9	1°45′〜4°
10〜13	2°〜4°30′
14〜16	2°〜5°
17〜20	2°15′〜5°30′
21〜26	2°45′〜5°30′
27〜32	3°〜6°
33〜38	3°15′〜6°
39〜50	3°30′〜6°30′

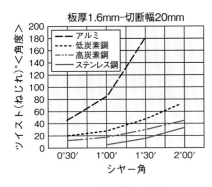
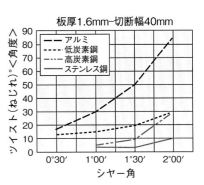

図2.9 材質とシヤー角によるツイストの変化

▶ 2.1.4 シヤー角

シヤー角は薄板の場合小さく、厚板の場合は大きく取る。製品不良(ひずみ)の3現象の項で述べたように、シヤー角を小さく設定することで不良現象は軽減できるため、近年、シヤー角は小さく取る傾向にある。ただし、ブレードの形状によってはシヤー角を落としすぎると上刃の下面で圧縮が生じて、板材上面が変形する。また、せん断力は大きくなることから機械剛性を大きくする必要がある。板厚に対するシヤー角の標準値を**表2.2**に示す。また、製品精度にシヤー角は大きく影響する(図2.8、**図2.9**)。

▶ 2.1.5 せん断精度：JIS 0410 の説明

（1）切断幅の許容量（表 2.3）
JIS B 0410 は、金属板のせん断における切断幅の許容値を規定している。

（2）真直度の許容量（表 2.4）
真直度とは、製品を平面上に置いた場合、せん断面の両端を結ぶ直線からの変位量を言い、キャンバーに相当する。真直度の許容量を図 2.10 および

表 2.3 切断幅の普通寸法許容差

単位：mm

基準寸法の区分	板厚 (t) の区分							
	$t \leq 1.6$		$1.6 < t \leq 3$		$3 < t \leq 6$		$6 < t \leq 12$	
	等級							
	A級	B級	A級	B級	A級	B級	A級	B級
30 以下	±0.1	±0.3	—	—	—	—	—	—
30 を超え　120 以下	±0.2	±0.5	±0.3	±0.5	±0.8	±1.2	—	±1.5
120 を超え　400 以下	±0.3	±0.8	±0.4	±0.8	±1	±1.5	—	±2
400 を超え　1,000 以下	±0.5	±1	±0.5	±1.2	±1.5	±2	—	±2.5
1,000 を超え　2,000 以下	±0.8	±1.5	±0.8	±2	±2	±3	—	±3
2,000 を超え　4,000 以下	±1.2	±2	±1.2	±2.5	±3	±4	—	±4

表 2.4 真直度の普通公差

単位：mm

切断長さの呼び寸法の区分	板厚 (t) の区分							
	$t \leq 1.6$		$1.6 < t \leq 3$		$3 < t \leq 6$		$6 < t \leq 12$	
	等級							
	A級	B級	A級	B級	A級	B級	A級	B級
30 以下	0.1	0.2	—	—	—	—	—	—
30 を超え　120 以下	0.2	0.3	0.2	0.3	0.5	0.8	—	1.5
120 を超え　400 以下	0.3	0.5	0.3	0.5	0.8	1.5	—	2
400 を超え　1,000 以下	0.5	0.8	0.5	1	1.5	2	—	3
1,000 を超え　2,000 以下	0.8	1.2	0.8	1.5	2	3	—	4
2,000 を超え　4,000 以下	1.2	2	1.2	2.5	3	5	—	6

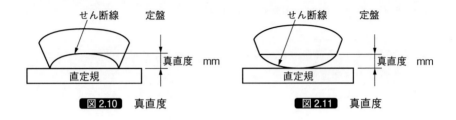

図2.10 真直度　　　　**図2.11** 真直度

表2.5 直角度の普通公差

単位：mm

短辺の呼び長さの区分	板厚 (t) の区分					
	$t \leqq 3$		$3 < t \leqq 6$		$6 < t \leqq 12$	
	等級					
	A級	B級	A級	B級	A級	B級
30 以下	—	—	—	—	—	—
30 を超え　120 以下	0.3	0.5	0.5	0.8	—	1.5
120 を超え　400 以下	0.8	1.2	1	1.5	—	2
400 を超え　1,000 以下	1.5	3	2	3	—	3
1,000 を超え　2,000 以下	3	6	4	6	—	6
2,000 を超え　4,000 以下	6	10	6	10	—	10

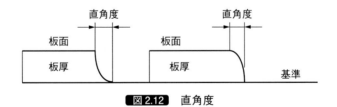

図2.12 直角度

図2.11に示す。

（3）直角度の許容値（表2.5）

　図2.12に板厚方向のせん断面と板面との角度を示す。

▶ 2.1.6　上・下刃のクリアランス（隙間）

　シヤリング加工における重要な条件がクリアランスの設定である。製品精度、せん断精度、断面の良否、刃物の劣化（寿命）にも影響する。図2.13に示すCLが上刃と下刃のクリアランス（隙間）である。上刃が下降すると

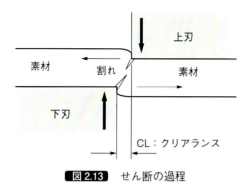

図 2.13 せん断の過程

上下刃の間にある素材は圧縮力を受け（ダレの原因）、側面にある素材の表側面は引張りを受ける。さらに下降すると上下刃は素材に食い込み、素材に対してせん断応力が生じ、すべり変形が生じる。

せん断変形が大きくなると上下刃の刃先付近から亀裂（割れ）が発生する。上下からの割れが結合すると素材が分離され、せん断加工の過程は終了する。クリアランスが適切に設定されていないと上下の割れがうまく結合せず、クラックが製品内部に残る。クリアランスの設定の良否は、製品断面に現れてしまうので注意が必要である。

▶ 2.1.7 クリアランス設定と断面の関係

（1）クリアランス過小（図 2.14）

クリアランス過小の場合、割れが行き違いになった後で結合する。素材の中央部に残された部分が上下刃で削られたり、せん断されることを、2次せん断という。素材中央付近にブツブツした凹凸のような面が発生した場合、過小の判断ができる。

（2）クリアランス適正（図 2.15）

上下からの割れが適正に結合され、上下刃が食い込んで発生したせん断面と、割れによって発生した破断面が直線的につながっている場合、適正となる。

（3）クリアランス過大（図 2.16）

クリアランス過大の場合、ダレが大きくなり、素材に対して面内の引張力が大きくなり亀裂が早く発生するため、せん断面が小さく、破断面が大きく

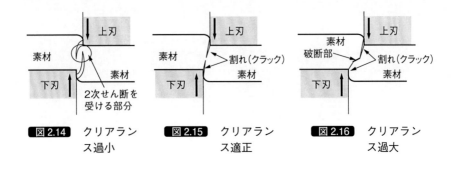

図 2.14 クリアランス過小　　図 2.15 クリアランス適正　　図 2.16 クリアランス過大

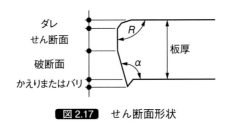

図 2.17　せん断面形状

なる。

▶ 2.1.8　せん断面の形状

せん断面の形状を図 2.17 に示す。

　ダレ：刃物が食い込み圧下した表面部
せん断面：工具が食い込んだ部分で刃の側面で擦れて光沢がある
　破断面：割れが発生して破断した部分
　かえり：破断の端が残った部分。バリともいう
　　R　：せん断面と素材面との角度
　　$α$　：破断面と素材面との角度

せん断面は重要な面で、せん断精度における寸法精度はこの面で決まる。したがって、このせん断面寸法が大きいと同時に、R は 90°であることが良好と言える。破断面は凹凸面でせん断面よりも凹んでいる状態なので、製品寸法を左右する面では無いため、$α ≧ 90°$であることが必要である。

せん断面の図をクリアランス別に図 2.18 に示す。

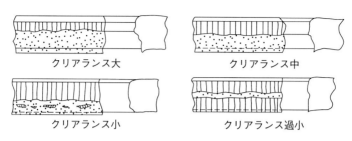

図2.18 クリアランスの影響

▶ 2.1.9 材質別のクリアランス設定

材質別のクリアランスの設定基準を**表2.6**に示す。

シヤリング加工は、プレスのパンチ型のように両側にクリアランスが無く、片側のクリアランスである。片側が開いていることでせん断抵抗によるカス抜けの問題は無い。パンチ型の場合ステンレスなどのせん断抵抗の高い板材は、クリアランスを大きく取る傾向にある。

シヤリング加工においても板材をせん断するときにブレードに力が作用するが、刃のコーナーへの曲げ応力を最小限にして、刃欠け防止を図るようにする。せん断長さ方向に長い刃物のため、一部でも刃欠けが発生するとほか

表2.6 各種素材のせん断抵抗と一般作業用クリアランス

素材	せん断抵抗 (N/mm^2)	クリアランス (mm) 板厚 t
軟鋼	320〜400	6〜9 %
硬鋼	550〜900	8〜12 %
ケイ素鋼	450〜560	7〜11 %
ステンレス鋼	520〜560	7〜11 %
銅（硬質）	250〜300	6〜10 %
銅（軟質）	180〜220	6〜10 %
黄銅（真ちゅう）（硬質）	350〜400	6〜10 %
黄銅（真ちゅう）（軟質）	220〜300	6〜10 %
リン青銅	500	6〜10 %
アルミニウム（硬質）	130〜180	6〜10 %
アルミニウム（軟質）	70〜110	5〜8 %
鉛	20〜30	6〜9 %

の場所に問題がなくても交換が必要となる。

　ステンレスは、クリアランスの大きさと断面の性状に大きな差が無いため、クリアランスを小さくし、刃欠けを防止する。また、アルミニウムなどの軟質材は板上面のダレを最小化するために小さくする。

　シヤーにおけるクリアランス設定の基準（推奨）
軟　鋼（SS400相当品）　　　　　：板厚×7〜10％
ステンレス（SUS304相当品）　　　：板厚×5〜7％
アルミニウム（A5052相当品）　　 ：板厚×5〜7％

2.2 シヤーについて

▶ 2.2.1　シヤーの種類

　要素別にシヤーをみると
（1）本体（フレーム）構造、（2）使用目的別の機能、（3）動力伝達機構、（4）刃の運動形式、（5）刃の駆動方式の5項目に分類される。

（1）本体（フレーム）構造による分類
・　鋼板溶接構造
・　鋼板組立（組み枠）構造
・　鋳造フレーム構造
　に分類できる。

（2）使用目的別の機能による分類
・ギャップシヤー：フレームの両側にギャップ（切り込み）が有る。このギャップの範囲内の幅の板材であればシヤーの最大せん断長さ以上のせん断が可能で、このせん断を送り切りという。
・スケヤシヤー：全長にわたって上下刃が会合し、刃の有効長さのせん断ができる。現在販売されているシヤーはほとんどがスケヤシヤーであり、市販されている定尺材のサイズに対応したせん断長さを有する機種がある。

例として 4′×8′ サイズの場合 1,219×2,438 mm なので 2.5 m のシヤーを選択する。

（3）動力伝達機構による分類
・油圧式シヤー：せん断エネルギーを油圧によって得る方式で、どのストローク位置でも最大せん断力を発揮できる。一般的に設置面積は小さく済むが、動力源となるモータ容量が大きい（同能力の機械式との比較）。
・機械式シヤー：モータが発生するエネルギーを一度フライホイールに慣性エネルギーとして蓄積し、これを放出してせん断力を発生させる。クランク機構により回転運動を上下運動に変換し、刃を上下させて加工することが多い。

（4）刃（ブレード）の運動形式による分類
・直線移動方式（ギロチン式、図 2.19）
　下刃をテーブル部に固定し、上刃をシヤー角を一定に保ちながら直線軌道で下降させてせん断する方式である。
・スイングカット方式（図 2.20）
　下刃をテーブル部に固定する。下刃のせん断線の平行位置にあるヒンジを中心に、上刃を取り付けたラムを円弧往復運動させてせん断する方式である。

（5）刃（ブレード）の駆動方式による分類
・上刃駆動方式（ダウンカット）：下刃はテーブルに固定し、上刃が上下運動して板材をせん断する方式である。板金加工ではこの方式のシヤーが主

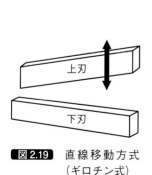

図 2.19　直線移動方式（ギロチン式）

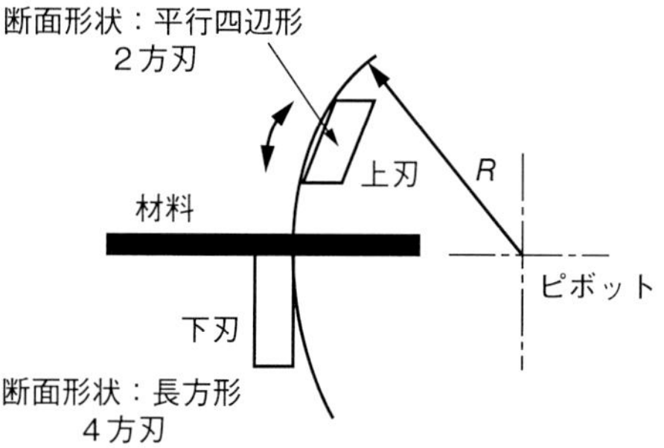

図 2.20　スイングカット方式

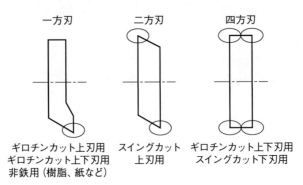

図 2.21 ブレード形状

流である。
- 下刃駆動方式（アップカット）：上刃を固定し、下刃を上下運動して板材をせん断する方式である。シヤーライン、レベラーラインのせん断工程で多く使用されている。

▶ 2.2.2　シヤーのブレード（刃物）

（1）ブレード形状と種類

せん断する材質、硬さ、厚みに応じて形状と熱処理されたブレードを選ぶ。使用できるブレードコーナーの数で一方刃、二方刃、四方刃に分けられる。材質的には SKD11～12 相当品が主である。硬さは薄板用では高く、厚板用ほど低く設定される傾向にある（**図 2.21**）。

（2）ブレードのメンテナンス

通常は各面をローテーションして使用し、終了後、メーカーに戻して研磨されて再使用される。一般的に、ブレード研磨のタイミングはせん断面の良否で判断することが多い。

2.3 シヤリング加工 Q&A

Q1 バックゲージ位置決め加工、フロントゲージ位置決め加工とは何か

A1 シヤリング加工の位置決め装置：せん断位置の後方にあるとバックゲージ、手前にあるとフロントゲージという。

　現在は NC 制御による自動位置決めが主流である。シヤーに向かって素材を挿入してゲージに突き当たった状態でせん断できるバックゲージは、作業性の良さで生産性が高い。また、バックゲージと板押えの拘束により安定した精度が出せる。測長範囲はメーカー、機種により異なるが、主に最小 5～10 mm、最大 700～1,500 mm である。

　フロントゲージはシヤーテーブル前部に取り付けられて、手前位置決めを可能としている。バックゲージの測長範囲以上の寸法を、正確な位置決めをするのに有効である。

　例えば、1 mm×4′×8′ を 1,200×2,400 mm に 4 面トリミング加工したい場合（4′×8′ = 1,219×2,438 mm）

① フロントゲージ 1,210 mm 位置決め 9 mm 幅せん断
② せん断後 180 度回転
③ フロントゲージ 1,200 mm 位置決め 10 mm 幅せん断
④ せん断後 90 度回転
⑤ フロントゲージ 2,420 mm 位置決め 18 mm 幅せん断
⑥ せん断後 180 度回転
⑦ フロントゲージ 2,400 mm 位置決め 20 mm 幅せん断

となる。バックゲージでは逆算して加工可能であるが、元の板材寸法を測る測定器具は通常設備には無く、コンベックスなどの目視のために誤差が発生する。パネル、カバーなどのように必要な寸法が大きく定尺材を耳切りするようなトリミング加工には、フロントゲージが有効である（**図 2.22**）。

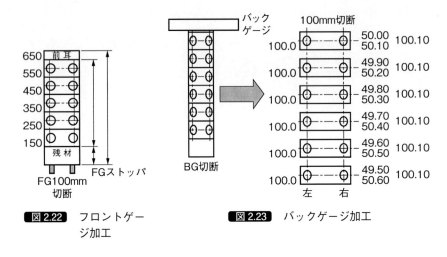

図 2.22 フロントゲージ加工

図 2.23 バックゲージ加工

▶フロントゲージ加工とバックゲージ加工◀

フロントゲージの場合、基準は変わらず切断幅だけ移動位置決めする。

前の製品の影響が無く、位置決め精度が幅精度となる。バックゲージ加工の場合、前の製品に大きく影響される。バックゲージ位置決めで左右差が 0.1 mm 有ると想定する。左側は 100 mm、右側は 100.1 mm となる。

せん断した面を基準に次の製品をせん断するために、穴位置にズレが生じる。幅精度は 0.1 mm のままであるが、穴位置はせん断すればするほど誤差が拡大して 0.1 mm ずつ累積する。左右差が少なければ累積誤差も少ないが、基準が変わることにより、必ず発生する事象である（**図 2.23**）。

Q2 ブランク自動機との複合加工とは

A2 製品の形状で平行直線が多い短冊形状の場合、穴加工、切り欠き加工後に直線部のシヤリング加工がある。桟幅が不要になったり、追い抜きによる継ぎ目が無しになったりと、シヤーとブランク自動機との複合加工が有効である。ただし、バックゲージ加工は突き当てた面を基準にせん断し、新たなせん断面を基準にして加工するため、基準が変わってしまう問題が生じ、誤差が累積して穴位置や切り欠き寸法に誤差が発生するので、フロントゲージによる基準固定による加工が必要である（図 2.22）。

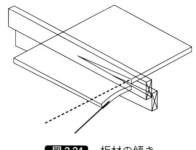

図 2.24 板材の傾き

Q3 切断製品の直角度改善方法とは（図 2.24）

A3 シヤーにおけるせん断加工では全長同時に加工するのではなく、片側からの加工のため、せん断された部分から後方に傾き落下する状態になる。上刃の下降とともにせん断部は移動し、最終的には切り離されるが、せん断中に落とされ側の板材が傾き角度は切り始めは小さく、切り終わりでは最大になる。上刃は垂直方向で食い込むため、板材の姿勢の変化で直角度は変化する。

直角度の改善策としては
① 落とされる側の素材の姿勢維持のためにせん断部前後がテーブル状であること
② 落とされる側の板材を全長せん断終了まで姿勢が維持できる板材支持装置の装着
③ テーブル側に必要板材を取り、落とされ側を耳切りせん断すること

Q4 傷軽減、負荷軽減の対処方法とは
シヤリング加工時の傷軽減は必須条件となっている。また、運搬作業での負荷軽減は作業者への配慮として重要である。

A4.1 傷軽減対処方法
(1) シヤー本体への対応
樹脂板テーブル・ブラシテーブル・硬質クロムめっきテーブル・フリーベアテーブル・ウレタン板押えなどを使用する。
(2) シヤー周辺装置での対応
コンベア装着・集積部サポート機能を付加する。

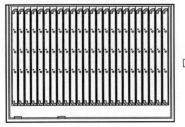
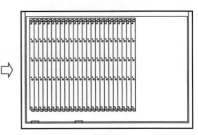

板取り
(パンチングプレス)　　　　　　板取り
　　　　　　　　　　　　(パンチングプレス＋シヤリング加工)

図 2.25　シヤリング加工における最適板取り例

A4.2 負荷軽減対応
（1）板材供給用アームローダ
（2）材料棚の設置（素材平置きの入替工数0）
（3）フリーベアテーブル
（4）コンベア装着による加工材の整列集積による後方での加工材回収作業軽減または、コンベアリターンモードによる後方作業ゼロ化などの対策を取る

Q5 シヤリング加工における最適板取りとは
A5 同じ製品枚数を少ない素材で対応した加工事例（図 2.25）。
（外周を全てプレス加工せずに一部シヤリング加工で桟幅を無くす）
板取りをする上で4つの要素がある。
（1）材料の歩留まりを考慮し向上させる
　加工ワーク、板材の面積比を向上させるように板取りパターンの工夫をすると、残材の有効利用ができる。
（2）作業性を向上させる
　シヤー作業における板材の取り回しに配慮して回転、反転を少なくして作業時間の短縮と負荷軽減、精度向上となる。
（3）加工精度の均一性を向上させる
　寸法取りするときに鋼板のロール方向に注意することである。鋼板のロール方向で垂直と平行では伸び量は異なる。
　曲げ工程において均一な曲げ角度を維持するためには、同寸法品はせん

断方向を考慮すること。
(4) 残材の再利用を可能にする
　加工費コスト削減として残材を保管しても、結果的に使用できず廃棄となる。再利用可能な形状にして決まったサイズに加工したり、板取りパターンをつくるなどの規則作成が必要。

2.4 シャリング加工の注意点

　加工時の災害防止に向けて特に注意すべき内容について記載する。
(1) 保護具の取り外し禁止
　カバーやフィンガープロテクタ内へ手指の進入は重大な人身事故につながるおそれがある。カバーやフィンガープロテクタなどの保護具が、所定の位置に適切に取り付けられていることを確認してから、機械を操作するようにする。保護具を所定以上の開口寸法になるように取り付けたり、取り外したままでの操作はしない。
(2) バックゲージ移動時の安全確認
　バックゲージを移動する際はバックゲージの進行方向に障害物が無いことを確認する。また、移動中には可動領域に入らないこと。
(3) 板押え無し加工禁止
　板押えを使用しないで加工はしないようにする。精度が出ないだけでなく、跳ね上がった材料で身体を負傷するおそれがあるので、必ず板押えを使用して加工すること。
(4) フィンガープロテクタ内侵入禁止
　フィンガープロテクタより内側に手指を入れると、刃や板押えによる手指の負傷のおそれがある。手指をフィンガープロテクタ内に入れないこと。
(5) シャリング加工品回収作業前の電源断、シャー禁止スイッチの使用
　シャリング加工では後部で加工品を回収する作業がある。機械背面に入る

前に電源を断つ、または、シヤー禁止スイッチなどを入れ第三者が不用意に稼動できないようにする。

（6）機械動作領域に入るときの注意喚起徹底
　機械運動部分の動作領域内で作業する場合は、動作中の部分が身体に触れるおそれがある。操作装置を「切」にして鍵を抜き携帯する。動力源（電源、エア、油圧）を遮断した状態で施錠して作業する。

引用・参考文献

・せん断加工：コロナ社（日本塑性加工学会 2016 年 6 月発行）
　　　　　　編者：一般社団法人日本塑性加工学会
・プレス技術臨時増刊号　板金加工ガイドブック：日刊工業新聞社
　　　　　　　（1991 年 5 月発行）
・JIS 規格

第3章

パンチングプレスと加工

　パンチングプレスは、穴あけ、ニブリング加工（3.2.3 の 2 項参照）の組み合わせにより、小さな金型を組み合わせて大きな形状の穴や製品形状のブランク加工ができる板金加工機である。
　近年では、ブランク工程に簡単な成形加工を取り込むことも一般的となり、後工程を取り込むことで工程を集約する考え方も普及してきている。
　パンチングプレスの主要な加工課題に対する対処事例を確認しながら、理解を深めていくことで効果的な運用につなげていくことが可能になる。また、新しい加工方法の取り込みや、パンチングプレスを活用した工程統合などにより、運用効率改善の参考としてもらいたい。

3.1 打抜き加工における基礎知識

▶ 3.1.1 打抜き断面から見た金型クリアランス選定

プレス金型のクリアランス表記には、片側クリアランスと両側クリアランスで表記される場合があるが、ここでは両側クリアランスで表記することにする。

(1) 金型のクリアランス

パンチング加工用金型のクリアランスは、通常両側クリアランスで表す。例えば、φ10 mm のパンチにφ10.3 mm のダイを使用する場合は、

　　　ダイの穴径－パンチ径＝クリアランス

　　　φ10.3 mm －φ10 mm ＝ 0.3 mm

クリアランスは 0.3 mm ということになる（図 3.1）。

(2) 打抜き断面の観察

打抜きの断面を観察すると図 3.2 のように「ダレ」、「せん断面」、「破断面」、「バリ」で構成されている。

クリアランスは切断面形状を支配する最も重要な要素であり、パンチとダイにより材料に破断（亀裂）を生じさせて分離するときの破断面発生に大き

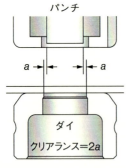

図 3.1　パンチングプレス用金型

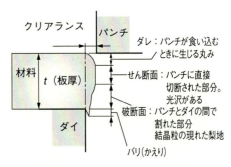

図 3.2　クリアランスと断面形状

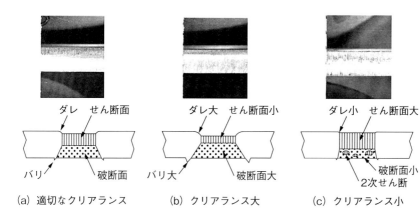

図 3.3 クリアランスとせん断面

(a) 適切なクリアランス
せん断面が板厚の1/3〜1/2程で、ダレ・バリも目立たない

(b) クリアランス大
破断面・ダレ・バリが大きくなりカス上がりが発生しやすくなる

(c) クリアランス小
2次せん断面が発生したり、パンチの負担が増加し寿命が短くなる

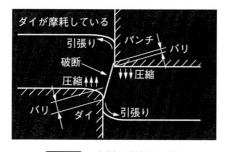

図 3.4 金型の摩耗とバリ

く関わっている。

　パンチとダイ側から生じた亀裂がきれいに交わる打抜きを行うことができれば、良好な切断面が得られ、このときのクリアランスが最適となる（図3.3）。ここで重要なのが、せん断面と破断面長さの割合を適正に管理することで、金型寿命を延ばすとともに安定加工につながる。

　図3.4のようにダイが摩耗すると製品バリに影響が出てくる。また、打ち抜かれたものが製品となる場合はパンチの摩耗の影響が大きくなる。

（3）金型クリアランス選定

　パンチングプレスには、クランク機構を用いたメカニカルプレス、油圧シ

表3.1 材質別推奨クリアランス

材質別推奨クリアランス（板厚に対する割合）

プレス機構 \ 材質	SPC 冷間圧延鋼板	SUS ステンレス鋼板	Al アルミニウム
メカプレス	15 %	20 %	10 %
油圧・サーボプレス	20～25 %	25～30 %	15～20 %

例）サーボプレスでSPC板厚1.2 mmの場合
　　　1.2 mm×0.2＝0.24 mm, 1.2 mm×0.25＝0.3 mm
　　　推奨クリアランスは0.24～0.3 mmとなる。

リンダを使用する油圧プレス、サーボモータを使用するサーボプレスがあるが、良好な打抜き状態を得るためにパンチングプレスの機構によって、クリアランスを変えることが一般的になっている（**表3.1**）。

（4）材料特性による違い

　一般的なクリアランス選定の目安は表3.1のとおりであるが、実際に打抜きを実施してみるとせん断面長さが板厚の1/3～1/2とは異なる場面がある。本来、クリアランスを適切に選定するためには試し打抜きを実施して切断面を判定した後、使用するクリアランスの値を決めることが望ましい。

　油圧パンチプレスで軟鋼板3.2 mmの打抜きを行う予定で、適正値とされる板厚の20 %でクリアランス0.6 mmを選定したのにもかかわらず、実際に打ち抜いてみると2次せん断が顕著に現れてしまう場合がある。このクリアランス過小状態を放置してしまうと、材料せん断面とパンチ側面との滑り距離が長くなり、押し込み力、カス取り力も大きくなり、金型摩耗の進行を早めてしまうとともに、刃先のチッピングを生じることもある。一般的には、板厚が厚くなるとともに推奨クリアランス範囲の上限で選定する方がよいが、この場合は、クリアランス0.8 mmの選定が適正であった。

3.2 パンチングプレスの特徴

▶ 3.2.1 パンチングプレスの基本構成

　パンチングプレスは、材料を位置決めし、本体に装備した複数の金型を選択しながら穴あけや任意形状を切り出し、成形加工が行える自動プレス機械である。タレットパンチプレスは、タレットに数十本の金型を装着し、タレットを回転させることにより必要な金型を呼び出し、材料を X―Y の位置決めをしながら加工を行うことができるマシンである。ここでは、タレットパンチプレスを一例に基本構成について述べる（図 3.5）。

X 軸：ワークを X 方向に移動させるための駆動軸
Y 軸：ワークを Y 方向へ移動させるための駆動軸
T 軸：金型を搭載したタレットを回転させ金型を選択するための駆動軸
(C 軸：選択した金型を回転させる金型回転機構（オートインデックス）の
　　　駆動軸を装備しているものもある)
タレット：数十本の金型を搭載可能
ワーククランプ：X―Y の位置決めをするためにワークをつかむ装置
プレス部：T 軸によって選択された金型に打抜き力を伝達する部分

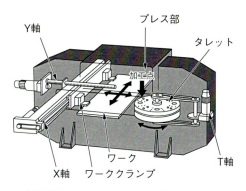

図 3.5　タレットパンチプレスの構造

▶ 3.2.2 パンチングプレスの打抜きメカニズム

パンチプレスには打抜き時にワークをホールドする方式とホールドしないで打抜く方式があるが、ここでは、ワークをホールドする方式の一般的なタレットパンチプレスの例を用い、打抜きメカニズムについて図解する（図3.6）。

金型はパンチボディ、パンチガイド、ストリッピングスプリング、ダイで構成されている。通常、パンチはリフタースプリングによって上部タレットディスク上に保持されている。ワーク打抜きまでの順序を①～⑦で示した。打抜き完了後は、⑥から逆順に金型が復帰して一連の動作が完了する（図3.6 参照）。

▶ 3.2.3 基本的なブランク加工の種類

（1）打抜き（穴）

単発（図3.7）

穴同士をラップさせないで1発もしくは連続で打ち抜く加工方法である。

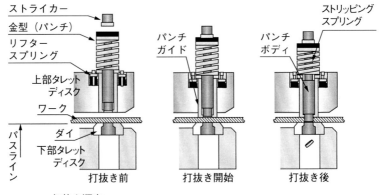

図3.6 タレットパンチプレスの打抜きメカニズム

打抜き順序
① ストライカーが下降
② リフタースプリングがたわむ
③ パンチ全体が押し下げられる
④ パンチガイドがワークを固定
⑤ ストリッピングスプリングがたわむ
⑥ パンチボディが下降
⑦ パンチが材料に食い込み打抜く

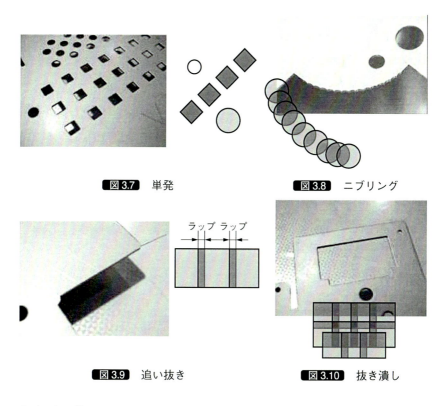

図 3.7　単発　　　図 3.8　ニブリング

図 3.9　追い抜き　　　図 3.10　抜き潰し

（2）追い抜き

①ニブリング（図 3.8）

丸パンチで小さな送りピッチで追い抜いていく加工方法である。

②追い抜き（図 3.9）

四角い金型を少しだけラップさせながら打ち抜いていく加工方法。製品の切り欠き部や外形切断は通常はこのように長角、角金型を使用して追い抜くことが多い。

③抜き潰し（図 3.10）

中穴の加工などで用いる加工方法である。穴サイズより小さなサイズの金型の組み合わせで穴を順に追い抜きで抜き潰していく加工方法をいう。図 3.10 は角形状の穴を角形状金型の組み合わせで加工した例である。丸穴を抜き潰す場合は、丸形状の金型でニブリングを活用して仕上げることができる。

(3) 成形加工

パンチングプレスでは、穴あけ以外の加工を特殊な専用金型を用いて、材料の表や裏に突起、絞り、曲げ加工を行うことが可能である。この場合、マシンに制限があることに注意する。板金加工で一般的な成形加工と言えば、位置決め突起、ネジ用バーリング加工などが挙げられる。

①いろいろな成形加工例

図3.11(a)～(i)に、成形加工およびこれらに用いる金型の例を示す。

②バーリング加工

板金加工で薄板にネジを加工するために、フランジアップなど穴を広げてフランジを立たせる加工（特にネジ用バーリング）をバーリング加工という。

形状については用途により丸、長丸、四角、直線など様々である。伸びフランジ成形であるためワークのゆがみを伴い、パンチングプレスで加工する場合、加工難易度が高くなり、製品品質にも問題が生じることがある。

ⅰ）ネジ用バーリング加工例（図3.12）

ネジ用バーリングでは、転造タップ用、切削タップ用でタップ下穴径が異なるため、タッピング加工に合わせた選定が必要である。また、使用する金型は加工ワークに対して上向き用、下向き用のバーリング金型があり、通常は、バーリング下穴加工後、バーリング加工を行う。

ⅱ）ネジ用以外のバーリング加工例（図3.13、図3.14）

ⅲ）自由形状（エンドレスバーリング）（図3.15）

③タッピング加工（図3.16）

板金加工部品にはバーリング加工、タッピング加工が施されている部品が多い。以前はブランク加工の後工程で処理するケースが主流であったが、近年、タッピング機構を装備したパンチングプレスが普及したこともあり、これらの加工をブランク工程に取り込むことが主流となってきている。これにより、生産現場ではタップ忘れの防止にもつながっている。

(4) 板取り

板取りとは、用意された板材に切り出す製品を効率よく配置する考え方をいう。板材（板金材料）はスケッチ材（あらかじめ必要な寸法に切断されたもの）と定尺材がある。パンチングプレスで加工を行う際の板取りでは次の考え方が一般的であり、代表的な事例を示す。

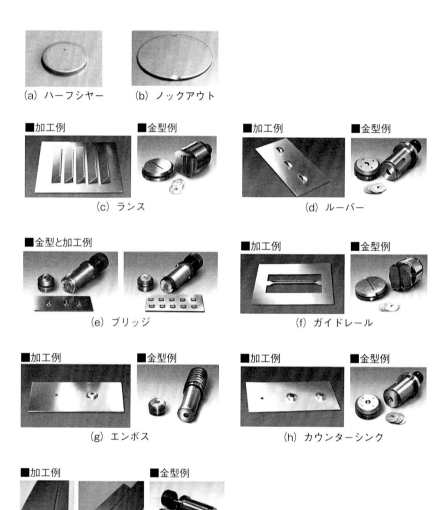

図3.11 いろいろな成形加工の例

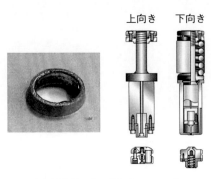

図 3.12 ネジ用バーリング

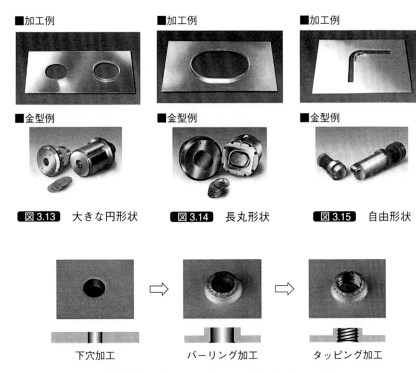

図 3.13 大きな円形状　　**図 3.14** 長丸形状　　**図 3.15** 自由形状

図 3.16 バーリング、タッピングの加工工程

パンチングプレスのプログラム作成においては、専用の CAD/CAM 自動プログラミング装置によって NC データを生成するのが一般的であり、ここでは加工現場の視点で板取りイメージについて記載する。

①多数個取り配置

　多数個取りは、パーツプログラムを作成しておくことで、格子状配置で簡単に複数配置の加工板取りができる。小部品を任意の母材から多数生産する場合、最も簡単に対応できる板取り方法である（図 3.17）。

　図 3.18 は、横 2 個×縦 4 個＝8 個取り配置の例である。

　板取りの配置方法は、専用の多数個取りパターンコードを使う場合とパーツプログラムを複写配置して加工順を最適化したものがある。図 3.19 に示すようにパターンコードを使用している場合は、加工現場でのプログラム編集で取り数を変更することが可能である。

　次に G コードと呼ばれるプログラム文を使用しているプレスメーカーのプログラムを例として記載する。

G98：多数個取り基準点と配列ピッチの設定（G98 指令）

　多数個取りを行うとき、製品をどのように材料上に配列するかを設定する（図 3.20）。図 3.21 のように、横一列、縦一列の配置も可能である。製品の加工プログラムは、別途 "U～V" マクロとして作成し、"G75・G76" で実行する（図 3.22）。

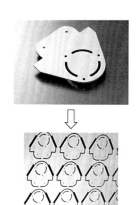

図 3.17 多数個取り

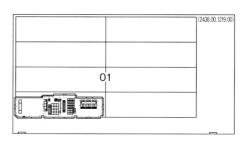

図 3.18 多数個取り配置例

【例1】追い抜きミクロジョイントの「桟付き」加工例

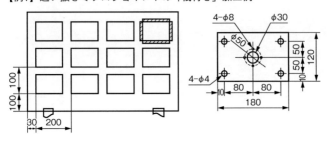

```
G92 X__. Y__. :
G98 X30. Y100. I200. J150. P3 K2 : ……  製品加工・外形切断とも
U1 ;                                    同じ配列で行う
G90 X170. Y110. T208 :    ⎫
Y10. :                    ⎬ マクロU1〜V1
X10. :                    ⎪ 製品隅の4カ所のφ4
Y110. :                   ⎭
V1 :
U2 :                      ⎫
G90 X90. Y60. T210 :      ⎬ マクロU2〜V2
G26 I25. J90. K4 T212 :   ⎪ 製品中央のφ30と
V2 :                      ⎭ 4カ所のφ8
U3 :                      ⎫
G90 G72 X0 Y0 :           ⎪
G66 I120. J90. P50. Q5. D-0.15 T220 C90. : ⎬ マクロU3〜V3
G72 X180. Y120. :         ⎪ 製品外形の縦方向
G66 I120. J-90. P50. Q5. D-0.15 :          ⎭ （左辺〜右辺）追い抜き
V3 :
U4 :                      ⎫
G90 G72 X0 Y0 :           ⎪
G66 I180. J0. P-50. Q-5. D-0.15 T220 C0. : ⎬ マクロU4〜V4
G72 X180 Y120. :          ⎪ 製品外形の横方向
G66 I180. J180. P-50. Q-5. D-0.15 :        ⎭ （下辺〜上辺）追い抜き
V4 :
G76 W1 Q4 : ………マクロU1〜V1の実行   T208 : φ4
G76 W2 Q3 : ………マクロU2〜V2の実行   T210 : φ30
G76 W3 Q4 : ………マクロU3〜V3の実行   T212 : φ8
G76 W4 Q3 : ………マクロU4〜V4の実行   T220 : 長角50×5　0°
M692 :
G50 :
```

図3.19　多数個取りプログラム例

フォーマット

G98 Xx_o　Yy_o　Ix_p　Jy_p　Pn_x　Kn_y；

X_{xo}：配列の左下の製品の原点（下図A点）のX座標（アブソリュート）"mm"単位
Y_{yo}：配列の左下の製品の原点（下図A点）のY座標（アブソリュート）"mm"単位
I_{xp}：X軸方向の製品配列ピッチ（各製品の基準点の距離）"mm"単位
J_{yp}：Y軸方向の製品配列ピッチ（各製品の基準点の距離）"mm"単位
P_{nx}：X軸方向の製品繰り返し数（配列個数－1）
K_{ny}：Y軸方向の製品繰り返し数（配列個数－1）

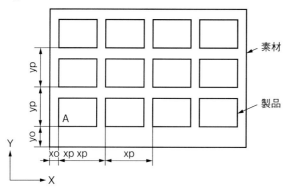

図3.20　フォーマット

【例】
X軸方向にのみ1列の場合
G98 X30．Y100．I150．J0 P5 K0：
（Y軸方向のピッチ・繰り返し個数を"0"
にする）

【例】
Y軸方向にのみ1列の場合
G98 X20．Y100．I0．J150 P0 K3：
（X軸方向のピッチ・繰り返し個数を"0"
にする）

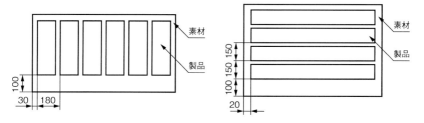

図3.21　横一列、縦一列の配置

②ネスティング配置

　あらかじめ作成されたパーツデータを生産計画に基づき指定の素材に板取りする方法である（図3.23）。専用のネスティングソフトを用いて一括でシート加工プログラムを生成し、生産計画に合わせてスケジューリングすることができる。

G75：多数個取り実行（X）
G76：多数個取り実行（Y）

"G98"で設定された配列に従って、どの製品プログラム（マクロプログラム）を、どの順序で加工するか指令する。"G98"の設定は「モーダル」に有効であるので、同じ配列で別のプログラムを加工する場合は、"G75・G76"をいくつでも続けて指令できる
"G75"と"G76"では、加工していく方向は異なるが、仕上がりは同じである

フォーマット
G75 W__ Q__：（X方向グリッド）
G76 W__ Q__：（Y方向グリッド）

W__：製品プログラムのマクロ番号
Q__：製品加工開始位置の指定（1〜4）

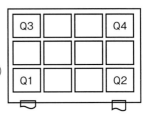

図3.22 多数個取り実行指令

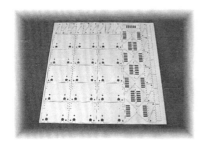

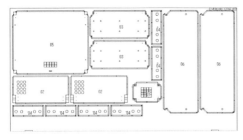

図3.23 ネスティング配置例

この運用の場合、加工プログラムを現場で編集するなどの作業は基本的に行わず、上位からの生産指示により効率よくマシン稼働することを優先し、マシンの稼働率を上げることを目的にするのが一般的である。したがって、

図 3.24 スケッチ加工例

材料供給装置と組み合わせて改善していく場合に用いられることが多い板取りである。

③スケッチ加工

あらかじめシヤー切断された素材を加工機に供給する考え方で、加工製品の外形切断を不要として、必要に応じてコーナー部の切り欠き、中穴加工などだけをパンチングプレスで行う加工方法である。フラットバーへの穴あけや比較的穴数も少なく簡単形状のパネル製品の加工に利用されてきた（図3.24）。

近年では、切り板の種類を多数ストックしなければならないなどのデメリットもあるため、定尺材と呼ばれる規格サイズの素材からネスティングし、切り出す運用に置き換える方法が定着してきている。しかしながら、大物パネルなどを中心とした生産性優先の設備現場では、この加工方法での改善を推進する考え方も根強い。

3.3 パンチング加工における課題と解決策

ここでは、パンチング加工工程において、品質不良や安定加工を阻害する主要因子を取り上げ、その解決策の事例について述べる。

▶ **3.3.1 カス上がり**

　カス上がりとは、図 3.25 に示したように打ち抜かれたカスがダイ穴から上方向に戻ってしまうことで、加工不良を出してしまう現象である。

　図 3.26 に示すように、カス上がりの要因としては下記の項目が考えられる。
① 真空状態が引き起こす抜きカスの刃先への密着・吸引
② パンチ刃先への抜きカス圧着
③ 油・保護フィルムなどを介した密着
④ パンチの突っ込み量の不足
⑤ プログラムミスによる抜き残し

　図 3.27 に示すようなカス上がりによる不良発生は、パンチング加工の課題としてはよく耳にする。生産スケジュールを乱す深刻な問題である。パンチ、ダイ刃先のコンディション管理に気を配ることはもとより、対応策を能動的に取り入れることが望ましい。以下に具体的な対応策のいくつかを示す。

（1）金型

　ダイ刃先部の形状など、様々な対応策があるが、ここではその中からいくつかの事例を紹介する。

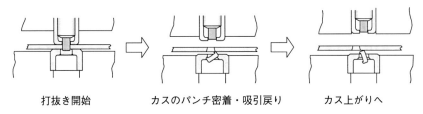

打抜き開始　　　カスのパンチ密着・吸引戻り　　　カス上がりへ

図 3.25　カス上がり現象のメカニズム

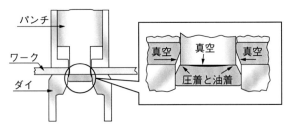

図 3.26　カス上がりの要因

第３章　パンチングプレスと加工

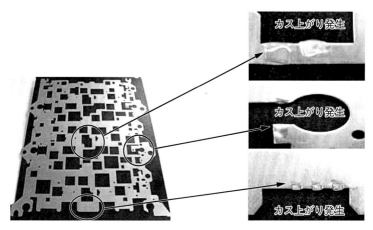

図3.27　カス上がりを起こした加工製品例

①ダイ刃長が短いものを選定

パンチングプレスのストローク量の仕様を確認し、パンチ刃先がダイの刃長を超えるようにセッティングし、ダイ穴の中に抜きカスが残らないようにすることで、抜きカスの負圧戻りを抑制することができる。

放電加工により刃長を短く追加工して逃げを取った金型を、放電裏逃げダイと呼ぶこともある。この加工を施したダイは、追加工時の放電加工のバリによりカス戻りの抑制効果がある（**図3.28**）。スラグサクション装置などの吸引機構、装置を装備したマシンに適した刃先と言える。

②ダイ刃先部がオールテーパ

ダイ刃先部にストレート部を持たせずに全テーパ仕上げにすることで、ダイの中に抜きカスを残らせないようにしたものである（**図3.29**）。単発穴の加工、追い抜き加工共に効果的である。ダイ刃先の刃長を短くすることでダイ穴の中に抜きカスが残らない刃先仕様のダイと同じく、スラグサクション装置などの吸引機構、装置を装備したマシンに適した刃先と言える。

③ダイ刃先ストレート部に突起を設ける

ダイ刃先ストレート部に突起を設けることで抜きカス戻りを抑制する。単発穴加工で使用する際に効果的であるが、追い抜き加工には不向きである（**図3.30**）。

ダイ穴へのパンチ突っ込み量が少なすぎると、逆にカス上がりを誘発する

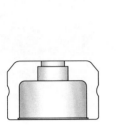

図 3.28 裏逃げ加工ダイ

  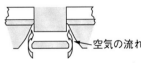

図 3.29 ダイ刃先部がオールテーパ

図 3.30 ダイ刃先ストレート部に突起を付けた例

ことがある。ただし、スラグサクション装置などの吸引機構、装置との併用効果は期待できない。

（2）装置を利用する

①スラグサクション装置により強制吸引装置を装備した事例

図 3.31 は、タレットパンチプレスの下部タレットディスクの下面側から抜きカスを強制的に吸引する装置を取り付けた事例である。

パンチ加工中はスクラップ出口ボックスの蓋を閉じて能動的に抜きカス吸引を行うことで、大きな負圧を得ることが可能となる。この装置の効果を有効に活用するためには、どのようなダイ刃先仕様を選定するかということも

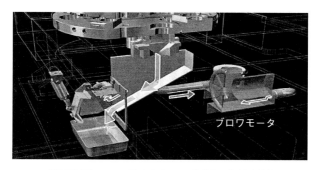

図 3.31　スラグサクション装置の装着事例

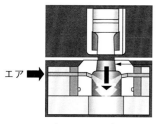
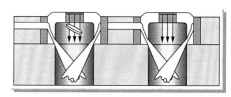

下部タレットディスク側　　　負圧発生機構を備えた
　　　　　　　　　　　　　ダイホルダ（例）

図 3.32　タレットのダイホルダ側の負圧発生機構装着例

重要である。ダイの刃先側面部に抜きカスをホールドするようなダイ刃先仕様との組み合わせは、バキューム効果が阻害されてしまうため適さない。また、プレスメーカーから提供されているものの中には、インバータ制御などにより、発生負圧を可変にして加工板厚や材質、金型サイズにより加工コンディションを最適化する機能を持つものも見られる。

②タレットのダイホルダ側に負圧発生機構がある事例

図 3.32 のように最もカス上がり頻度の高い金型サイズに着目する。タレットパンチプレスの下部タレットディスクを介し、ダイにエア回路を設けて噴出する方式で、抜きカスを吸引する負圧発生機構を備えた機械も出てきている。

▶ 3.3.2　バリ処理

プレスの打抜き過程で発生するバリ（かえり）を 2 次工程でバリ取り作業

を必須としている加工現場においては、このバリ処理工程をパンチング加工工程に取り込むことで作業効率を上げることができる。

（1）加工方法の種類

パンチング加工の工程に取り組む加工方法としては、大きく分けて以下の2通りがある。

1つは、**図3.33**に示す成形金型で叩きながらバリを潰していく方法である。この方法は以前から用いられていたが、近年の高パンチ頻度のマシンの出現により、実用化が進んできた加工方法である。

この叩きながらバリ潰しを行う金型は、製品形状、板取りの影響を受けにくいため、ジョイントの取り方などの工夫無しでも安定して潰し加工が行える。ワークが薄板の場合であっても安定した加工が行いやすいという利点があり、長角、角、丸形状の金型を用意することで、加工製品の外周、窓穴、R部のバリ処理の全てが行える（**図3.34**）。

ほかの方法として、プレスストローク制御が可能なマシンにおいて使用が可能なローラー状の金型を転がすことで処理していく加工方法もある。加工

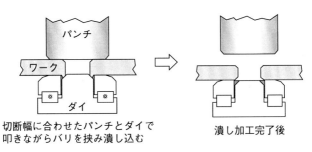

図3.33 成形金型で叩きながらバリを潰していく方法

図3.34 叩き式バリ潰しの仕上がり状態と金型例

の指令速度にもよるが、叩きながら加工するものより速い傾向にある。ワークを挟んだ状態でローラーを転がしながらワークのエッジを確実に面押しする加工方法である（図3.35）。金型回転機構（オートインデックス）を持つタレットステーションに金型をセットすることで直線、曲線にも対応でき、送り速度を速くすることができる（図3.36）。

考慮しなければならないことは、細長い製品を多数個取り配置で加工する際に、ワークの桟が弱いと加工製品が逃げてしまい、エッジの面押しが安定しないことである。必要に応じて長い直線部にはジョイントを設ける工夫が必要となる場合がある。

また、金型回転機構（オートインデックス）を使用せず、図3.37のようにボール状の金型でワークを挟んだ状態でバリを潰していくタイプもあり、仕上がり状態など使用目的に合わせて金型を選定するとよい。

（2）エッジを R 状に潰す

この加工方法は、前述のエッジを面押しする加工方法の応用である。従来

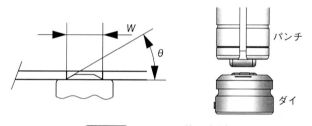

図3.35　ローラー状の金型

図3.36　金型例と加工処理後

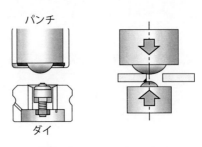

図 3.37　ボール状の金型

R面取り後のエッジ部

エッジ部処理無し

エッジ部R面取り有り

図 3.38　エッジを R 状に潰す

叩き式の金型例

ローラーで押し潰す金型例

図 3.39　エッジを R 状に潰す金型例

はパンチング加工後に手作業で R 面に仕上げる必要があった。打ち抜いた製品のエッジ部を R 形状に仕上げることで、

(1) 端面を安全に仕上げる

(2) 塗装した際のエッジ部の塗膜を均一にしてさびにくくする

といった要求に応える加工方法で、製品業種としては医療器関連業種、配電盤業種関連から注目されている（図 3.38、図 3.39）。

▶ 3.3.3　追い抜き時の継ぎ目を無くす

　前述の基本的なブランク加工の項（3.2.3）にある追い抜き加工を行うと図3.40のような原理により継ぎ目が発生する。角部を持つパンチで打ち抜かれたワークの穴形状のコーナー部は、同図（上）のように引張応力による破断部が見られない。このような金型で追い抜きを行うと同図（下）のように2ヒット目のダレは1ヒット目で発生したコーナー部より徐々に大きくなって直線部に移り、1ヒット目に発生したコーナー部のダレ無し状態は、そのまま残り継ぎ目となる。

　外観や曲げ加工時のバックゲージ突き当てに影響を及ぼすなど、加工製品によっては、この継ぎ目を後処理しなくてはならないものもあり、バリ処理と合わせて後工程での滞留、作業スペースの無駄の原因となる。

　以下では、この継ぎ目を無くす金型、加工方法について紹介する。

（1）スロッティング加工

　スロッティング加工は、抜き落とさずにハサミで送り切りするように加工することで、追い抜き継ぎ目を出さずに任意の直線加工を行うことができる加工である。加工にはスロッティング専用金型を用いる。図3.41は、加工の流れを示したものである。

　図3.42は、通常のパンチングによる追い抜き加工を行ったものと、スロッティング加工を行ったものを比較した写真である。加工時の送りピッチが

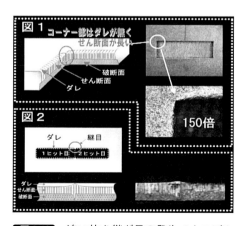

図3.40　追い抜き継ぎ目の発生メカニズム

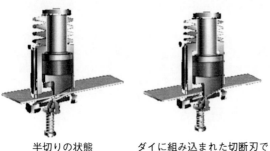

| 半切りの状態 | ダイに組み込まれた切断刃で直前の半切り部を都度切断しながら加工が進行 | 最終切断時の抜き落とし |

図 3.41　スロッティング加工

図 3.42　通常追い抜き加工とスロッティング加工の比較

小さくなるため、通常の追い抜きよりも加工時間がかかってしまうが、仕上がりは最も良い。しかし、対応板厚は 2.3 mm 程度である。
（2）その他の継ぎ目無し加工例（半抜き継ぎ目無し加工）
　ここで紹介する加工方法は、継ぎ目になる部分にあらかじめ、半抜き状態でダレを形成させ、その後、半抜きと半抜きをした間を打ち抜くことで継ぎ目を無くす加工方法である。必要な金型は、図 3.43 のとおりである。
　図 3.44 に加工の流れを示す。最初に通常の追い抜き加工をしたときに、継ぎ目となる部分に半抜き加工を施す。その後、通常の追い抜き加工を行うと、継ぎ目の出ない切断面が得られる。シヤー角付きパンチで半抜きした部

図 3.43 シヤー角付きパンチと溝付きダイ

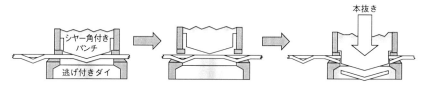

図 3.44 半抜き継ぎ目無し加工の流れ

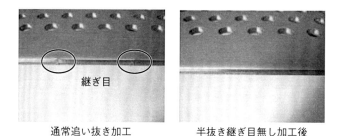

図 3.45 通常追い抜きと半抜き継ぎ目無し加工の比較

分がワーク下面に出っ張るのでその部分を逃がすための溝がダイには必要である。金型費用を安く抑えることができる上、対応板厚もスロッティング金型と比べて 6 mm 程度まで可能である。金型長さは長い方が仕上りがきれいになることから小さな製品には不向きで、比較的大きな製品の切り出しに適している。図 3.45 は、通常追い抜き加工と半抜き継ぎ目無し加工を比較したものである。

▶ 3.3.4　タッピング加工の取り込み

以下は、タッピング加工を取り込むことができるパンチングプレスを前提

に述べる。タッピング加工は使用する工具により、転造タップ（盛り上げタップ）と切削タップを使用する場合がある。加工機の仕様により転造タップに限定されている場合と両者に対応できるものがある。

①転造タップ

ロールタップ、盛り上げタップ、溝なしタップともいう。切り屑を出さずに塑性変形させ、谷になる部分を潰して押し出された肉を寄せて山にしてネジをつくるタップである（図3.46）。同サイズの切削タップに比べ加工トルクが2倍程度必要であり、使用オイルによっても大きく左右される。比較的軟らかい板材のネジ加工に適しており、あまりにも硬かったり脆かったりする素材には不適である。

②切削タップ

パンチングプレスで使用する場合、切削タップは図3.47のようなポイントタップを使用している場合が多い。このタップは、タップ先端の食い付き部の切れ刃側の溝を、ネジのつる巻き方向と逆に斜めに削り取ってあり、切り屑が前方に押し出され、切れ味がよいため、板金などの貫通穴の高速ネジ加工に適している。

(1) 下穴管理とタッピングオイル選定

ネジ不良を防ぐためには、タッピング加工前の下穴寸法管理が重要である。特に転造タッピング加工においては、シビアな管理を行うことが求められる。タッピング加工の精度検査は限界ゲージを使用して行う。

転造タップ
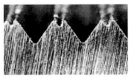
転造タップの断面

図3.46 転造タップ

ポイントタップ

図3.47 切削タップ

タッピング加工の検査方法については、9章を参照されたい。
① 下穴寸法の管理
　転造タップでは所定の雌ネジ内径になるように下穴選定をしなければならないため、下穴の管理が非常に重要になってくる。一方、切削タップでは下穴径が雌ネジの内径となるので比較的管理がしやすいと言える。
② タッピングオイル
　タッピングオイル供給の主な目的は、潤滑、冷却、溶着抑制である。タッピング加工ではタップの仕様同様に、仕上げ面精度や工具寿命などがタッピングオイルの種類や供給方法などの条件によって大きく影響する。タッピング加工では、構成刃先の生成や切りカス詰まりなどが、タップの折損や刃の欠けによるトラブルやネジ不良の要因となる。極圧添加剤を含有したものもあり、オイルの種類の選定についてはそれぞれ用途に合わせた選定が必要である。

▶ 3.3.5　ワーク裏傷

　パンチング加工におけるワーク裏面に発生する擦り傷、引っ掻き傷の主な原因として次のようなことが挙げられる。
（1）ダイの肩部エッジとワークの干渉
　通常、打抜きで使用するダイはテーブル上をワーク搬送しているときのテーブルパスラインと一致している。そのため、ダイの肩部のエッジが残っていると、裏傷発生の引き金となっていることがある（図 3.48）。ダイを修正研磨した後は、この肩部をオイルストーンなどを使用して滑らかに仕上げておくことで裏傷発生を軽減することができる。
（2）上向き成形ダイがセットされている場合
　上向き成形のダイハイトは、ワーク搬送のパスラインより上に高くなっているため、タレットにセットするだけでもワーク搬送時に裏傷の原因となる（図 3.49）。使用しないダイハイトの高い上向き成形金型は、タレットに入れておかないことが望ましい。
　タレット内の金型配置を工夫できる場合は、加工で使用する打抜き金型をまとめて配置し、その反対側に成形金型を配置する方がよい。

 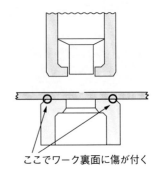

エッジを無くす
刃先修正研磨後はオイルストーンで仕上げる

ここでワーク裏面に傷が付く

図 3.48 ダイの肩部エッジとワークの干渉

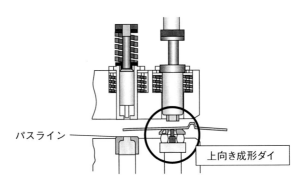

パスライン

上向き成形ダイ

図 3.49 上向き成形ダイがセットされている状態

①ブラシダイの活用

　1〜2 mm 未満程度の高さであれば**図 3.50** のようなブラシダイを成形ダイの周りに配置し、ワークパスラインを少し持ち上げることで裏傷が軽減できる場合もあるので検討してみるとよい。

②タレット回転時にワークをタレット外に逃がすようにする

　無駄に見える動作ではあるが、金型選択時のタレット回転時にワークが入ったままでは材料とダイハイトの高いダイにより、回転時に擦り傷を付けてしまうリスクを軽減できる。

③材料移動時のワーク裏傷を回避する機能の活用（機能を備えている場合）

　マシンの機能にダイを下方に回避する、もしくはタレット近傍でワークを上下できる機能を備えている場合がある。その機能を活用することで煩わし

第3章　パンチングプレスと加工

図 3.50　ブラシダイ

いプログラミングなどが不要で、確実にワーク裏傷、引っかかりなどの課題を回避できる。

（3）抜きカス、プログラムミスなどで抜き残してしまった端材への注意

　タレット内（ダイホルダ間の隙間など）に抜きカスや抜き残しで切れ落ちたカスが挟まり、突起を出してしまうことで裏傷の原因になることがある。基本的に、マシンの清掃、保守が定期的に行われていれば可能性は低いが、タレット内やマシンのテーブル上の清掃も心がけたい。

▶ 3.3.6　打抜き、成形加工によるワークの反り

（1）打抜きによる反り

　打抜き過程では、ワークに対して引張りと圧縮が加えられる。パンチングメタルと呼ばれるような開口率の高い穴あけ加工では、この繰り返しによりワークの伸びが大きくなり、反りも大きく発生しやすい（**図 3.51**）。一般的にはパンチングプレスは加工ワークの反りに対しての許容幅が小さいため、加工の進行とともに発生する反りをいかに少なくして加工できるかが課題の1つと言える。

・反りが大きくタレット・カバーに当たってしまう
・最後まで加工が続行できず中断せざるを得なくなる
・レベラーを通さないと製品として使えない（**図 3.52**）
・パンチングメタル材を購入する

　ここでは、打抜きによる反りを軽減・抑制する方法を紹介する。

〔打抜き時の板押さえ面圧を強くする〕

　厚板やせん断抵抗が大きい材料は、面圧を強くすることで反り改善傾向が

103

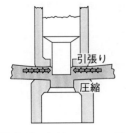

図 3.51　打抜きによる反り　　図 3.52　レベラーを通し、反りを修正する様子

得られる。

事例 1）
　単発穴あけの場合、金型の組み合わせが可能であれば、図 3.53 のようにダイ側にスリーブを使用するなどして 1 ランク小さなダイを使用することで板押さえ力を上げる方法がある。小穴の単発加工で簡単に試みることができる方法である。

事例 2）
　多連パンチ（クラスター）金型で加工している場合は、事例 1 同様にパンチ側の板押え力を上げる（スプリング力）ことで、板押さえ力が向上する。パンチガイド板押え面よりダイの面積を狭く追加工された金型により、材料を下に向ける力を与える（図 3.54）。

事例 3）
　反りを矯正しながら穴あけ加工を行うという考え方で、ガイドとダイの板押え面にテーパを付ける方法である（図 3.55）。

事例 4）
　クリアランスを広く取り、打ち抜き時の引張力を小さくすることで反り軽減の効果があることが知られている（図 3.56）。

（2）成形加工での反り

　成形加工と言ってもいろいろな成形方法があるが、ここでは一般的な 1 工程で成形を終える加工を実行したときの反り軽減について紹介する。

　①成形加工によるワークの反り

ⅰ）上向き成形では、材料裏面が引き込まれて下反りする傾向が現れる。材料の裏面が引き込まれて、材料の表面が圧縮されるためである。そのため、

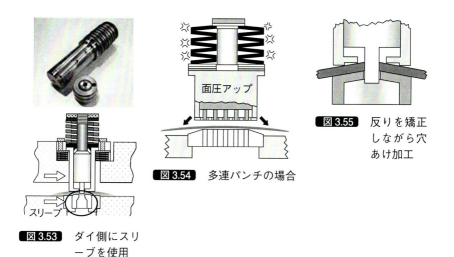

図 3.53　ダイ側にスリーブを使用

図 3.54　多連パンチの場合

図 3.55　反りを矯正しながら穴あけ加工

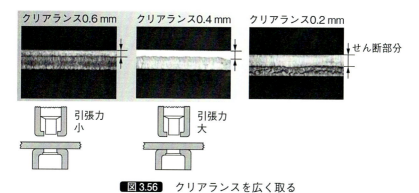

図 3.56　クリアランスを広く取る

　パンチで材料をしっかりと押さえ込み、絞り上げることができればよいが、実際はマシンに組み込める金型構造などの関係から限界がある。これを改善し、絞り高さが高くてもゆがみの少ないきれいな成形加工を行う機構を備えたパンチングプレスも登場してきている。ここでは、その事例を紹介する。

　図 3.57 は、成形用のフォーミングシリンダをプレス下側に装備しているパンチングプレスである。加工順は、

・上向き成形加工をする際にパンチで材料をしっかりと押さえ込む
・その状態で、下からフォーミングシリンダを使って絞り上げる
　最初にしっかりと材料を押さえ込むことができるので、成形加工時に材料

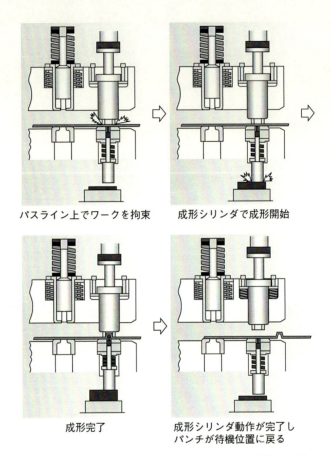

パスライン上でワークを拘束　　成形シリンダで成形開始

成形完了　　成形シリンダ動作が完了し
　　　　　　パンチが待機位置に戻る

図 3.57　成形用のフォーミングシリンダを装備した例

が引き込まれにくく、高ハイトできれいな上向き成形加工が行える。
ⅱ）下向き成形では、材料の表面が引き込まれ裏面が圧縮されるため、上反りする傾向が現れる。そのため、下向き成形加工ではパンチの下降端を制御するなどして、金型を底突きさせる加工が行えると材料が強く押し潰され、いったん引き込まれた肉が再度戻ることで、反りが戻されて平坦に近づく傾向に働く。

▶ 3.3.7　安定加工のために
（1）加工順の考え方

パンチング加工における加工順の基本的な考え方について以下に示す。パーツ単位で考えた場合、以下を理論として捉えておくとよい。

①小さな単発穴→大きな窓穴→外形切断へと加工を進めていく

外形切断では、ワークを把持しているクランプから遠い側から順に切断する。ただし、異型穴などを抜き潰す場合や成形加工がある場合は、成形加工部を潰さないための加工順や成形部近傍を加工するための金型選定などともからめた配慮が必要となる。

②成形金型を終盤で使用する

下向き成形は、可能な限り加工の後半で加工する方がよい。さらに、下向き成形部のY座標が小さい順に加工されるようにプログラミングで工夫することで、下向きに成形された突起がタレット内のダイ穴に引っかかるリスクを軽減できるが、その対策は煩雑である。しかし、配慮無しで加工すると、図3.58のように成形部が潰れたり、ワーク自体がクラッシュし、加工の中断につながる。

最近では、このような下向き成形突起の引っかかりを防ぐ機能を備えたパンチングプレスも出てきている。

図3.59はタレット周辺のブラシテーブルを昇降させる機能を備えたパンチングプレスの事例である。下向き成形加工後の材料移動時にはタレット周辺のブラシテーブルが上昇し、材料を持ち上げて成形部分をダイとの干渉から防ぐことができる。材料位置決め後、打抜きや成形でプレス動作のときは

図3.58　下向き成形潰れ

図3.59　タレット周辺のブラシテーブルを昇降させる機能

ブラシテーブルが下降し、通常のパスラインでパンチング加工を行うことができる。

（2）パンチング加工におけるジョイントの工夫

母材から切り出した製品をジョイントで継ぎ止めておく方法として使用されているのは、ミクロジョイントまたはワイヤジョイントと呼ばれる方法が一般的である。両者のジョイントは、特殊な金型を使うことなくプログラミングで簡単に対応できるというメリットがあるが、それぞれデメリットもある。

ここでは、図3.60(a)～(g)のサンプルを使い、代表的なジョイントの特徴を紹介する。加工中のジョイント外れ防止や加工精度維持、後処理工数軽減の参考にするとよい。

①ミクロジョイント（図3.60(a)(b)）

2方向からの外形切断のコーナー部に追い抜き長さを調整して、切り残して形成するジョイント方法である。ジョイントを外したときの突起が気になる場合は後処理で仕上げる必要がある。

②ワイヤジョイント（図3.60(c)(d)）

外形切断の途中をワイヤ状に切り残して継ぎ止めるジョイント方法である。製品にピン角の部分がなく、ミクロジョイントが付けられない場合や大きな中窓のジョイントなどに使われることがある。ジョイントを外すと、突起が残り後処理が大変である。また、細いワイヤでは継ぎ止めている製品が加工中にブレやすいため、このジョイント加工後に追加工しなければならない場合に採用するのは不向きである。

③台形ジョイント（図3.60(e)）

外形切断の途中で、ミクロジョイントをつくるための特型形状を利用したジョイント方法である。製品にピン角の部分がなく、ミクロジョイントが付けられない場合や大きな中窓のジョイントなどにも使われることがある。ワイヤジョイントの弱点を解消した方法であるが、ミクロジョイント同様にジョイントを外したときの突起が気になる場合は後処理で仕上げる必要がある。

このジョイント金型の派生として、対応可能な板厚、材質に制約を受けるが、角状に突起を伸ばした台形金型を使い製品側に食い込ませてジョイントを付けることで、ジョイント痕を製品端面から出っ張らせない方法もある。

第3章　パンチングプレスと加工

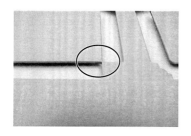

図3.60(a)　ミクロジョイント

図3.60(b)　ミクロジョイント痕

図3.60(c)　ワイヤジョイント

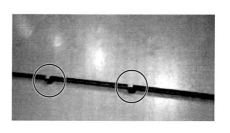

図3.60(d)　ワイヤジョイント痕

金型形状

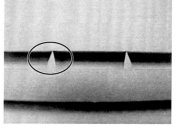

図3.60(e)　台形ジョイント

金型形状

図3.60(f)　鼓形ジョイント

図3.60(g)　ハーフシヤージョイント

109

④鼓形ジョイント（図3.60(f)）

コモンカットによる板取りで、製品間に桟を設けない場合の直線部のジョイントで使用できる。このジョイントもワイヤジョイントの弱点を解消した方法であるが、ミクロジョイント同様にジョイントを外したときの突起が気になる場合は後処理で仕上げる必要がある。

⑤ハーフシヤージョイント（図3.60(g)）

半抜き状態のジョイントをつくる金型を使用して製品を継ぎ止める方法である。ジョイント痕が残りにくく、1ヵ所のジョイントでもしっかりと保持されるので、比較的小さな製品への使用に便利なジョイント加工である。

（2）ワークの引っかかり

パンチング加工中の安定加工を阻害する要因として、ワークの引っかかりがある。主な原因として下記のものが挙げられる。

①素材のコーナーが引っかかりやすい

タレットパンチングプレスでは、マシンへ素材セットしたときの下反りには注意が必要である。特に薄板ではタレット内のダイ穴に引っかけてしまいワークを破損させてしまう要因の1つである。これを防ぐために、図3.61のようなブラシを埋め込んだダイの事例がある。

ⅰ）素材セット時に反り方向に注意する（図3.62）。

ⅱ）素材の反クランプ側コーナー部を図3.63のように上向きに少し曲げ返しておく。

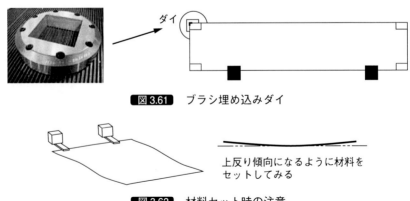

図3.61　ブラシ埋め込みダイ

図3.62　材料セット時の注意

第 3 章　パンチングプレスと加工

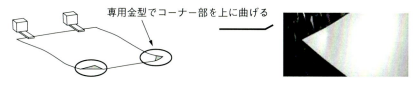

図 3.63　コーナー部のわずかな上曲げ

図 3.64　加工前に工具でわずかな上曲げ

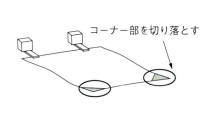

図 3.65　コーナー部の切り落とし

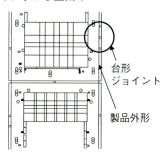

図 3.66　台形ジョイント使用例

ⅲ）図 3.64 のように成形金型を利用してコーナーを曲げることも一案である。

参考：少し厚めの素材であれば、モンキーレンチなどを使うと便利

参考：図 3.65 のようにコーナー部を切り落とすことで引っかかりにくくできる場合もあるが、スケッチ加工の板取りには使用できない。

②矩形製品を多数個取り配置で格子状に配置する場合

　歩留まりを上げようとして桟幅を小さく取ったり、比較的大きな製品を製品コーナー部のミクロジョイントのみで継いでいると、外形切断中にワークがブレて製品が外れ、切断不良を起こしやすい。これは、外形切断が進行していく中で、ワークの桟が弱くなってしまうことが原因のため、図 3.66 の

ように台形ジョイントや鼓形ジョイントの金型を製品外形に金型割り付けを行い加工すると、ワークのブレ防止に効果的である。この配慮により、製品外形と製品中穴との寸法精度悪化を抑制でき、製品外形を追い抜き加工する際の切断品質悪化も抑制できるメリットがある。

(2) ワークズレ

加工中に材料がクランプからズレてしまうことがあるが、その主な原因としては、抜きカス上がり、ワーククランプの配置バランスが悪い、加工中の引っかかりによるものが挙げられる。

①**抜きカス上がりやワークと金型のストリップミス傾向によるワークズレ**

カス上がりを起こしている金型を特定し、対策を検討するとよい。薄板加工では加工中にワークが大きくたわむ、曲がるなどの挙動が顕著なため、原因特定が比較的しやすく、カス上がりした痕跡を見つけることで金型を特定しやすい。しかし、加工板厚が徐々に厚くなってくると、ワークの挙動では分かりにくくなってくるため、打抜き加工中の観察や異音の発生を検知することも必要である。

なぜなら、カス上がりした痕跡がはっきりとは残らずにワークのズレを起こしている場合もあるためである。カス上がり対策と合わせて金型刃先の確認も同時に行い、正常打抜きができる金型のコンディション維持に努めることも安定加工に向けて重要な要素である。

②**ワーククランプの配置バランスが悪い場合**

例えば、**図 3.67** のようなクランプ配置では、マシンの仕様内であっても高速加工を避ける必要がある。特に板厚が比較的厚い場合は意識しておく必要がある。

③**加工中の引っかかりが原因でズレる場合**

加工中のワークの引っかかりが原因でワークズレしている場合は、前述の

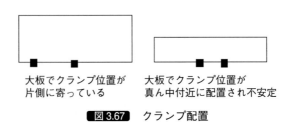

大板でクランプ位置が　　　大板でクランプ位置が
片側に寄っている　　　　真ん中付近に配置され不安定

図 3.67 クランプ配置

ワークの引っかかりも参考にするとよい。

参考：ワークのズレを確認する簡単な方法を紹介する。ワークをセットした時と同じ場所に加工後のワークが戻ってくるマシンで、その際Xゲージブロックが昇降できる場合は、加工現場で簡易的に下記の流れで確認を行っている事例がある。
・つかみ換え処理の無い加工であること
・単体運転していること
  ① 加工ワークをセットして加工スタート
  ② 加工が終了し、原点復帰の後加工ワークをセットした位置に戻る
  ③ Xゲージブロックを上昇させてゲージブロックとの干渉状況でズレがないかを確認
  ④ ワーククランプを開放してワークの上げ下ろしを実施

以上の流れで簡易的にズレの確認を実施する方法があるので参考にされたい。

3.4 新しい加工の取り込み

ここでは、パンチング加工に他工程を取り込むことや加工領域拡大に継がる新しい加工事例について述べる。パンチングプレスの進化とともに次のような加工ができるマシンも登場してきている。

▶ 3.4.1 Vカット加工（V溝加工）

従来はVカット専用マシンで加工を行っていたため、穴あけや切り欠きを行う場合は別工程をまたぐため、製品精度を上げることが難しいという課題があった。このVカット加工をパンチング加工に取り込むことで、サッシ、建築業種製品のほかにもたくさんのメリットがあることが分かってきている。

（1）Ｖカット金型

専用のプレス制御と図3.68のＶカット用金型の組み合わせにより、パンチング加工工程へＶカット加工の取り込みを可能にした事例である。

（2）Ｖカット加工をパンチング加工に取り込むメリット

① 自社で加工することで、外注費用の削減と納期短縮が可能
② パンチングプレス1台で加工するため、製品精度の向上が可能
③ Ｖカット専用マシン本体とそのメンテナンス費用と電気代の削減

（3）Ｖカット加工を行い曲げることで、様々な加工が曲げ工程により実現

①小さな外R曲げ

Ｖカット加工の残し量を変更することで、図3.69のように曲げ加工時の外Rを小さくできる。

②ヘミング加工時の圧力軽減

Ｖカット後にヘミング加工を行うことで曲げ圧力軽減を実現（図3.70）。

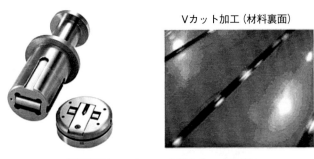

図3.68　Ｖカット金型と加工部写真

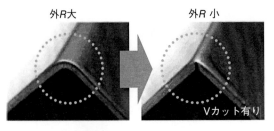

図3.69　小さな外R曲げ

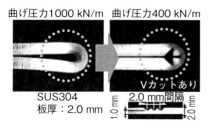
図3.70 ヘミング加工時の圧力軽減

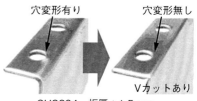
図3.71 曲げ際の穴変形の軽減

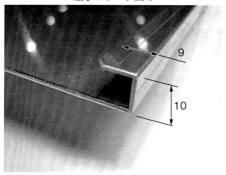
※板厚が減少するため、曲げ部の強度は低下する
図3.72 ショートフランジ加工

③曲げ際の穴変形を軽減

図3.71は、曲げ線近傍の穴変形を軽減させる目的で、Vカット加工を活用した事例である。

④ショートフランジ加工

フランジの短い曲げはV幅を小さくする必要から、加工トン数の増加や曲げ部のひずみなどの課題があったが、Vカット加工を行い曲げ部の板厚を減少させることで課題の解決が可能である（図3.72）。ただし、板厚が減少するため、曲げ部の強度は低下する。

▶ 3.4.2 位置決め用金型

溶接や組み立て作業工程での位置決め方法として、いくつかの事例を紹介する。

(1) ハーフシヤー加工

パーツ同士の位置決め、溶接工程での位置決めで使用されるポピュラーな加工方法で、位置決め突起を半抜き状に加工する方法である（図 3.73）。このハーフシヤー加工の突起裏側には必ず凹みができてしまう。溶接後はこの凹みが製品表面に出るため、後処理としてパテ埋めを行い、平らに仕上げる作業工数の発生は避けられない。

(2) FP 加工（フラットポジショニング）

ハーフシヤー加工のようなパテ埋め仕上げ処理の要らない位置決め用金型事例を紹介する。この加工はラウンド形状の突起を成形し、成形した突起にラウンド形状の凹みを持つパーツを位置決めする。ワークの片面にのみ突起を形成する FP 加工専用金型で加工する（図 3.74）。

(3) T-UP 加工

図 3.75 の金型は、次の特徴を持つ位置決め用の成形金型である。フラット面を持つ突起を成形し、突起間にパーツをはめ込み位置決めする。
・ハーフシヤ加工が困難な薄板での位置決め加工

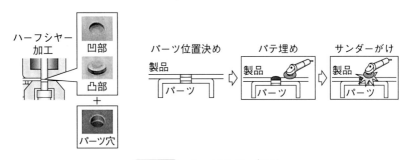

図 3.73 ハーフシヤー加工

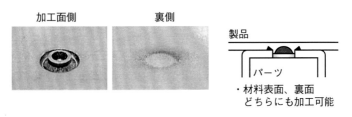

図 3.74 FP 加工

第 3 章　パンチングプレスと加工

図 3.75　T-UP 加工

・位置決め跡を表面に出さない加工
・製品裏側に凹みを出さない加工

▶ 3.4.3　鍛造バーリング加工

　一般的なバーリング加工は、下穴をあけた後にバーリング突起を形成する方法で、対応板厚はおおむね 2 mm 程度がネジ用バーリング加工の最大加工板厚である。ここで紹介する加工方法は、突起を形成した後にタップ用下穴などを打ち抜くことでバーリングを完成させる方法である（図 3.76、図 3.77）。

　メリットとしては、
　① 軟鋼板：板厚 4.5～6 mm でもバーリング加工が可能
　② 溶接ナットに匹敵する強度を確保
　③ ナット溶接工程無しで、パンチング加工工程に取り込み可能
 参考 ：ネジ強度においても、図 3.78 に示すように雌ネジの強度区分と遜色がない結果も得られる。

▶ 3.4.4　座ぐり加工

　従来のボール盤などによる座ぐり加工（図 3.79）をパンチングプレスで行う。別工程で実施していた座ぐり加工をブランク工程に取り込むことで工程集約が可能になる。プレスの下降端制御が可能なマシンで加工を行うことができる。図 3.80 に座ぐり加工例の流れを示す。

　このように、パンチングプレスとその加工について述べてきたが、ここで紹介した主要な事例をヒントに、加工現場で起きた課題に対処していくことで運用効率の改善につなげてもらえれば幸いである。

ナット溶接　　　　　鍛造バーリング＋タッピング加工

図3.76　ナット溶接から工法転換

【加工の流れ】
1. 絞り加工　　　　　　2. 仕上げ抜き加工

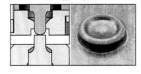 

成形加工後

材料表面の状態　　　材料裏面の状態

仕上げパンチング加工後

材料表面の状態　　　材料裏面の状態

図3.77　鍛造バーリングの加工工程

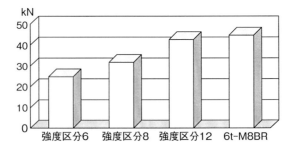

図3.78　雌ネジ強度

第3章 パンチングプレスと加工

図3.79 座ぐり加工

| 1. 下穴加工
φ6.0抜き | 2. 座ぐり加工
φ8.0×1.5座ぐり | 3. 穴加工
φ6.0抜き | 4. 座ぐり加工
φ8.0×3.5座ぐり | 5. 仕上げ穴加工
φ4.5仕上げ抜き |

  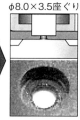 

座ぐり加工金型はコイニング金型仕様を推奨

図3.80 座ぐり加工の流れ

第4章

ベンディングマシンと加工

　曲げ加工はせん断／切断、溶接・接合と並び、板金加工の主要な加工法の1つで、板材はせん断／切断された後、曲げ加工を経て溶接・接合され、部品／製品となる。せん断／切断は早くから自動化が進んでいたが、曲げ加工の自動化は今日でも十分とは言えない。板金加工における曲げ加工は主としてプレスブレーキが用いられているが、これは作業者のスキルに依存する。

　プレスブレーキによる曲げ加工は、V曲げと呼ばれる加工で、被加工材はパンチとダイの間で複雑な変形過程を経るが、ここにスキルに依存する原因がある。一方、L曲げという方法もあり、これは作業者のスキルに依存することが少なく比較的自動化しやすいが、汎用性の点ではV曲げに一歩譲る。本章では曲げ加工の基本、曲げ加工機、金型の基本などについて述べる。

4.1 曲げ加工に使われる材料

　曲げ加工に使われる薄板材は鉄鋼材料（軟鋼、ステンレス鋼などの特殊鋼など）と非鉄金属材料（アルミニウムとその合金、銅とその合金）がある。これらの材料には特性があり、特性を理解する必要がある。材料の特性は、通常、一様な断面に均等な力が働いている状態で調べる（材料試験）必要があり、その特性を表す指標は塑性力学の基礎知識が要求される。本書ではその詳細を述べることはしない。必要ならば成書（例えば日本機械学会編：JSMEテキストシリーズ、加工学II、「塑性加工」の第2章1節あるいは塑性力学の参考書）を読まれたい。特に必要な用語として下記を挙げ、概略を記す。

◇公称応力：外力／素材断面積。引張り試験における最大値を「引張強さ」という。
◇公称ひずみ：標点間の伸び／標点間距離
◇降伏点：塑性変形が始まる応力（降伏点が明瞭に現れない場合は0.2％のひずみが生じる応力を耐力と名付け、便宜的に塑性変形開始点とする）
◇真応力：負荷時の外力／負荷時の素材断面積；σ
◇真ひずみ、対数ひずみ：自然対数で表したひずみ；ε
◇加工硬化指数（n）値：引張試験で得られた真応力と真ひずみを　$\sigma = F\varepsilon^n$ で表した時の指数。材料の加工硬化の大小を表す。Fの値を塑性係数と呼ぶことがある

　板金加工で用いられる薄板は、定尺材あるいはスケッチ材（第1章参照）で板厚は規格化されている（公称板厚）。ただし、実板厚は同一ロット内、あるいは同一の板でも場所によって微妙に異なるため注意が必要である。
　材料特性値も同様にロット内でも異なっている。また、板の方向によっても異なり（異方性という）、特に圧延方向（ロール目と呼ぶことがある）と直角方向、45度方向で異なっていることが知られている。曲げ加工に当た

っては材料の寸法特性、材料特性を考慮する必要がある。

4.2 V曲げ加工

▶ 4.2.1 V曲げ加工の基礎

V曲げは、板材の曲げ加工の中で最も基本的であり、最も多く使われている。加工形状はアングル形状の単純な1工程曲げから、建材、サッシなどに用いられる複雑な多工程曲げまで、用途は広く、その例は日常生活の場を見回しても、数多く目にすることができる。V曲げで折り曲げできる材料の板厚は 0.3 mm の極薄板から 30 mm ぐらいの厚板まで範囲が広い。

(1) 最小曲げ半径

材料を破損せずに曲げ可能な最小の曲げ半径を、最小曲げ半径という。すなわち、設計上ごく小さい曲げ半径で加工する場合に**図 4.1**に示したように、曲げ個所に亀裂が生じたり、また過酷な曲げを行うため部品の使用中に破損するような事故が起きるのである。最小曲げ半径 R_{min} は曲げ加工における変形限度を決める尺度として用いられる[1]。

板材の外表面における円周方向の最大ひずみ ε_{max} は、曲げ後の板厚変化を考慮しないと

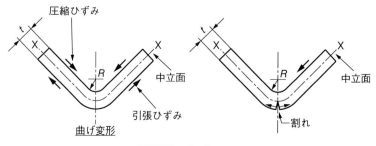

図 4.1 曲げの割れ

$$\varepsilon_{\max} = \frac{t_0/2}{r_{\min} + t_0/2} = \frac{1}{\dfrac{2r_{\min}}{t_0} + 1} \qquad (4.1)$$

で表せる。引張試験から材料の局部ひずみ $\varepsilon_{\max}$ の大きさが分かれば、$R_{\min}$ が規定でき、都合がよい。例えば、引張試験の破断伸びひずみ ε_b に等しくなったとき、割れが生じると考える。しかしひずみ ε は板厚方向に勾配を持った分布をしているので、引張試験とは異なり一様なひずみとはならず、かつ板材のV曲げでは、平面ひずみの2軸応力状態であるから破断ひずみ ε_b で規定するには必ずしも妥当ではない。最大ひずみ $\varepsilon_{\max}$ は板の厚さ、幅あるいは材質の影響を受けるため、$R_{\min}$ もそれらに影響される。

（2）挟み角度とスプリングバック

パンチとダイの間に材料を挟んだ状態でパンチを下降させると、ダイの両肩とパンチ先端によって材料が加圧されて曲がる。図4.2 に示すように、一定の挟み角度 θ_c でパンチの加圧を除荷すると、スプリングバック量 $\Delta\theta$ が発生し、曲げ角度 θ_b が得られる。曲げ角度は挟み角度とスプリングバック量の和によって決まる。よってこの2つの角度が曲げ精度にとって重要となる。

挟み角度はパンチのストロークによって決まる。ストロークの制御に当たり大切なのは、0.01 mm ストロークを送るときの、挟み角度の変化量である。図4.3 にパンチのストロークを 0.01 mm 送るときの材料の挟み角度の変化量を示す。ダイV幅 DV=4 mm ときは、挟み角度変化はおおよそ 35′である。ダイV幅が大きくなると挟み角度の変化量が小さくなる。ダイV幅 DV= 12 mm を使用すると挟み角度変化量はおおよそ DV=4 mm 時の 1/3 程度に

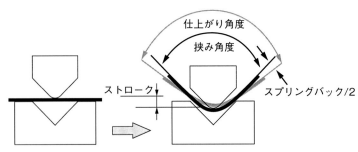

図4.2 挟み角度、スプリングバックと曲げ角度

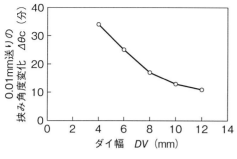
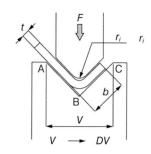

図 4.3　0.01 mm 送りの挟み角度変化　　図 4.4　最小フランジ長さ

なる。つまり、0.01 mm ストロークを送るときの挟み角度の変化量は、曲げ加工（パンチのストローク）の制御しやすさを表す。材料の種類と板厚により挟み角度の変化量も変わる。

曲げ加工終盤時にパンチが加圧状態から戻り始める（除荷という）と、図 4.2 に示したように、材料がパンチとダイの拘束から開放されると、板材の変形が戻り、挟み角度と異なる角度に変化する。この戻り量をスプリングバック角度と呼び、曲げ加工における難しい問題の 1 つである。スプリングバックは材料の弾性限度が高く、ヤング率 E が低いほど、加工硬化係数 F 値が大きいほど大きくなる。また曲げ半径 R と板厚 t の比 R/t が大きくなるとその量が大きくなる。一般的に同じ材質と板厚の場合、V 幅が大きいダイで曲げるほど、スプリングバックは大きくなる。

（3）最小フランジ長さ

曲げが完了するまでは、ワークの端面は V 溝の肩 R の部分で確実に保持されていなければならない。さもないと、曲げの進行につれてワークが滑り込み、端面がダイ肩 R から外れて、パンチが 2 度突きし、曲げ線部がずれるためである。この作業はよい曲げ精度が得られないばかりか、作業者側に向け、スラスト荷重（曲げ荷重と垂直に発生し、作業者側に向かう力である）が発生し、ワークが急な位置変化を起こしたり、金型が破損する起因となったり、作業そのものが危険である。

「最小フランジ長さ」とは、そうならないための最小限度のフランジ長さのことである。図 4.4 は、最小フランジ長さを求める説明図である。直角 2 等辺三角形より、斜辺の長さ、つまり b の長さは $V/2$ の $\sqrt{2}$ 倍になる。すな

わち最小フランジ長さは $b \approx \sqrt{2} \cdot V/2$ として、近似的に算出できる。

（4）曲げ伸びの計算

①板厚減少理論

　板材を曲げると曲げ外側では材料が伸び、板厚は減少する方向となるが、内側では圧縮を受け、板厚は増加する方向となる。比率としては伸び領域の方が大きいため、板厚減少が生じる。板厚減少は曲げ半径が小さいほど大きく、曲げ半径が板厚の5倍程度となると板厚の減少はほぼ無くなる。

②中立面の移動

　中立面（Neutral surface）とは、単純曲げ理論において計算の複雑さを避けるため、材料のひずみ履歴を無視し、かつ材料の各部のひずみは単調増加した場合引張域と圧縮域の境界に生じる伸びがない面と応力がゼロの面である。Kファクタとは、中立面あるいは中立線（2次元で考える場合）の場所の材料厚に対する比率である。Kファクタは幾何的な計算手法なので、特定の曲げ工程における物理的なファクタであり、曲げ半径が分かれば求めることができる。Kファクタは正確な展開長を求めるうえで必要な因子である。

③Kファクタの計算

　　t_0：曲げ前の板厚
　　t　：曲げ後の板厚
　　ρ　：板厚変化を考慮しない場合の中立線
　　ρ'　：板厚変化を考慮した場合の中立線

　図 4.5 の板材が**図 4.6** のような形に曲げられた状態において、応力の釣り合い式から[2)]

$$\frac{d\sigma_r}{dr} = \frac{\sigma_\theta - \sigma_r}{r}$$

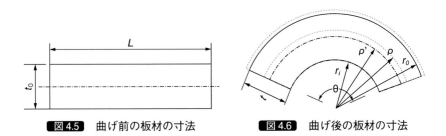

図 4.5　曲げ前の板材の寸法　　　**図 4.6**　曲げ後の板材の寸法

境界条件

$$r = r_o \Rightarrow \sigma_r = 0$$
$$r = r_i \Rightarrow \sigma_i = 0$$

応力分布

$$r_n < r < r_o \Rightarrow \sigma_r = -2k \ln(r_o/r)$$
$$r_i < r < r_n \Rightarrow \sigma_r = -2k \ln(r/r_i)$$

中立面において σ_r は連続であるため、

$$r_n = \sqrt{r_o r_i} \tag{4.2}$$

変形前と変形後の体積一定の関係を適用すると

$$t_0 l_0 = \pi (r_o^2 - r_i^2) \frac{\theta}{2\pi}$$

$$r_n = \frac{r_o^2 - r_i^2}{2 t_0} \tag{4.3}$$

式(4.2)と式(4.3)から

$$\sqrt{r_o r_i} = \frac{r_o^2 - r_i^2}{2 t_0}$$

$$\sqrt{(r_i + t) r_i} = \frac{(r_i + t)^2 - r_i^2}{2 t_0}$$

$$t = t_0 \sqrt{1 - \left(\frac{1}{1 + \frac{2 r_i}{t}}\right)^2} \tag{4.4}$$

$$K = \frac{t/2}{t_0} \tag{4.5}$$

例えば、板厚 $t_0 = 1.2$ mm 対し、ある内側曲げ半径 r_i になるとき、上記の式(4.4)と式(4.5)から K ファクタを求める。図 4.7 に K ファクタと内側曲げ半径の関係を示す。この中立面の位置は、曲げ半径 R_i が板厚 t の 5 倍以上あるうちは板厚の中央部にあるが、曲げ半径がそれより小さくなると板厚が減じて t 中立面は内側へ寄る。

④曲げ伸びの計算

図 4.8 に示すように、曲げ加工後の曲げ角には R 形状が形成され、その結果、フランジ長さを測定時に材料に伸びが発生する。曲げ加工後の仕上が

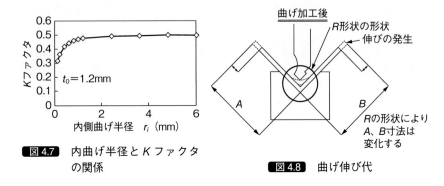

図4.7　内曲げ半径と K ファクタの関係

図4.8　曲げ伸び代

り寸法 A、B の合計から曲げ前の展開長 L_0 を引いた値を「両伸び」といい、その両伸びの1/2の値を片伸びという。その計算は式(4.6)に示す。曲げ伸びは曲げ半径に依存する。

$$BD = A + B - L_0 \tag{4.6}$$

曲げ伸び BD の値は、板厚の影響が大きく、板厚方向の中立面を基準にして計算されるが、中立面は板厚のほかにも曲げ半径や材質によっても変わるため、正確な曲げ伸びを求めるには、その部品と同じ材料・板厚、曲げ条件（使用する V 溝幅など）の元で、試し曲げを行う必要がある。

ⅰ）試し曲げによる曲げ伸びの求め方

例えば、SPCC 鋼板の板厚 $t1.6 × 40 × 100$ mm の平板から、90度 V 曲げの曲げ伸び BD は、試し曲げによって以下のように求めることができる。

図4.9のように、長さ 100 mm の平板に 90° V 曲げを1回行った結果、縦・横の長さが、$50 + 52.64 = 102.64$ mm という結果になり、曲げ加工前の平板の長さ 100 mm よりも 2.64 mm だけ、曲げにより伸びたように見える（実際は板厚分＋曲げによる変形量を加えた長さになる）。この 2.64 mm が、この曲げ加工条件における、SPCC 鋼板 $t1.6$ の 90° V 曲げ1回分の曲げ伸びと称する値である。

ⅱ）外側寸法加算法による展開寸法の計算方法

曲げ加工部品の展開寸法を求めるには、上述の曲げ伸びが分かっていれば、曲げが多数箇所ある場合でも比較的簡単に求めることができる。展開寸法の計算法には、中立面基準法や外側寸法加算法など、いくつか種類があるが、ここでは、最も実用的で簡易的な外側寸法加算法での展開寸法の計算方法を

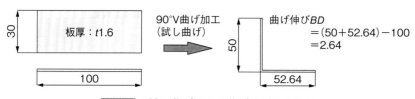

図4.9 試し曲げによる曲げ伸びの求め方

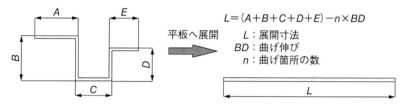

図4.10 外側寸法による展開寸法の計算方法

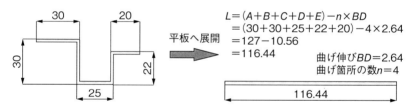

図4.11 展開寸法の計算

説明する。外側寸法加算法とは、曲げ加工品の板厚を含めた外側の各部寸法を全て加算した寸法から、90°曲げの個所数分の曲げ伸び BD を減じてやるという方法で、**図4.10**の説明で表される。

この方法では、図4.9の例に挙げたSPCC鋼板 $t1.6$ の場合、**図4.11**の曲げ加工品の展開寸法 L は、曲げ伸び $BD=2.64$ mm、曲げ箇所数4カ所なので、同図に示すように $L=116.44$ mm と求められる。

ⅲ）曲げ伸びの理論の計算

鋭角の場合（**図4.12**）：

　　曲げ伸び $BD = A + B - L_0$

　　$A = a + (r_i + t)$

　　$B = b + (r_i + t)$

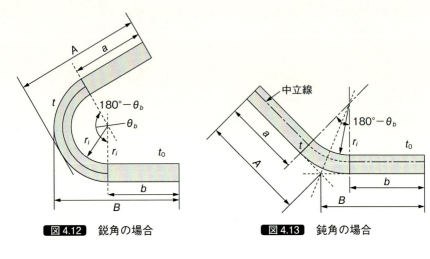

図4.12　鋭角の場合　　　　図4.13　鈍角の場合

$$L_0 = a + (r_i + Kt_0)$$
$$BD = r_i + 2t - Kt_0 \tag{4.7}$$

鈍角の場合（図 4.13）：

$$曲げ伸び\ BD = A + B - L_0$$
$$A = a + (r_i + t)\tan(90° - \theta_b/2)$$
$$B = b + (r_i + t)\tan(90° - \theta_b/2)$$
$$L_0 = a + (r_i + Kt_0)(180° - \theta_b) + b$$
$$BD = 2(r_i + t)\tan(90° - \theta_b/2) - (r_i + Kt_0)(180° - \theta_b) \tag{4.8}$$

曲げ前後の板厚の変化がないと仮定すると K ファクタは $K = 0.5$ になる。板厚 1.6 mm を曲げたときに、内側曲げ半径が板厚に相当すると仮定するときの曲げ角度と曲げ伸びの関係を図 4.14 に示す。曲げ伸びは曲げとともに大きくなる。曲げ角度は 90 度で最大になり、その後、さらに曲げ加工が進み、曲げ角度が鋭角になると再び曲げ伸びは小さくなる。

（6）長手反り

図 4.15 に V 曲げを 1 回行う L 字曲げと V 曲げを 2 回行うコの字曲げにより発生する長手反りの形状を示す。長手稜線に反りが発生しない真っすぐな曲げを理想曲げと定義する。また曲げ後、発生する長手反りの方向により舟反りと鞍反りに定義する。

残留応力が存在しない理想的なブランク材の曲げ加工では、鞍反りが発生

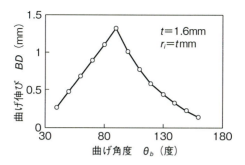

図4.14 曲げ伸びと曲げ角度の関係

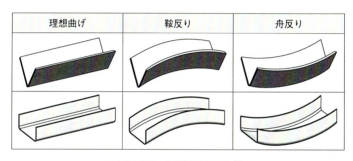

図4.15 長手反りの定義

すると考えられる[3]。しかし、レーザマシンやシヤーによって切断されたブランク材の曲げ加工では、理想的な材料の曲げ反り方向とは逆の舟反りが発生する。これは切断時に材料の切断部に残留応力が存在するためである[4]。そこで曲げ加工により生じる長手方向のモーメントを M_z、また、残留応力により生じる逆方向のモーメントを M_{rs} とすると、曲げ加工により長手方向に発生するモーメント M は次のように表せる。図4.16に各モーメントの方向を示す。

$$M = M_{rs} - M_z \tag{4.9}$$

$M<0$：鞍反り
$M=0$：反りなし   (4.10)
$M>0$：舟反り

曲げ加工の前工程で、レーザマシン、シヤリングマシンとワイヤ放電加工機を用い、冷間圧延鋼板SPCCの外周を切断し、コの字曲げ加工を行い、曲

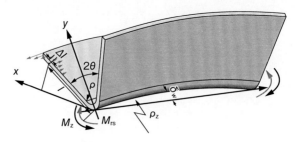

図4.16 長手反り発生メカニズム

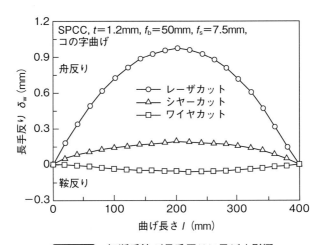

図4.17 切断手法が長手反りに及ぼす影響

げ後の製品の長手反りを測定し、その結果を図4.17に示す。長手反りは製品の長さの中心で最大値を取っている。その値を最大長手反り量と定義する。曲げ加工の前工程がワイヤカットである場合、長手反りは鞍反りが発生する。一方、前工程がレーザとシヤーである場合、曲げ後の長手反りは共に舟反りが発生する。また、レーザ切断後の長手反り量は、シヤリング加工に比べ5倍ぐらい大きい。

▶ 4.2.2 V曲げ加工法

V曲げには、3種類の形態がある。加圧力のかけ方によって、被加工材（ワークともいう）は、それぞれ特徴のある3つの曲げを経過する。

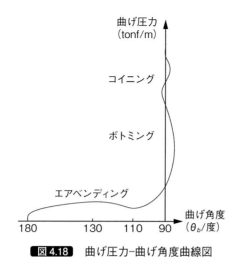

図 4.18 曲げ圧力−曲げ角度曲線図

（1）曲げ荷重−曲げ角度曲線図

　プレスブレーキに金型を取り付け、1枚の板材に徐々に加圧すると、加圧力と応じて曲げが進行する。そして、材料に圧力を加えつつ、そのときの角度変化をプロットして結ぶと曲線が得られる。この曲線を、曲げ圧力−曲げ角度曲線図と呼ぶ。曲線形状がアルファベットのSに似ているので「S曲線」とも言われている。S曲線は材質によってかなり形状が異なる[5]。

　冷間圧延鋼板 SPCC、$t=1.6$ mm を曲げるときに発生する曲げ荷重と曲げ角度の関係を**図 4.18** に示す。縦軸には曲げ荷重、長さ1m当たりを曲げるために必要な曲げ荷重（tonf）を取り、横軸には曲げ角度θ_bを取っている。

　パンチとダイの間に材料を挿入し加圧すると、最初は弾性変形のみで塑性変形せず、ある加圧力まで上昇する。その後、少しずつ曲げ圧力を加えると曲げは急速に進み、130°あたりで曲げ圧力がピークに達する。しかし、その後、曲げ圧力はやや減少する。同図から分かるように、この領域は、曲げ圧力の僅かな違いで曲げ角度が大きく変化する。これをエアベンディング領域という。

　曲げ角度が100°を経過するあたりから曲げ角度は減少するが、それに反して曲げ圧力は上昇する。90°に成形できるときの加圧力を、その材料の「所要トン数」という。この場合、さらに加圧すると90°より3～4°小さい角

度、鋭角の曲げ角度になる。これをボトミング領域という。

　鋭角になった曲げ角度は、より大きな圧力をかけることによって、再び90°に戻る。このときの曲げ圧力は所要トン数の約6倍に当たる。加圧力の急激な増加に対し、極めて曲げ角度の変化の少ないこの領域をコイニング領域という。

（2）V曲げの種類〜エアベンディング

　代表的な曲げ加工方式であるV曲げにおいては、図4.19に示すようにエアベンディング、ボトミング、コイニングという3種類の形態があり、それぞれにおいて特徴が異なる。どのような方式を選択するかは、対象となる製品要求精度や工場などの設備、つまりプレスブレーキ能力により選ぶ必要がある。

　図4.19(a)に示すエアベンディングはA、B、Cの3点でワークが金型に接触する3点曲げで、ダイとの間で加圧を行わない自由曲げである。この曲げの特徴は、折り曲げ角度の範囲を自由に取ることができる点で、V幅は板厚の5倍から15倍がよい。

　エアベンディング後に更に加圧を続け、パンチとダイの面圧によってスプリングバックを減らし、精度を高める曲げ加工としてボトミングとコイニングがある。そのうちボトミングは、比較的に小さい圧力でワークを曲げることができる。コイニングは、高い面圧とパンチ先端部の食い込みによってスプリングバックを殺す曲げである。これは極めてよい精度が得られるが、所要能力トン数は大きくなる。必要に応じて、曲げ角度がそれぞれの曲げ方式になるように金型を選択する必要がある。

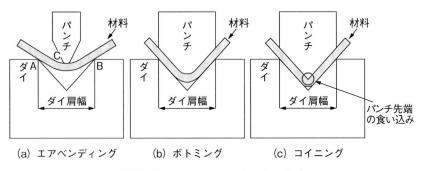

図4.19　Vダイによる曲げ加工方式

V曲げ加工では、変形に対する拘束が少ないために形状凍結性が悪い。曲げ外力を除くと、曲げ部に発生した内部応力と弾性回復のために、スプリングバックが大きく発生するため、材料の機械特性と使用するツールの影響が大きい。ただし、エアベンディングは、最も曲げ加工力が小さい曲げ方法であるため、プレスブレーキの必要曲げ能力が比較的に小さくなる。

①材料特性が曲げに及ぼす影響

材料特性であるヤング率、加工硬化係数と加工硬化指数が曲げ後の外側曲げ半径、曲げ伸び、スプリングバック、曲げ荷重とストロークに及ぼす影響を調べる。

ⅰ）ヤング率（E）の影響

材料のヤング率が曲げに及ぼす影響を**図4.20**に示す。材料のヤング率を100,000 MPaから2,500,000 MPaに変化しても、外側曲げ半径、曲げ伸び、曲げ荷重とストロークの変化量は僅かである。つまり、材料のヤング率が外側曲げ半径、曲げ伸び、曲げ荷重とストロークに及ぼす影響は少ない。しかし、スプリングバック対しては影響が大きく、ヤング率の増加とともにスプリングバックは小さくなり、ヤング率が倍になると、スプリングバックは半分になる。

ⅱ）塑性係数（F値）の影響

塑性係数が曲げに及ぼす影響を**図4.21**に示す。塑性係数は外側曲げ半径、

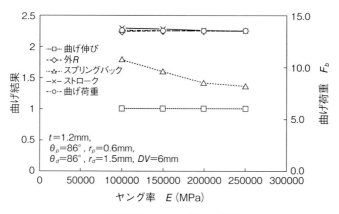

図4.20 ヤング率の影響

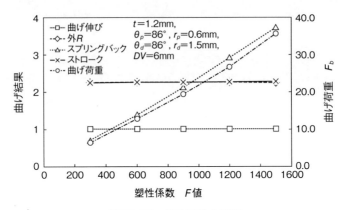

図 4.21 塑性係数の影響

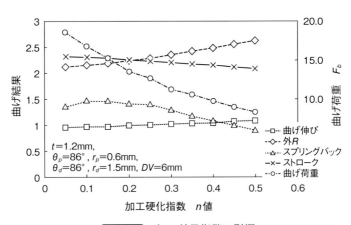

図 4.22 加工効果指数の影響

曲げ伸びとストロークには与える影響は少なく、曲げ荷重とスプリングバックに与える影響は大きい。塑性係数が倍に増加すると曲げ荷重とスプリングバックも倍に増加する。

ⅲ）加工硬化指数（n 値）

加工硬化指数が曲げに及ぼす影響を**図 4.22** に示す。加工硬化指数は曲げ後の外側曲げ半径、曲げ伸び、スプリングバック、曲げ荷重とストロークに影響を与える。ただし、加工硬化指数の増加とともに材料の外側曲げ半径が増加する。外曲げ半径の増加とともに、曲げ伸びの理論計算により求める計

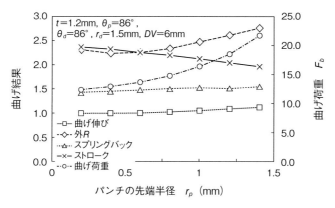

図4.23 パンチの先端半径の影響

算式(4.7)および式(4.8)で表示したように、曲げ伸びが増加する。同じストロークでは、曲げ半径が大きくなると曲げ角度がきつくなるため、90度に曲げるためには、ストロークが小さくなる。一般的にn値の大きい材料の方が大きな曲げ変形でも割れが発生しにくく、曲げ加工に適している。

②パンチの影響

ⅰ）パンチ先端半径の影響

パンチ先端半径が曲げに及ぼす影響を**図4.23**に示す。パンチの先端半径は曲げ後の外側曲げ半径、曲げ伸び、スプリングバック、曲げ荷重とストロークに影響する。板厚1.2 mmのSPCCを曲げるとき、パンチ先端半径が0.2 mmから0.8 mmに変化しても曲げ半径の変化は小さい。先端半径がr_p=0.2 mmの場合、曲げ時に材料にパンチ先端の食い込みが発生し、パンチの先端は座屈や摩耗などが起きやすく不良につながるため、金型保守が必要である。

③ダイの影響

ⅰ）ダイ V 幅の影響

ダイ V 幅が曲げ結果に及ぼす影響を**図4.24**に示す。ダイ V 幅の増加とともにパンチのストローク、曲げ半径とスプリングバックが増加する。その反面、t=1.2 mmに対し、V 幅が小さくなると曲げ荷重が急激に増加し、V 幅6 mm対し、V 幅が4 mmになると曲げ荷重は4倍なる。曲げ加工時に、材料の板厚に対し、適切な V 幅を選択する必要がある。DV/t が5〜8が推奨

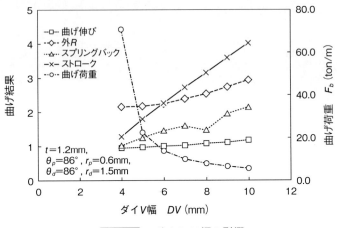

図 4.24 ダイの V 幅の影響

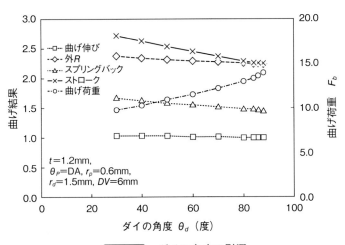

図 4.25 ダイの角度の影響

範囲である。

ⅱ）ダイ角度の影響

ダイ角度が曲げ結果に及ぼす影響を**図 4.25** に示す。数値解析では、パンチの角度がダイの角度になるように設定する。ダイ角度は曲げ半径と曲げ伸びにはあまり影響を与えない。曲げ伸びは曲げ半径に比例するため、曲げ半径の変化が少なく、曲げ伸びを変形しない。

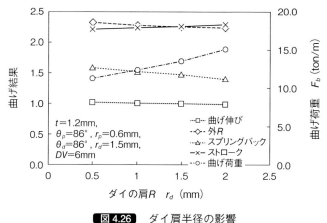

図4.26 ダイ肩半径の影響

ⅲ) ダイ肩半径の影響

ダイ肩半径が曲げ結果に及ぼす影響を図4.26に示す。ダイ肩半径は曲げ荷重とスプリングバックに大きな影響を与える。ダイ肩半径が大きくなると、曲げ進行とともに材料と接触する左右のダイの接触点距離（真のV幅）が小さくなるため、実のダイV幅が小さくなり、曲げ荷重は大きく、弾性変形領域は小さくなり、その結果、スプリングバックが小さくなる。また、ダイ肩半径が大きくなると、肩半径に接触する面圧が小さくなり、ダイ肩部の摩耗が減少するともに、材料の曲げ傷が薄くなる。

（3）V曲げの種類～ボトミング

ボトミングのボトム（bottom）は、動詞形で「底に届く」という意味がある。現場用語で、「底押し」とか「底突き」とか言われている。パンチの先端、ダイの左右肩の3点で接触するエアベンディングと違い、ボトミングでは、材料がダイの肩から外れダイのV溝斜面に接触し、さらに曲げが進行するとパンチのストロークとともに、材料の内側がパンチの肩部に接触する。材料はパンチとダイとの接触点数は最小の3点ではなくなる。

材料内側がパンチ肩に接すると、フランジ部はパンチ肩部で曲げ戻され、パンチの先端Rが材料を曲げることによって発生するスプリングバックAと方向が反対のスプリングゴー（スプリングインともいう）が発生する。したがって、ボトミングでは、スプリングバックとスプリングゴーBが共存す

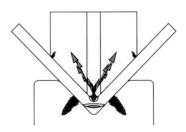

図 4.27 ボトミングにおけるスプリングバックとスプリングゴー

る状態となる。ボトミングでは、スプリングバックのみ存在するエアベンディングと違い、全体のスプリングバック量（スプリングバックとスプリングゴーの和）を正確に予測するのが難しくなる（**図 4.27**）。

現状のV曲げ加工は材質のばらつき（ロール目の違い、材料ロットの違い）、加工要因（曲げ速度など）によって曲げ部の内Rの大きさが変わり、結果的に挟み角度の精度に影響を与えている。板厚のばらつきも挟み角度の精度に影響を与えている。また材料のばらつき（ロール目の違い、材料ロットの違い、板厚のばらつき）はスプリングバック量にも影響を与えている。よって曲げ精度の安定を得るには、いかに挟み角度とスプリングバック量を安定させるかが重要となり、挟み角度の安定のためには内Rの安定が重要となる。スプリングバック量は絶対量を少なくすることで安定を図る。

①荷重制御による高精度曲げ[6]

曲げ荷重が曲げ精度に与える影響を調べるために、**図 4.28**に加工板材をV曲げ加工で加工したときの荷重値と曲げ角度の関係を示す。この曲げ荷重は単位曲げ幅当たりの荷重である。一方、ストローク量が曲げ精度に与える影響を調べるために、**図 4.29**に加工板材をV曲げ加工で加工したときのストローク量と曲げ角度の関係を示す。曲げ角度とは、曲げ加工後に荷重を解除し、スプリングバックした後の曲げ角度である。

②ボトミングにおける荷重制御

図 4.28において目標角度公差を$±a$とし、曲げ角度が目標角度よりaだけ小さい角度になるときの曲げ荷重値を$F_b(-a)$、曲げ角度が目標角度よりaだけ大きい角度になるときの曲げ荷重値を$F_b(a)$とする。曲げ角度が目標公

第 4 章　ベンディングマシンと加工

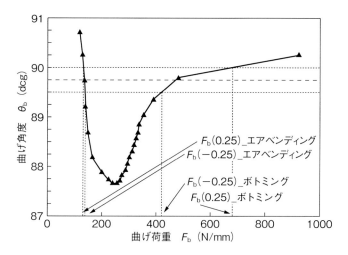

図 4.28　曲げ荷重と曲げ角度の関係

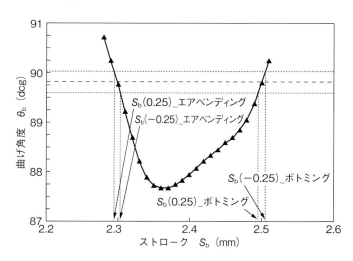

図 4.29　曲げのストロークと曲げ角度の関係

差内の角度になるときの荷重誤差許容量を S_f 値（Sweet spot for force control）とすると、その値は $F_b(-a)$ と $F_b(a)$ の差の絶対値で求められる。

この S_f 値が大きいと、荷重値を目標値としてパンチを制御する荷重制御において、目標領域が広いことになり、制御が容易で高精度に加工できると

考えられる。また荷重制御での最適制御目標値を T_f 値（Target force）とすると、その値は $F_b(-a)$ と $F_b(a)$ の中点となる。

③ボトミングにおけるストローク制御

図 4.29 において目標角度公差を $\pm a$ とし、曲げ角度が目標角度より a だけ小さい角度になるときのストローク量を $S_b(-a)$、曲げ角度が目標角度より a だけ大きい角度になるときのストローク量を $S_b(a)$ とする。曲げ角度が目標公差内の角度になるときのストローク誤差許容量を S_s 値（Sweet spot for stroke control）とすると、その値は $S_b(-a)$ と $S_b(a)$ の差の絶対値で求められる。

この S_s 値が大きいと、ストローク量を目標値としてパンチを制御するストローク制御において、目標領域が広いことになり、制御が容易で高精度に加工できると考えられる。また、ストローク制御での最適制御目標値を T_s 値（Target stroke）とすると、その値は $S_b(-a)$ と $S_b(a)$ の中点となる。

④ボトミングにおける荷重制御とストローク制御の比較

曲げ荷重が曲げ角度に与える影響と、ストローク量が曲げ角度に与える影響を個別に調べたが、S_f 値と S_s 値は基準が違うために、どちらがよいのかは単純に比較できない。よって制御方法に違いがあっても、同じ基準でその加工精度を評価できる基準を S_r 値（Sweet spot ratio）として定める。$S_r > 1$ が目標精度を確保するための必要条件となる。また S_r 値が大きいほど、制御しやすく、高精度な加工の実現が容易であることを示している。この S_r 値は単位曲げ幅当たりの結果である。平面ひずみにおいて、曲げ荷重は曲げ幅に比例するので、荷重制御での S_r 値は曲げ幅に比例して大きくなる。よって、荷重制御が位置制御より有利となるための最小曲げ幅 W_{min} は、次式となる。

$$W_{min} = (S_s D_f)/(S_f D_s) \tag{4.11}$$

よって、荷重制御が位置制御より制御精度に影響を受けないのは、曲げ幅がエアベンディングで 167 mm 以上、ボトミングで 3 mm 以上となる。

今回の実験条件である曲げ幅 $w = 100$ mm の V 曲げ加工を考えてみると、荷重制御での S_r 値は、エアベンディングで 0.3、ボトミングで 21.8 となる。ストローク制御における S_r 値は、曲げ幅に依存しないので同じ値となる。この結果より、S_r 値が 1 以上なのは、荷重制御でボトミング加工を行った

ときだけである。よって、一定の曲げ幅以上であれば、ボトミング加工に対して荷重制御を適応することで制御が容易となり、安定した曲げ精度を得られることが分かった。

次に、曲げ加工の阻害要因である材料特性のばらつきに対して、曲げ角度が受ける影響を検証する。またこれらの結果は、FEM解析の結果である。まず板厚を−10〜＋10％、材料定数のヤング率、F値、n値をそれぞれ−10〜＋10％だけ変化させ、曲げ角度の変化量を調べる。その結果を図4.30に示す。この結果より荷重制御を使ってボトミング加工を行ったときに、材料の変化による曲げ角度の変化量が最も小さいことが分かる。また材料の変化項目では、板厚変化が曲げ角度の変化量に与える影響が大きい。

（4）V曲げの種類〜コイニング

コイニングの語源はコイン（coin）で、「硬貨をつくる」とか、「金属を硬貨にする」からきていて、極めて正確な曲げ精度が得られる加工方法という意味である。コイニングの目的は、板厚、材料の機械特性などのばらつきを無くし、極めて正確な曲げ精度と、極端に小さい内Rを得ることができる。図4.31に示すように、パンチの先端部が完全にワーク内に食い込んでいる。このパンチ先端部の食い込みと、パンチとダイV溝面の加圧による高い面圧によって、スプリングバックがなくなる。そのため、ボトミングの所要トン数の約5〜8倍の加圧力を必要とする。

コイニングに使うV幅はボトミングよりも小さく、板厚の5倍で使用する。

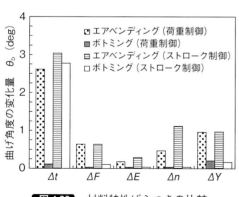

図4.30　材料特性ばらつきの比較

図4.31　コイニング

これは、曲げ後のワークの内側 R を小さくしてパンチ先端部の食い込み量を少なくすることと、V 溝の面積を小さくして面圧を高めることの 2 つ理由からであり、いずれも余分な圧力をかけないことが目的である。

コイニングは、高い面圧とパンチ先端部が完全にワーク内に食い込むことによってスプリングバックを無くす曲げである。したがって、ボトミングのようにスプリングバックは見込まなくてもよいので、コイニングの金型角度は求める製品角度に等しくする。例えば、90 度曲げについては、パンチとダイともに 90 度にする。

コイニングは大きなトン数を必要とする曲げであるため、コイニングできる加工限界は、機械能力とラム、金型の耐圧などを配慮する必要がある。ふつう、単位長さ当たりのトン数で耐圧は保証されている。SPCC の板厚 1.6 mm で 1 m 当たり 75 tonf、2 mm で約 115 tonf の加工力が必要である。使用する金型の耐圧にもよるが、加圧限度は 2 mm 程度が限界となる（SPCC2.0t、SUS304 1.5t が限度）。

（5）3 種類の曲げの比較

3 種類の曲げのうち、どの曲げを選ぶかは、製品の使用目的や機能によって決める必要がある。それは、曲げのそのものに優劣をつけるというよりも、それぞれの曲げの特徴を活かした使い分けが必要であるということでもある。3 種類の曲げの特徴を表 4.1 示す。この表の内容を常に考慮して、実の曲げ加工に活用されることが望まれる。

表 4.1 3 つの V 曲げの比較

曲げの種類	V 幅 (t)	曲げ内 R (t)	曲げ角度精度	スプリングバック	特徴
エアベンディング	5〜12	2〜2.5	±20′	大きいが素直な傾向	曲げ角度の範囲を自由に取ることができる
ボトミング	5〜8	1〜2	±15′	小さいが、圧力のかかり方で極端に変動	比較的弱い力を使って良い精度が得られる
コイニング	5	0.5〜0.8	±5′	スプリングバックは押さえ込まれる	極めて良い精度が得られるが、所要曲げ荷重が大きい。

4.3 L曲げ加工

▶ 4.3.1 L曲げ変形メカニズム

　L曲げはV曲げと異なり、**図4.32**に示すように材料の一端を滑らないようにパッドなどで押さえつけ、ほかの一端をパンチなどで折り曲げる加工法である。図4.32に示したL曲げ機構であれば、曲げ時に発生するスプリングバック角度を見込んで余分に曲げることが難しく、直角曲げができなくなる。そのため、工業的にはオーバーベンドができるフォールディング曲げ加工法とオーバーベンディングL曲げ加工法が使用されている。フォールディング曲げは、**図4.33**に示すように、ラムの上下と、ウィングの回転機構を組み合わせた押さえ巻き曲げである。高いフランジを持った製品、閉じた形状のロの字形に曲げることができる。オーバーベンディングL曲げは、

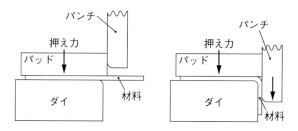

図4.32 L曲げの仕組み

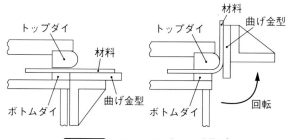

図4.33 フォールディング曲げ

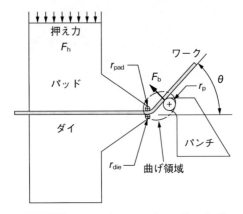

図 4.34 オーバーベンディング L 曲げ

　図 4.34 に示すように、パンチ側になる金型（刃）を横方向に動かして、スプリングバック分を余分にオーバーベンディングさせる加工法である。また、金型（刃）の軌跡を自由に制御できるため、ヘミング、シーミング、カーリングなどに代表される複雑な曲げ形状を実現できる[7]。

　配電盤、制御盤の扉、空調機のカバーなど、曲げフランジが長い大板の一端を V 曲げで曲げると、自重により腰折れなどが発生し、製品の精度や外観を悪くする。それを防ぐために、加工中にワークを保持するには、数人の作業が必要となる。また、跳ね上がりによる危険や曲げ完了後のワークの落下に注意を払う必要もある。それに対し L 曲げでは、ワークをホルダに乗せたままで曲げ加工ができるため、腰折れの防止や、万歳作業が改善できる。

　図 4.34 に示すオーバーベンディング L 曲げは、従来のプレスブレーキでは加工が困難な R 曲げ・ヘミング、クロージングなどの複雑な曲げ形状を高精度・迅速・簡単に加工でき、生産性向上を実現するフレキシブルな曲げ加工機（パネルベンダー）である。

（1）非対称曲げ

　図 4.35 に示すように左右で曲率が対称である V 曲げ加工と違い、L 曲げ加工では曲率が左右で非対称となる。パッドで押さえた側の曲率は小さく、パンチで折り曲げる側の曲率は大きい。

（2）スプリングバックとスプリングゴー

　オーバーベンディング L 曲げにおいて、板材に対しパンチの押し込みが

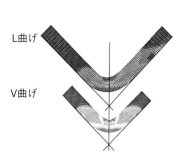

図 4.35 V曲げとL曲げの比較

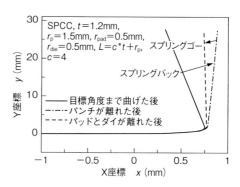

図 4.36 L曲げにおけるスプリングバックとスプリングゴー

終了したときとパンチが離れたときおよび押さえパッドが開放されたときの板材の挙動を**図 4.36**に示す。

　L曲げ加工では、目標角度まで曲げた後、パンチが材料から離れるとスプリングバックが生じ、パッドが材料から離れるとスプリングゴーが生じる。スプリングバックとスプリングゴーが生じるのはL曲げ加工の特徴である。まずは、パンチが材料から離れると、V曲げと同様に曲げ外側に引張り、内側に圧縮の応力が生じているが、除荷時にこれら応力によるモーメントがゼロになるように弾性回復し、スプリングバックが生じる。

　次に、板材は**図 4.37**(a)に示すように上のパッドと下のダイの反力を受け、モーメントが発生する。そのモーメントにより、板材は回転しようとする。ただし、常に板材をダイに押え込もうとするパッドの押えにより、板材の回転は抑制される。そのため、パッドとダイが押えている部位では、同図(b)に示すように板材の上部では引張応力、下部では圧縮応力が発生する。パンチが材料から離れると、パンチの押え力の垂直方向成分がなくなるため、パッドの押え力による変形が同図(c)に示すように大きくなる。

　パッドとダイが板材から離れていくと板材の上部の引張応力、下部の圧縮応力により、パッドとダイによって押えられていた板材が内側に向かって変形する。そのため、スプリングゴーが発生する。また、板材の曲げ加工力により生じた曲げモーメントがパットの先端に作用して、弾性変形が生じる。

　パンチが板材から離れていくと、曲げモーメントが小さくなり、パッド先

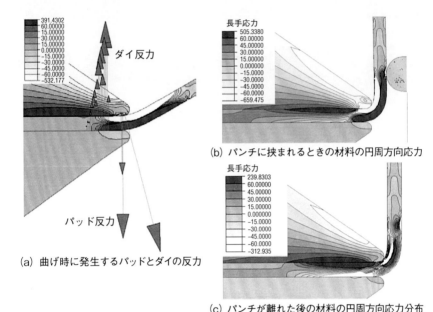

図 4.37 L曲げ加工におけるスプリングバックとスプリンゴー

端は弾性回復により、板材が押えられ、パッド先端からある距離を離れたところで、曲げ変形の最大量は増加する。そのため、パッド先端半径が小さくなると、曲げモーメントによるパット先端部の変形が大きくなることにより、スプリンゴーが大きくなる。パッドの弾性変形は板材のスプリングバックに複雑な影響を与える。曲げ加工の角度の精度は、後の溶接工程などに大きな影響を与える。そのため、曲げ加工の前にスプリングバックとスプリンゴーを正確に予測する必要がある。

▶ 4.3.2 オーバーベンディングL曲げ

(1) パンチの軌跡の影響[8]

パンチは与えられた軌跡で板材を曲げ、目標角度まで曲げた後、材料から離れ、さらにダイとパッドが離れる。図 4.34 に示すようにパッドとダイの先端半径 r_{pad}、r_{die} を 0.5 mm、パンチの先端半径 r_p を 1.5 mm とする。パンチ先端半径とパッド先端半径の中心との距離をパンチの軌跡半径 l と定義す

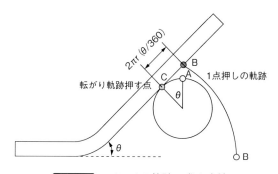

図 4.38 パンチの軌跡の求め方

る。パンチの円弧拡大係数 c を用い、パンチの軌跡半径は $l = c \times t + r_p$ とし、c を 4、6、8、10 に変化させる。この軌跡をサークルタッチと定義する。L 曲げ加工ではパンチの軌跡は主要な加工条件である。パンチが板材を押して、曲げ加工を行うときに、パンチにより材料が擦られることにより、材料に傷が発生する。

近年、加工技術の進歩とともに表面性状に対する要求も高まっている。製品が要求される表面性状によって、傷幅を極小にするパンチのポイント軌跡や、傷が浅く保護フィルムが破れないためのパンチのフォロータッチ軌跡などを求める必要がある。**図 4.38** にポイントタッチ軌跡とフォロータッチ軌跡の定義を示す。

そこで、円弧拡大係数 c を 4、6、8、10 としたときの、図 4.38 に示すポイントタッチとフォロータッチに、定義に基づきパンチの軌跡を修正し、曲げ加工中に曲げ前の一点 B を追求するポイントタッチ軌跡と曲げ加工中に曲げ前のポイントの距離 AB が円弧の長さ AC になるフォロータッチ軌跡を求め**図 4.39** に示す。サークルタッチ軌跡とフォロータッチ軌跡はほぼ一致しているのに対して、ポイントタッチの軌跡は曲げ加工とともにパンチが離れて行く。パンチとパッドの距離が大きくなる。

円弧拡大係数 c であるポイントタッチとフォロータッチ軌跡で、加工を行った製品の写真を**図 4.40** に示すように、ポイントタッチを用いた L 曲げでは、0.2 mm ぐらいの傷幅が発生した。これは、数値解析で得た 0.3 mm 幅傷と比較するとかなり近い値である。フォロータッチを用い、L 曲げ加工を行う

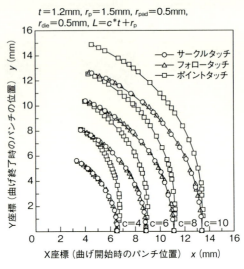

図 4.39　パンチの軌跡

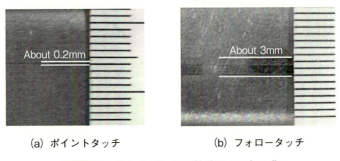

(a) ポイントタッチ　　　(b) フォロータッチ

図 4.40　異なるパンチの軌跡による加工傷

とパンチと板材の転がり距離は次式にようになる。

$$l = 2\pi \times r_p \times (\theta/360) \tag{4.12}$$

90 度まで曲げると、l が約 2.36 mm になる。これは、曲げ後製品の転がり距離 3 mm の実曲げ結果に近い。

　曲げ加工中の板材の曲げ内側は図 4.41 に示すようにパッドと接触していない部分の長さが増加する。円弧拡大係数の増加に伴い、板材の曲げ半径は増加する。また、板材の材質の変化に伴ない、板材の曲げ半径は変化する。

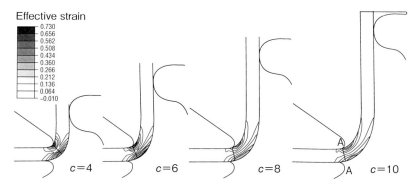

図 4.41 円弧拡大係数 c の影響

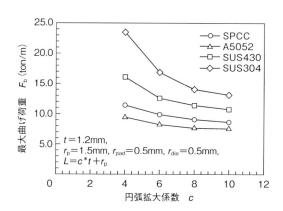

図 4.42 円弧拡大係数 c が曲げ荷重に及ぼす影響

SUS304、SPCC、SUS430 と A5052 の材料の内側曲げ半径を比較してみると、加工硬化指数 n の増加に伴い、板材の内側曲げ半径が増加する。

円弧拡大係数がパンチの最大曲げ力 F_b に及ぼす影響を**図** 4.42 に示す。円弧拡大係数の増加に伴い、最大曲げ力は減少する。また、図 4.41 に示すようにパッドの先端からパンチと板材の接触点までの距離が長くなるため、パンチの曲げ加工力は減少する。また、材料の変形抵抗が増加する順（A5052＜SPCC＜SUS430＜SUS304）に最大曲げ力が増加する。

（2）パッドの押え力の影響[9]

図 4.43 に t = 1.2 mm の冷間圧延材 A5052、SPCC、SUS430 と SUS304 の

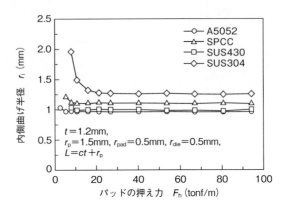

図 4.43 パッドの押え力が曲げ半径に及ぼす影響

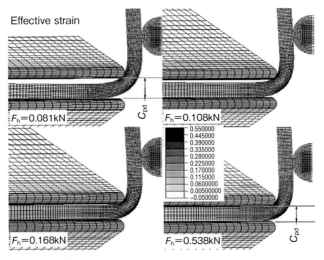

図 4.44 L曲げにおけるパッドの押え力の効果

L曲げのFEM解析を行い、L曲げ加工工程におけるパッドの押え力の効果を示す。決まった軌跡で材料を曲げ加工を行うとき、パッドの押え力が小さい場合には曲げ荷重の垂直成分により小さくなり図 4.44 に示すようにパッドが材料を押えきれないため、材料の曲げ半径が大きくなる。図 4.43 に示すように、パッドの押え力の大きさが 20 tonf/m より大きくなると、曲げ加工時に材料をしっかり押えることができ、曲げ半径が安定する。長い材料を

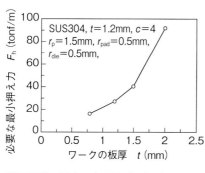

図4.45 異なる板厚を曲げに必要な最小パッド押え力

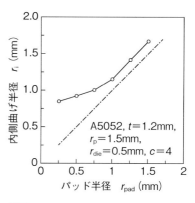

図4.46 パッド半径が曲げ半径に及ぼす影響

曲げるとき、単位長さの押え力が 20 tonf/m より小さい場合、曲げ長さが変化すると、曲げ半径も変化して、安定した製品形状を得るのが難しくなる。機械の能力、材料と板厚に合わせ、曲げ長さを設定するべきである。

図4.45に、板厚 0.8～2 mm の SUS304 材を曲げるとき、必要な最小パッド押え力を示す。板材をしっかり押えるために必要なパッドの最小押え力は、板厚の増加とともに大きくなる。その量は板厚の2乗で増加する。板厚 2 mm を曲げるために必要な最小押え力は、板厚 0.8 mm のおおよそ6倍になる。

(3) パッド先端半径の影響[10]

パッドの先端半径が曲げ後の板材の内側曲げ半径に及ぼす影響を図4.46に示す。パッドの先端半径 r_{pad} の増加に伴い、板材の曲げ半径が増加する。図4.47のパッドの先端半径が 1.0 mm 以上では、曲げ半径が直線的に増加するのに対し、パッドの先端半径が 1.0 mm 以下では、パッドの先端半径が小さいほど、板材の曲げ半径とパッドの先端半径の差が大きくなる。これは、パッドの先端半径の減少に従って、パッドの先端半径 r_{pad} と板厚 t の比 r_{pad}/t が小さくなる。図4.48に曲げ時のパッドの先端半径が 0.5、0.75、1.0 と 1.5 mm であるときの板材の内側形状を示す。パッドの先端半径の増加とともに材料はパッドの先端によく巻き付いている。

パッドの先端半径が $r_{pad} = 0.5$ mm であるときの板材の形状を見ると、最

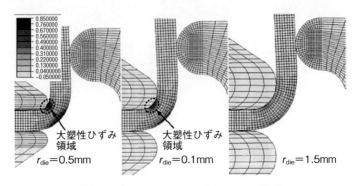

図 4.47 異なるパッド半径でのL曲げ

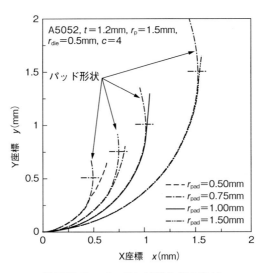

図 4.48 パッドと材料内側の形状

大相当塑性ひずみのポイントまでパッドに巻き付いた後、そのポイントを中心に新しい曲げが始まる。そのため、パッドの先端半径をある限度以下に小さくしても、図4.46に示すように、それ以上には小さくならない。

4.4 ベンディングマシン

▶ 4.4.1 代表的な曲げ加工様式と機械

板材の曲げ加工様式を大別すると、V 曲げに代表される突き曲げ方式と板を押さえつけて折り曲げる L 曲げ方式とに分けられる。**図 4.49** に各方式の概略を示す[11]。

突き曲げ様式の曲げは、板金加工業界で最も使われている曲げと言える。後述する多様な曲げ金型との組み合わせで自在に加工ができる極めて汎用性の高い曲げ加工方法である。

L 曲げは、突き曲げに比べて汎用性には若干劣るものの、省人省力化および曲げ自動化ラインへの応用など、大規模な生産工場での活用が目立つ方式である。また大板材の曲げなどでは、曲げフランジの曲げによる跳ね上がりが小さくなるため、大型パネル曲げに向いている。

図 4.50 に突き曲げの代表的な機械であるプレスブレーキと**図 4.51** に L 曲げ機械の概観を示す[12),13)]。

プレスブレーキはラムが下側から上昇する上昇式タイプとラムが上側から下降する下降式タイプがあり、それぞれ設備コスト、対象製品の形状、大きさ、要求加工精度などにより使い分けられている。

突き上げ

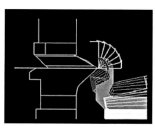
L曲げ

図 4.49 加工様式概略

上昇式　　　　　　　　下降式

図4.50　プレスブレーキ

図4.51　L曲げ機械概観

　L曲げ機械は単体での使用、自動化ラインでの使用、対象製品の形状、大きさなど、装着金型の要望などにより個別対応しているケースが多く、一般的な機械形状を特定するのは難しい。図4.51は材料搬入装置と自動金型交換装置を伴った機械の一例である[14]。

　プレスブレーキ、L曲げ機械の特徴について**表4.2**に示す[15]。

▶ 4.4.2　ベンディングマシンに求められる機能、性能

　曲げ加工製品を曲げるのがベンディングマシンであるが、その曲げ製品に対して求められている要件については図4.52のようにまとめられる[16]。したがって、ベンディングマシンとしてはそれらの項目を満たすような機能、性能を具備していなければならないことになる。

　概念としては、曲げ製品に求められるものは質と量に大別できる。量とはいうまでも無く生産性を意味し、同じ製品がいかに効率良く安定的にたくさん製造できるかということになる。

表4.2 プレスブレーキとL曲げ加工機の比較

項　目	プレスブレーキ	L曲げ機械
構　造	曲げ部1カ所の動きによって加工する	材料押えと曲げの2カ所の動きによって加工する
適用板厚（mm）	0.1～25	0.4～3.2
所要曲げ力	数～400 tonf	曲げ力はプレスブレーキより小であるが、板押さえ力が大
ストローク長さ	大（直線）	小（直線または円弧）
曲げ角度調整	容易	比較的容易
板厚調整	ダイV溝幅の変更	クリアランス調整
内側曲げ半径の変更	パンチ先端半径の変更	押え金型先端半径の変更
SPM	多（小物曲げ）	中
曲げ精度	良好	やや劣る
ストローク中の速度の変更	クイックアプローチ、スローベンドの速度切り替え動作	板押え動作と曲げ動作の2アクション
曲げ速度	フランジ寸法の大きさによる フランジ寸法大　数mm/min フランジ寸法小　最大20 mm/min	フランジ寸法の制限はあるがプレスブレーキより早い
材料の跳ね上がり	有り	無し
製品内側半径	1.0 t 以下　コイニング 1.0 t 以上　エアベンディング	1.0 t 以上
逆曲げ対応	可能 （パンチとダイの上下付け替え）	可能 （機種による）
フランジ寸法	小～大まで可能	大は不可能
製品大きさ	小～大まで可能	小物は不向き

　この要件を満たすマシンの条件は、後述する質の部分も関連するが、製品精度が簡単に出しやすく、またそれを一定の製造ロットにおいて速いタクトタイムの下で安定して維持できる機能と性能を持つということである。また、質の部分では製品の角度精度、寸法精度、金型によるこすり傷や製品の反りなど品位に関連する要件が挙げられる。

　曲げ製品は小物から長くて大きいものまでいろいろあるが、基本は幅方向

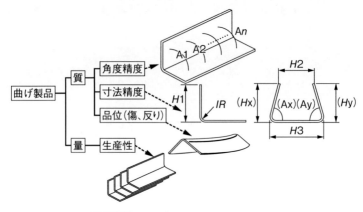

図 4.52 曲げ製品に求められる要件

にわたって均一な曲げ角度、フランジ寸法が簡単に得られることが必要である。また、製品によっては外部に傷が見えてはならないもの（光沢装飾部品）、塗装後の表面にむらが許されないものなどは、金型にも厳しい性能が求められる。

また、エレベータのドア、ロッカーキャビネットなど2つの扉が合わさるような製品には突合せ部で隙間がでないように、機械、金型、加工方法の適切な選択により曲げ後の反りに十分な注意が払われる。

▶ 4.4.3　最近のベンディングマシン概要

ベンディングマシンであるプレスブレーキにおいて、現在最も普及しているのは図 4.53 のように油圧駆動方式を用いているタイプである。これは AC モーターが油圧ポンプを回しその作動油がシリンダに送られて機械が駆動するものである[17]。

最近では、図 4.54 のようなサーボモータとボールネジの組み合わせで全く油圧を用いない機械も増えてきている。環境にやさしい、クリーンな作業というイメージで油圧機械から徐々に置き換わってきているが、油圧機械のような大出力は今のところボールネジ駆動では無理なので、小型機（80トン以下）の範囲にとどまっている[18]。また、図 4.55 のような油圧方式とサーボモータ方式の双方の利点を組み合わせた言わばハイブリッド方式のマシ

第 4 章　ベンディングマシンと加工

図 4.53　油圧駆動機械　　　　図 4.54　電気式駆動機械

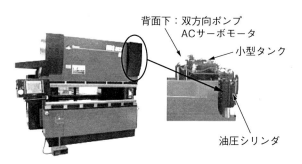

図 4.55　油圧電気併用駆動機械（ハイブリッド方式）

ンも出てきている[19]。後述するが、この方式であれば、油圧機械のような大出力も可能であり、生産ニーズに対応した幅広い機種が提供できることになる。

前述までの機械は、作業者が材料を手に持って機械の前で直接加工を行う汎用機と言われているものである。現状のプレスブレーキはこのタイプが大半を占めているが、ベテラン作業者の減少、少子高齢化という時代の流れとともに曲げ加工の自動化に向けて様々なシステムも登場してきている。

図 4.56 は汎用のプレスブレーキに材料の搬入と製品の搬出用のロボット、および材料を把持して一連の曲げ加工工程を自動で行うハンドリングロボットを装備した自動化機械の一例である[20]。このようなシステムで夜間無人運転することにより、従来以上の生産性を得ることができるわけである。

最近ではレーザ加工、タッピング、成形加工、V 曲げ加工を 1 つの機械で行う図 4.57 のような工程統合マシンも登場してきている[21]。従来、違う加工工程ごとに存在していた機械を 1 つに統合し、仕掛かり製品の機械間の受

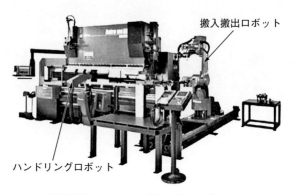

図 4.56　ロボット付きプレスブレーキ

図 4.57　工程統合マシン

け渡しおよび機械ごとの作業段取り時間を極力無くして生産の効率化を図ろうというものである。

▶ 4.4.4　プレスブレーキの駆動機構

前述のように、曲げ加工で一番多く使われているのがプレスブレーキであるが、その駆動方式は時代の変遷とともに多様な進化を経てきている。図4.58に駆動方式の分類を示す[22]。

最近の駆動方式の傾向として目立つのは、クリーンな作業、環境負荷低減の観点から電気式、あるいはハイブリッド方式が伸びてきたことである。特にハイブリッド方式は電気方式とは異なり、油圧、電気双方の特徴を活かした方式で、加圧能力別のシリーズ構成を従来通り幅広く展開できている。図4.59に従来の油圧方式とハイブリッド方式の駆動方法の相違を示す[23]。

第4章　ベンディングマシンと加工

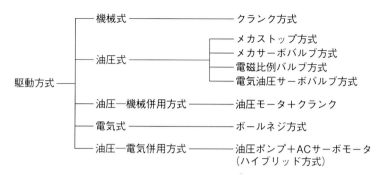

図4.58　駆動方式による分類

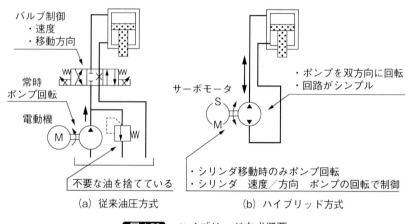

図4.59　ハイブリッド方式概要

　ハイブリッド方式はサーボモータで双方向ポンプを必要なときに必要なだけ回転させて、ラムの急下降、速度切り換え、曲げ加圧保持、圧抜き、急上昇を行うことができる。従来のような常時作動油が循環している回路と異なり、無駄な発熱がなく油温の上昇も数度程度に押さえることができ、油温上昇による機械精度の不安定現象なども回避できている。また油温が上がらないことにより閉回路に近い油圧回路の下でタンク油量も必要最小限で済んでいる。これにより大量の作動油を必要としそれを廃棄していた従来の油圧機械に比べ、環境負荷低減を実現できている。また、効率が良い分、電気使用量も低減されている。

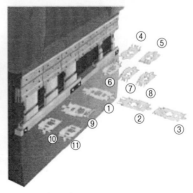

ステージベンド金型レイアウト例 　　　加工順とステーション

図 4.60　ステージベンド加工概要

▶ 4.4.5　曲げ加工方法について

　プレスブレーキでの加工方法は、一般的には機械中央に材料を配置し左右のバランスを保ちながら加工を行うセンターベンドが基本であるが、機械本体と金型の高精度化および制御技術の進化により、テーブル長手方向に複数の金型を配置し、加工工程に応じて金型ステーションを移り変わっていくステージベンド方式が最近多く使われている。これも各曲げ工程ごとに金型段取りを行っていた従来加工に比べての効率化の1つである。

　ステージベンド加工の概要を**図 4.60**に示す[24]。

4.5
曲げ加工における金型

▶ 4.5.1　曲げ金型の一般知識

（1）適切な金型の条件

　金型の選択を行う場合は、その金型が適切な金型としての条件を満足しているかどうかで判断しなくてはならない。さらには、その条件が曲げ加工作

業にどう関係するかを理解しておく必要がある。適切な金型の条件として、以下の点が挙げられる。
① 取り付け、取り外しが容易にできる長さである。
② 完全な熱処理が施され、十分な強度があり耐摩耗性が高い。
③ 寸法精度が高い。
④ 機種に関係なく使用する上での互換性が高い。

(2) 金型の種類

一般に曲げ金型は、大きくパンチ（上型・上刃・雄型）とダイ（下型・下刃・雌型）に分類される。パンチやダイは、各マシンメーカー別・用途・特徴により様々な取り付け方式や形状がある。また、パンチ・ダイのほかにそれら金型を使用するために必要なアダプタ・ホルダ類がある（図4.61）。

市販されている曲げ金型は、パンチ・ダイそれぞれの仕様・形状を規定し、在庫品として製造・販売している標準金型と加工用途などに合わせて専用に設計・製作する特殊金型がある。標準金型は、コスト的にも安価であり、在庫品であるため納期的にも入手が容易であるが、特殊金型は基本的に受注生

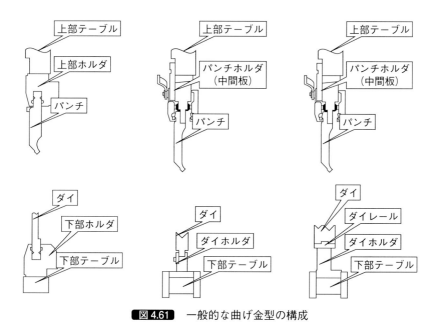

図4.61　一般的な曲げ金型の構成

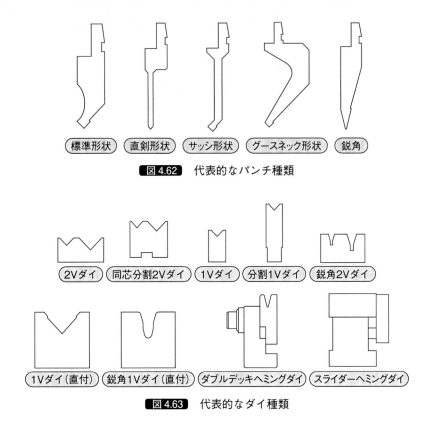

図 4.62 代表的なパンチ種類

図 4.63 代表的なダイ種類

製品であるため、標準金型に比較して一般的に価格が高く納期がかかるが、加工の合理化や省力化といった効果を得ることができる。

①パンチ

パンチは、図 4.62 に示すように一般的にその断面形状や刃先角度などの特徴により分類されている。刃先先端部の形状では、V 曲げ（90°・鋭角）用パンチ・曲率の大きい R 加工を行う R 曲げパンチ・ヘミング（潰し）加工を行うフラットパンチなどがあり、V 曲げ用パンチも断面形状により、直剣パンチ・グースネックパンチ・サッシパンチなどに分類される。

②ダイ

ダイは、その断面形状・V 溝の数・V 溝角度・構造・加工内容などにより一般的に図 4.63 のように分類される。1V ダイ・2V ダイや鋭角ダイのほかに、

ヘミング加工用のダイなどがある。
　ⅰ）ホルダ
　パンチまたはダイは、直接プレスブレーキの上下のテーブルに取り付けて使用する場合もあるが、取り付け用のホルダ（アタッチメント）を使用して取り付ける場合が一般的である。
　ⅱ）パンチホルダ（中間板）
　パンチホルダは、パンチの取り付け部の形状により各メーカーごとに様々なタイプのホルダが存在する。また、パンチホルダには単にパンチを取り付けるだけでなく、プレスブレーキやパンチの高さのばらつきを補正し、製品の曲げ通り精度を確保するための高さ調整機能を有している場合が多く、それらは一般的に中間板と呼ばれている。
　図 4.64 にパンチホルダ（中間板）の一例を示す。
　パンチホルダには、六角レンチや内蔵されたレバーを使用してパンチを固定する手動締め付けタイプと油圧などを駆動源として固定を行う自動締め付けタイプがある。また、金型段取りにおける作業性や安全性を向上させるための機能も搭載されているので、その機能をいくつか紹介しておく。
　a）金型・本体落下防止機構
　パンチまたは、パンチホルダ本体の固定を解除した際に、パンチおよび、パンチホルダが落下しない機構で、パンチやパンチホルダの取り付け・取り外し作業や左右移動を安全に早く行うことができる。
　b）金型引き上げ機能
　パンチを締め付けて固定する際に、締め付けと同時にパンチをパンチホルダ加圧面まで引き上げる機能で、パンチ交換後の加圧作業を省略でき、段取

（a）手動締め付けタイプ　　　　　　　（b）自動締め付けタイプ

図 4.64　パンチホルダ（中間板）

り時間の短縮が図れる。

　c）前入れ・前出し機能

　通常パンチは、落下防止機構があるためプレスブレーキ横方向から出し入れされるが、長さが短いパンチなどのある一定以下の質量のパンチを落下防止機構を操作することにより、安全にプレスブレーキ正面からの出し入れを可能とする機能で、頻繁にパンチ長さの調整を行う場合などに段取り時間の短縮が図れる。

　ⅲ）ダイホルダ

　ダイホルダも、パンチホルダ同様ダイの取付部の形状によりメーカーごとに様々なタイプのホルダが存在する。ダイホルダを使用して取り付けるダイには、1Vダイ・分割1Vダイ・2Vダイ・同芯分割2Vダイなどがあるが、それぞれのダイに合わせたダイホルダが必要である。そして、ダイホルダにも市販工具や専用付属工具などを使用してダイを固定する手動締め付けタイプと油圧などを駆動源として固定を行う自動締め付けタイプがある（図4.65）。また、ダイの取り付け時に、その都度、芯出し作業が必要なタイプと一度使用するプレスブレーキに合わせて芯出しを行うとその後ダイを交換した場合でも芯出しをする必要がないタイプがある。

　ⅳ）ダイベース（ダイブロック）

　オープンハイトの大きい機械などで曲げ加工を行う際、使用する金型の高さによっては、機械のストローク不足になることがある。ダイベースは、1Vダイ（直付けタイプ）やダイホルダの下に入れて、ダイの取り付け高さを高くするためのものである。

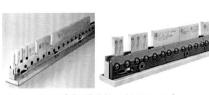
（a）手動締め付けタイプ

（b）自動締め付けタイプ

図4.65　ダイホルダ

（3）金型の材質と熱処理

曲げ作業時、金型には高い圧縮荷重や曲げモーメントなどの反復荷重が負荷される。反復荷重の回数は、1日当たり3,000工程として、1カ月に70,000～80,000回にも達するため、曲げ金型にはこのような反復荷重に十分に耐えられる強度・耐摩耗性などが得られる材質を使用しなければならない。

曲げ金型に使用される材質は、一般的に金型の用途・製造方法・大きさ・加工コストなどの条件によって、使い分けられている。

一例としては、焼入れ焼き戻しなどの熱処理により硬度HRc40以上に加工する材質と硬度HRc25前後の比較的低い硬度に加工される材質などで、焼入れ性の良いクロモリブデン鋼や機械構造用炭素鋼が使用されている。金型の硬度は、その耐久性に大きく影響するため、ステンレス材などの引張強さの高いワークを加工する場合には、硬度の高いダイを使用する。

しかし、硬度が高くなると靭性（粘り強さ）が低くなるため、使用中衝撃により破損したり、破損の際にその破片が大きなエネルギーとともに飛散する可能性が高くなる。そのため、近年では、金型内部の硬度を一定以下に抑え、ダイの表面のみを部分焼入れや表面処理によって高硬度にすることによって、破損の際の飛散を防止するタイプの金型が普及してきている。

（4）金型の分割長さ

金型の長さは、金型メーカーごとに様々な長さが存在するが、それぞれ使用上の汎用性や製造コストなどを考慮して、標準的な長さが決められている。通常曲げ金型は、曲げ製品の長さに合わせて金型をつなげて使用することが多く、金型の分割長さについては、組み合わせにより様々な長さが設定できるようになっている。**表4.3**にあるメーカーの標準金型の長さの例を示す。

また、標準的な長さのほかに、そのサッシ製品などの金型の継ぎ目による製品への傷を嫌う場合については、製品の長さに合わせた専用の長尺1本物の金型を製作することもある。

▶ 4.5.2 曲げ金型の選び方

曲げ金型を選択するためには、総合的な判断が必要だとよく言われる。「総合的な判断」とは、金型の選択については手順があるため、その手順に従って決定し、選択を誤らないようにするという意味である。曲げ作業の際

表4.3 標準金型長さ

		標準金型
パンチ	1本物	835 mm（Lサイズ）
		510 mm（Mサイズ）
		415 mm（Sサイズ）
	分割	10・15・20・40・50・100（耳）・100（耳）・200・300 mm 計 835 mm
ダイ	1本物	835 mm（Lサイズ）
		510 mm（Mサイズ）
		415 mm（Sサイズ）
	分割	10・15・20・40・50・100・200・400 mm 計 835 mm

に発生するトラブルの多くはこの手順を踏まず、狭い範囲の判断で金型を選んだことが原因になるといってもよい。

　以前は、金型の選択には多くの経験と熟練が必要とされていたが、近年では技術力の向上によりこれら金型選択作業や曲げ加工プログラムの作成を自動的に行う NC 装置や曲げ加工プログラム作成ソフトが普及して来ている。それらのツールも以下の手順を理解したうえで、活用することが望ましい。

　金型選択の手順として、以下の5つの項目の検討が必要である。

(1) V 幅の決定

　通常 V 曲げ加工で使用するダイの V 幅は、板厚の5～8倍とされているが、これはあくまでも目安であり、この V 幅は実際の諸条件（製品のフランジ長さ・曲げ R 寸法・機械能力など）を加味し、最終決定しなければならない。

(2) パンチとダイの組み合わせ

　金型の組み合わせは、ワークの板厚・製品曲げ形状・曲げパターンなどを考慮し、決定する。

　表4.4 はパンチとダイの組み合わせを示した一例であるが、曲げパターン・板厚・形状などを考慮してどの組み合わせが最適かを知ることができる。パンチとダイの組み合わせを考える習慣は、作業者にとって大切である。

表4.4 金型組み合わせ例

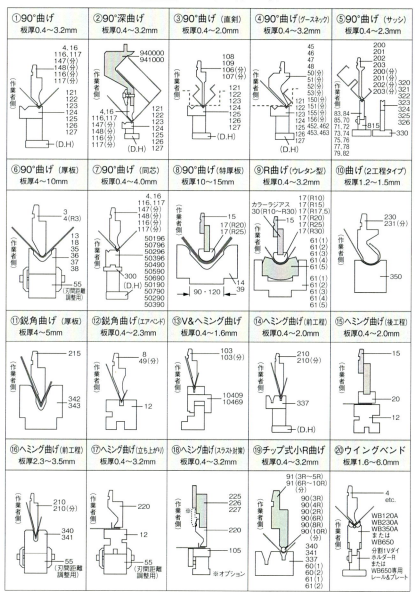

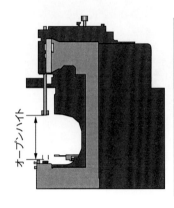 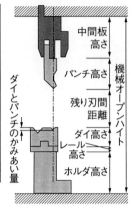

図 4.66　金型取り付け時の寸法

（3）機械仕様

　金型の選択を行ううえで、使用するプレスブレーキの機械能力・テーブル長さ・オープンハイト・ストローク・機能の考慮は重要である。機械の主な仕様は、カタログや取扱説明書に記載されているので把握しておかなければならない。

　図 4.66 にプレスブレーキに金型を取り付けた際の寸法関係を示す。残り刃間距離は、曲げ加工中にワークを手前方向に自由に出入れできるだけの間隔を取る必要がある。しかし、製品の寸法上ワークが金型と干渉し、ワークを手前方向に取り出せない場合は、ワークを機械の横（左右）方向から取り出さなければならない。これを「横抜き」というが、横抜きを行うには機械の横方向に製品の長さと同じスペースが必要であり、作業性が悪くなるため、できるだけ避けるべきである。作業効率の点からは、ワークを前入れ・前出しする作業が最も良い方法と言える。

　また、十分な刃間距離は作業性を有利にするが、パンチ・ダイの高さが共に低い金型を使用するときは、機械のストローク量との関係を考慮しなければならない。使用する金型の組み合わせ高さが低いとストローク不足になって曲げ加工ができなくなる場合もあるので、残り刃間距離が機械のストロークより小さくなるように選択する必要ある。

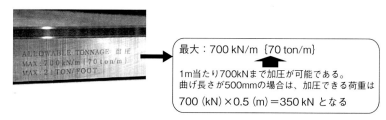

図 4.67 保障耐圧表示例

(4) 曲げ順序とリターンベンド

複数工程の製品を加工する際は、曲げ加工を行う順序をあらかじめ検討しなければならない。また、曲げ順序は加工する製品加工可否(パンチ・ダイとの干渉)も併せて検討し、決定する必要がある。

(5) 金型保障耐圧

保障耐圧とは、その金型に安全に負荷できる荷重のことで、金型形状・金型材質などによりそれぞれ耐圧が決められている。金型(パンチ・ダイ)を選定する場合は、これから加工するワークの材質・板厚と使用する V 幅から曲げ所要圧力を求め、金型保障耐圧が曲げ所要圧力より大きいことを必ず確認する。

金型保障耐圧は、パンチ・ダイそれぞれに明記されており、一般的には単位長さ(1 m)当たりの数値で表記されている。使用するパンチ・ダイの保障耐圧が異なる場合は、低い方の数値で確認する(**図 4.67**)。

$$曲げ所要圧力 \; < \; 金型保障耐圧$$

保障耐圧は、各メーカー共に十分な安全率を見込んで規定されているが、保障耐圧を超えた過大な荷重が負荷された場合は、当然ながら破壊に至る。その際、破壊された金型の破片が大きな衝撃とともに飛散し、事故につながることがあるので、曲げ作業を行う際は、必ず保障耐圧を厳守して作業を行わなければならない。

▶ 4.5.3 曲げパターン

曲げパターンとは、様々な製品形状をその特徴別に分類してパターン化したもので、一般的に曲げ金型もこのパターンに則して例えば、V 曲げ型、R 曲げ型のように呼称することが多い。

標準的な金型で加工ができる代表的な曲げパターンは、V曲げ・R曲げ・ヘミングの3つである。そして、それ以外の曲げパターンのほとんどは、専用の特殊金型でなければ加工することができない。

特殊金型とは、製品形状に合わせて専用に設計・製作された金型である。

● V曲げ

V曲げは曲げの基本的なパターンであり、最も多く作業に用いられている。V曲げ加工の形状は、アングル状の単純な1工程曲げから、建材・サッシなどに用いられる複雑な多工程曲げ加工まで非常に用途が広い。V曲げで曲げられるワークの板厚は0.3 mm程度の極薄板から30 mm程度の極厚板まで様々である。

V曲げは、曲げ加工の種類によって大きくは、エアベンディング・ボトミング・コイニングの3つに分けられる。また、曲げ角度からは90度曲げ・鈍角曲げ・鋭角曲げに分けることができる。

(1) 90度曲げ金型の組み合わせ

90度V曲げ用金型は、パンチ・ダイ共に非常に種類が多い。各金型メーカーから見ても最も標準化が進んでいるパターンであるので、新規設計・製作するよりも、市販の金型の中から必要なタイプを選択すれば十分である。

【ダイの選択】

①ボトミングの場合、表4.5を目安にV幅を選定する。

②選定したV幅で加工できる最小フランジ長を確認し、製品のフランジ寸法が加工できるかを確認する。製品のフランジ寸法によっては目安のV幅より小さいV幅を選択しなければならないことがあるが、V幅を小さくすると圧力が大きくなり、曲げ加工ができない場合があるので、V幅は最小でも板厚の4倍以上は必要である。

③製作図に特に指定が無い場合は、製品曲げ内R寸法 (r_i) は、板厚に相当すると考える。指定の内R寸法 が記載されている場合は、その寸法となるようV幅やパンチ先端Rを選択しなければならない。目安として、ボト

表4.5 板厚に対する適正V幅

板厚 t	0.5〜2.6	3.0〜8.0	9.0〜10.0	12.0以上
V幅	$6t$	$8t$	$10t$	$12t$

ミングの場合の製品内 R は、使用する V 幅の約 1/6 程度となる。

$r_i ≒ V/6$

④使用する V 幅を選択すると、曲げ所要圧力を求めることができる。その曲げ所要圧力に対して以下の項目を確認する必要がある。

ⅰ）使用する機械の能力荷重を満足しているか？

ⅱ）金型保障耐圧を超えていないか？

⑤ダイ肩 R 寸法の大きさは、製品の傷の深さに関係する。製品に傷を付けないための肩 R 寸法 r_d は、$r_d ≧ 1.7t$ であるが溝中心よりダイ側面までの寸法が大きくなるので、逆曲げ（Z 形状）加工での加工可能最小段差が大きくなることは避けられない。

⑥製品を Z 形状に曲げる場合には、ダイの幅寸法（奥行き）や高さを考慮する必要がある。ワークは曲げ加工前後でその姿勢・形状が変化する。曲げ加工時ワークがパンチ・ダイと干渉すると曲げ加工を行うことができない。図 4.68 に示す「H 寸法」を段差、「L 寸法」を垂れ下がりという。ワークをバックゲージに突き当てる際に、製品の段差寸法（H）が小さい場合、垂れ下がったフランジ部分がダイと干渉し、突き当てることができない。また、垂れ下がるフランジの長さ（L）が長い場合もフランジ先端がダイホルダなどに干渉する場合がある。干渉を調べるには、金型メーカーから提供されているリターンベンド限界グラフや金型原寸図面などを活用すると便利である。

【パンチの選択】

①パンチの断面形状は、製品形状により決まる。すなわち、ワークを曲げ

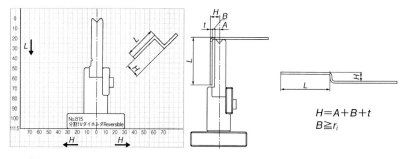

(a) リターンベンド限界グラフ　　(b) 製品の段差と垂れ下がり寸法

図 4.68　ダイと製品の干渉確認

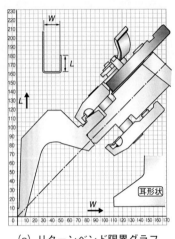
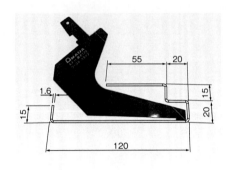

(a) リターンベンド限界グラフ　　　　(b) 金型原寸パターン

図 4.69　パンチと製品の干渉確認

たときにワークと干渉しない断面形状を選択しなければならない。これは曲げ順序とも関係しているので、曲げ順序と併せて検討することが必要である。干渉を調べるには、ダイと同様に金型メーカーから提供されているリターンベンド限界グラフ・金型原寸パターン・金型原寸図面などを活用すると便利である（図 4.69）。

　②先端 R の選択は上述のとおり、製品の内側半径は V 幅によってほぼ決定されるが、パンチ先端 R も若干影響を及ぼす。
この関係「$r_i ≒ V/6$」より製品内 R 寸法を求め、パンチ先端 R はそれよりも小さい先端 R を選択する。特に板厚が厚い場合、極端に小さい R で曲げ加工を行うと、製品の良好な内 R 形状が得られないばかりか、製品の外 R 部分に亀裂が発生することがあるので注意したい。

　標準的な先端 R としては、$R = 0.2$、0.6、1.0 mm など、メーカーにより様々あり、板厚 2 mm 程度の板厚に対しては、従来はよく $R = 0.2$ mm が使用されていたが、近年は特に指定がなければ、金型の芯出しが正確にでき、金型先端 R 部の摩耗が少ないなどの理由から薄板の V 曲げ加工では $R = 0.2$ mm より $R = 0.6$ mm を使用する例が多くなっている。

　③パンチ角度の選択においてボトミング 90 度曲げの場合、板厚 2 mm 程

度までの軟鋼板は、スプリングバックの影響を受け難いので金型角度は90度でも加工は可能だが、スプリングバック量の大きいSUS材・Al材および、板厚が2mmを超える中板／厚板の場合は88度→86度→84度というようにスプリングバック量に応じて若干鋭角の角度を選択する。なお、ボトミングでは、パンチとダイは同一角度のものを用いる。

④分割パンチの選択では、箱状の製品（例えば、パネル・配電盤・分電盤のカバーやボディなど）は、長辺と短辺があり、その大きさも様々に変化する。パンチの長さは、その製品の曲げ長さ（一般的には、長辺）に合わせて設定しなければならない。分割パンチは、標準長さのパンチと組み合わせて、金型長さの調整を行う。その分割寸法は、一般的に組み合わせにより5mm刻みで長さが調整できるように設定されている。

（2）鋭角曲げ金型の組み合わせ

鋭角曲げはV曲げの一種である。鋭角曲げは、その鋭角形状そのものを製品として使用する場合と、後に述べるヘミング加工の前工程に使う場合がある。鋭角曲げ行う際のダイのV幅は、90度曲げと同じと考えてよいが、鋭角曲げの最小フランジ長さは90度曲げよりも長くなる。これは、最小フランジ長さは、V溝の斜辺の長さと関係するためである（**表4.6**）。

鋭角パンチの先端角度は数種類あるが、一般的には30度がよく使用されている。板厚1.5mm以上のステンレス材のヘミング加工を行う場合の前工程としては、潰し加工の方法にもよるができるだけ30度に近い角度に加工することを推奨する。

【R曲げ】

①R曲げの特徴

R曲げとは、一般に製品の板厚と内R（r_i）の比が大きいR形状で特にR寸法が指定されている曲げ加工のことを表す。板厚をt、内アールをr_iとし

表4.6 鋭角曲げ時の最小フランジ寸法

板厚		1.6	2.0	2.3	2.6	3.0	3.2	3.5
V幅		10	12	18	18	18	25	25
最小フランジ長さ	30度曲げ	10	16	24	24	24	35	35
	45度曲げ	10	10	19	19	19	—	—

たときの r_i/t の値が大きいことが R 曲げの条件である。前節で述べた V 曲げによる 90 度曲げや鋭角曲げでも r_i はできるが、これらのエアベンディング・ボトンミング・コイニングによる曲げは r_i/t の値が 1 程度以下と小さく、R 曲げとは区別される。

また、R 曲げは 90 度の V 曲げに比べ、スプリングバックが非常に大きい曲げ加工で、さらに 90 度 V 曲げとの違いは、曲げ加工の際にその条件により多段折れ現象が発生する場合がある。

このような 2 つの現象、すなわちスプリングバックが大きく、多段折れが発生することが R 曲げ加工の特徴と言える。

② R 曲げのスプリングバック

R 曲げを行う際は、スプリングバック量がどの程度になるのかあらかじめ知る必要がある。**表 4.7** は、板厚と製品 R ごとのスプリングバック量と

表 4.7 SPCC のスプリングバック量とパンチ R 寸法（エアベンド）

t \ r_i	10	15	20	25	30	35	40	45	50	55	60
0.8	9.3	13.5	17.6	21.4	25.0	28.8	32.0	35.0	36.1	37.9	40.0
	6.0	9.0	11.0	13.0	15.0	16.0	18.0	20.0	25.0	28.0	30.0
1.0	9.4	13.8	18.0	21.9	25.7	29.2	32.9	36.0	38.9	41.6	43.3
	5.0	7.0	9.0	11.0	13.0	15.0	16.0	18.0	20.0	22.0	25.0
1.2	9.6	14.0	18.2	22.5	26.3	29.9	33.8	37.5	41.1	42.0	46.0
	4.0	6.0	8.0	9.0	11.0	13.0	14.0	15.0	16.0	18.0	20.0
1.6	9.6	14.3	18.7	23.1	27.0	31.1	35.1	38.8	42.2	45.8	49.7
	3.5	4.5	6.0	7.0	9.0	10.0	11.0	12.5	14.0	15.0	15.5
2.3	9.7	14.4	19.0	23.5	27.8	32.3	36.4	40.5	44.4	48.3	52.0
	2.5	3.5	4.5	5.5	6.5	7.0	8.0	9.0	10.0	11.0	12.0
2.6	9.8	14.5	19.1	23.6	28.2	32.5	36.7	41.0	44.7	48.9	53.0
	2.0	3.0	4.0	5.0	5.5	6.5	7.5	8.0	9.5	10.0	10.5
3.2	9.8	14.6	19.3	23.9	28.5	32.9	37.3	41.5	45.8	50.1	54.0
	2.0	2.5	3.0	4.0	4.5	5.5	6.0	7.0	7.5	8.0	9.0

パンチ R 寸法を表している。この表は、実験値をまとめたものであるが、r_i/t が大きくなるほどスプリングバック量も大きくなることが分かる。例えば、$R=20$ mm に曲げ加工を行う場合、板厚 1.6 mm では、スプリングバック量は 6 度であるが、板厚 3.2 mm では、3 度となっている。また、パンチ R 寸法は、製品 $R=20$ mm に対していずれも若干小さい R 寸法となる。

スプリングバック量に影響を与える要因としては、r_i/t のほかに、ワーク材質のヤング率・F 値・n 値・金型のタイプがある。

一般的に、スプリングバック量は以下の式で表現できる[25]。

$$-\frac{\Delta\theta}{\theta_0} = \frac{3F}{(n+2)E}\left(\frac{t}{2\rho_0}\right)^{n-1}$$

$\Delta\theta$：スプリングバック角度　θ_0：曲げ角度　F 値：塑性係数　n 値：加工硬化指数　E：ヤング率　t：板厚 mm　ρ_0：曲げ後の材料の中立軸の曲げ半径 mm

板厚 1.2 mm の SUS304・SPCC・A1100 の 3 種類の材質を内 R 寸法 0.6 mm に曲げるときのスプリングバック量を求めてみると、SUS304 が最も大きく、その後 A1100・SPCC の順に小さくなる（**表 4.8**）。

③ **多段折れ現象**

多段折れ現象は R 曲げに限って発生する現象で、曲げ加工中にワークがパンチ R 先端部から離れて曲げが先行し、その部分が浅く折れ曲がり、さらに曲げが進行すると、その位置を中心にして左右に折れ曲がりが伝わり、いわば多角形状のゴツゴツとした R 面になる現象である（**図 4.70**）。多段折れ現象は、R 曲げであれば必ず起きるとは限らず、r_i/t が大きいほど発生しやすい。また、引張強さ・延性の大きい材料は発生し難い。冷間圧延材

表 4.8 板厚 1.2 mm における各材質のスプリングバック量（エアベンド）

	E：ヤング率 (Mpa)	F 値 (Mpa)	n 値	スプリングバック量
SUS304	200000	1640	0.48	1.28
SPCC	200000	550	0.2	0.59
A1100	71000	180	0.05	0.65

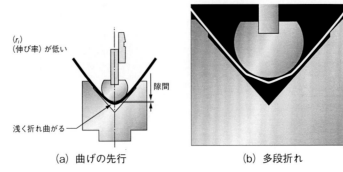

図 4.70 多段折れ現象

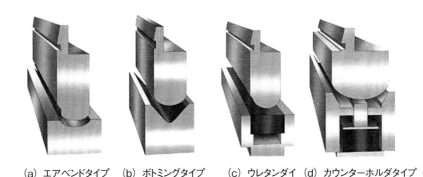

図 4.71 R曲げ金型例

SPCCよりもステンレス鋼板SUS304やSPCE（冷間圧延鋼板、深絞り用）などの方が多段折れは発生し難いのである。

表4.7の太線枠内の網掛け部は、多段折れ現象が発生する領域である。目安として、$r_i/t ≒ 30$ 以上の場合に多段折れが発生しやすいとされている。したがって、この条件に合致するときは防止策を考える必要がある。多段折れ現象はワークの先行に原因があるので、その対策にはワークの下方からカウンタ圧力をかけて、ワークのパンチからの先行を抑制するとよい。ウレタンパッドなどの弾性体のダイや、特殊金型となるがスプリングを内蔵したカウンターホルダタイプの金型を使って多段折れを防ぐことができる。

④R曲げ金型タイプ

図4.71に示すようにR曲げ金型には、様々なタイプがある。1Vダイを

表4.9 ヘミング加工所要荷重

(a) SPCC・SS400

板厚：t (mm)	ヘミング形状			
	所要荷重 (kN/m)	C (mm)	所要荷重 (kN/m)	$2t$ (mm)
0.6	88	3.0	225	1.2
0.8	118	3.0	314	1.6
1.0	147	3.5	392	2.0
1.2	167	3.5	490	2.4
1.6	235	3.5	617	3.2
2.0	294	5.5	784	4.0
2.6	539	6.5	882	5.2
3.2	686	8.0	980	6.4
4.5	1029	11.3	1960	9.0

(b) SUS

板厚：t (mm)	ヘミング形状			
	所要荷重 (kN/m)	C (mm)	所要荷重 (kN/m)	$2t$ (mm)
0.6	147	3.0	343	1.2
0.8	196	3.0	490	1.6
1.0	245	3.5	588	2.0
1.2	255	3.5	784	2.4
1.5	372	3.5	931	3.0
2.0	490	5.5	1274	4.0
2.5	882	6.5	1764	5.0
3.0	980	8.0	2058	3.0
4.0	1372	11.3	2744	8.0

使用するエアベンドタイプ、総型によるボトミングタイプ、ウレタンダイを使用するタイプ、カウンターホルダタイプなど、製品の仕様・用途に合わせて選択する。

【ヘミング加工】

　ヘミングのヘム（hem）には、「へり」あるいは縁（ふち）を取るという意味がある。ヘミングは、へり曲げ・はぜ折り・潰し　などと言って古くから利用されている曲げパターンの1つである。ヘミング加工の目的としては、

① ワーク端面のエッジを無くし、安全性を得る

② 折り返すことで強度を上げる（補強）

③ 意匠・外観

などが挙げられる。

　通常ヘミング加工は、第1工程の鋭角曲げと第2工程のヘミング（潰し）加工の2工程で製品加工を行う。ヘミング加工（潰し）は大きな圧力を必要とする曲げである。**表4.9**はヘミング（潰し）加工の所要荷重であるが、ワ

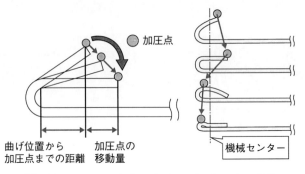

図 4.72 ヘミング（潰し）加工時の加圧点の移動

ークを潰す程度により所要荷重が変わり、特に$2t$（板厚の2倍）まで潰す際には、非常に大きな圧力を要する。プレスブレーキ機種選定の際、ヘミング加工の有無を考慮して機械能力を検討することも重要である。

そして、ヘミング（潰し）加工は、スラスト荷重が発生する曲げ加工である。スラスト荷重とは、曲げ加工中にプレスブレーキの前後方向に作用する力で、機械本体に悪影響を与える。このスラスト荷重は、ヘミングの潰し工程で発生し、所要荷重に比例して大きくなる。これは、機械センターに対して、図 4.72に示すように潰し工程中ワーク加圧点であるフランジ端部が円弧状に移動し、さらには加圧点がフランジ端部から曲げ位置（曲げR部）へ移動するためである。

このスラスト荷重は、ヘミング（潰し）の作業方法や金型の構造により軽減することができる。ヘミング（潰し）加工の特徴は、
① 所要荷重が大きい。
② スラスト荷重が発生する。
の2点が挙げられる。

ヘミング加工は、前工程の鋭角曲げを含めて2工程で製品にする曲げであるが、金型には第1工程（鋭角曲げ）・第2工程（潰し）で金型を交換するタイプと金型交換無しで1つの金型で加工できるダブルデッキタイプがある。また、金型を交換するタイプは、ワークの板厚に応じて軽作業用と重作業用の2タイプに分けられる。

表4.10 金型を交換するタイプ

第1工程

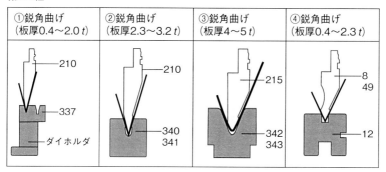

第2工程

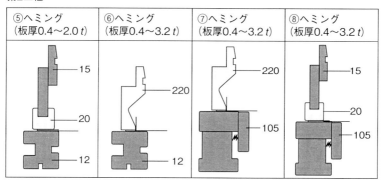

①金型を交換するタイプ

このタイプは、**表4.10**の第1工程①〜④と第2工程⑤〜⑧のような金型を使用して加工を行う。①と⑤の組み合わせでは、板厚2.0 mmまで、②〜④と⑥〜⑧の組み合わせでは、薄板から板厚4.5 mmまで加工できるため、板厚・製品形状に合わせて適正な組み合わせを選択する。これらの金型は、標準金型として市販されており、広く用いられているが、第1工程加工後のワークを積載し、次に金型を交換して第2工程を行わなくてはならず、広い滞留スペースが必要なことや、生産の流れが停滞するといった工程上の問題が残る。

スラスト荷重の発生を防ぐには、小さい加圧力でワーク加圧点をできるだけ機械センターに合わせる必要があるため、**図4.73**に示すようにワークを

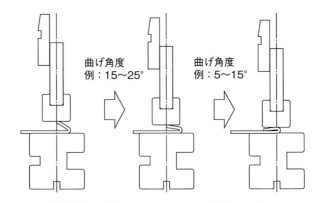

図4.73 複数工程でのヘミング（潰し）加工

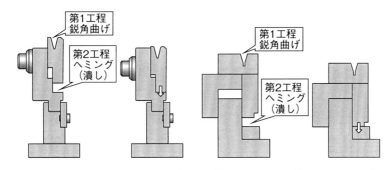

(a) ダイホルダを使用するタイプ　　(b) ダイホルダを使用しないタイプ

図4.74 ダブルデッキタイプヘミングダイ

前後にずらしながら複数工程（2〜3工程）に分けて加圧しなければならない。大きなスラスト荷重が発生した状態で潰し加工を継続すると、パンチやダイまたは、それらを固定しているホルダ類の破損につながるおそれもあるため、十分な注意が必要である。

また、⑦・⑧のタイプのダイは、スライドタイプのヘミングダイでダイ上部がワーク加圧点の移動に併せて前後にスライドしてスラスト荷重を軽減する構造となっている。

②金型を交換しないタイプ（ダブルデッキタイプ）

一般的にダブルデッキタイプヘミングダイと言われているこのタイプは、

第4章　ベンディングマシンと加工

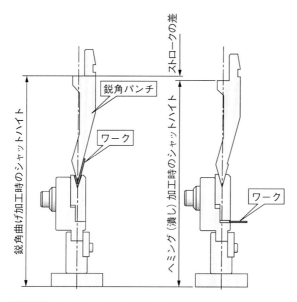

図 4.75　第1工程と第2工程のシャットハイトの違い

図 4.74 に示すように1つの金型の上部に鋭角曲げを行うための鋭角 V 溝とその下方にスプリングにより開閉する潰し部を有している金型である。潰し部は、通常はスプリングによりリフトアップされ、開いた状態になっている。

図 4.75 に示すように、ヘミング加工時は1工程目と2工程目のシャットハイトを変更することにより、1つの金型で鋭角曲げからヘミング（潰し）加工を行うことができ、金型交換の必要がないため効率良く加工を行うことができる。パンチには先端 30°の鋭角パンチを使用し、ヘミング（潰し）加工もこのパンチで行うため、パンチの保障耐圧の確認も重要である。このタイプは、標準的な V 溝の幅が 6～12 mm であるため、加工できる板厚は、0.6～1.6 mm（SUS の場合は 1.2 mm）までとなり、これを超える板厚の場合は、金型を交換するタイプで加工を行う。

4.6 曲げ順序

▶ **4.6.1 曲げ順序や突き当て方向の検討についての注意事項**

曲げ順序を検討するうえで、注意すべき点について解説する。

（1）重要寸法

重要寸法とは、その製品の機能・外観・品位などを確保するために重視される寸法を指す。この重要寸法と曲げ順序・突き当て方の関係について解説する。図4.76のような形状を曲げる場合、2通りの曲げ順序が考えられる。

同図のような製品形状でA部が重要寸法の場合は、「曲げ方2」の方が重要寸法を考慮した曲げ方と言える。「曲げ方1」の曲げ順序では、A部が残り寸法となり、展開寸法のばらつきや誤差の「しわ寄せ」がA部寸法に加算されてしまう。重要寸法部を加工する場合は、突き当てゲージに直接当てて曲げることが必要である。

（2）鈍角突き当て

通常曲げ加工は、材料の外側から曲げていくのが一般的であるが、図4.77のように外側の曲げが鈍角（90°以上）の場合は、曲げ順序の工夫が必要である。

「曲げ方1」では、2工程目の突き当ての際、突き当てゲージ面への製品フランジの突き当てが不安定になり寸法のばらつきが生じてしまう。また、1工程の角度誤差も2工程目の曲げ寸法に影響を及ぼす。「曲げ方2」のよう水平に突き当てた方がA部の精度を正確に出すことができる。

（3）あま曲げ

あま曲げとは、曲げ工程中に一度所要の角度より鈍角に曲げておき、ほかの箇所を曲げた後、突き当てゲージを使用しないで、パンチ先端を鈍角曲げ線に合わせ、再度必要な角度まで曲げを行う手法である。このような手法を用いる理由としては、

① 製品形状の都合上、最終工程で鈍角部を突き当てなければならない場合、

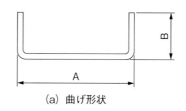

(a) 曲げ形状

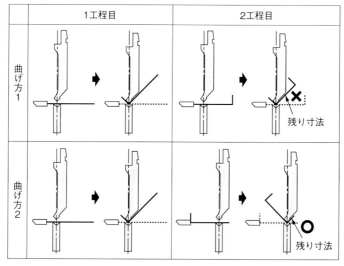

(b) 曲げ順序比較

図 4.76 重要寸法検討

先にその箇所をあま曲げし、寸法を確保する。

② **図 4.78** のような曲げ工程中、Z 曲げなどを行う際、フランジの垂れ下がり寸法が長く、ダイホルダ・下部テーブル・カバーなどに干渉し加工が困難な場合、あま曲げを行い、後ほど必要な角度まで曲げ加工を行って干渉を回避する。

あま曲げ後、鈍角曲げ部を再度突き直す際は、鈍角部曲げ線とパンチ先端がずれないよう注意が必要である。

（4）切り起こし曲げ

材料中央部の切り欠き部を曲げることを「切り起こし曲げ」と呼ぶ。前述のとおり、曲げ加工は材料の外側から行うのが一般的であるが、**図 4.79** のような製品の場合は曲げ順序に工夫が必要である。

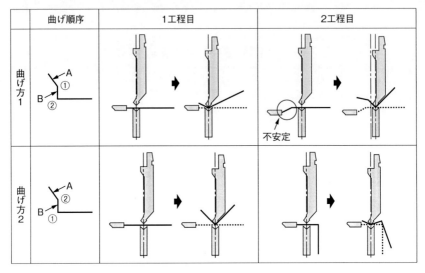

図 4.77 鈍角製品の曲げ順序

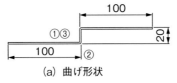

(a) 曲げ形状

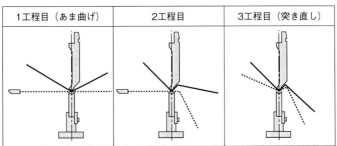

(b) あま曲げ加工順序

図 4.78 あま曲げ加工

　図 4.79 の製品を外側のフランジ A 部から曲げた場合、B 部の切り起こしを曲げるときには、A 部の曲げた部分を突き当てて曲げることになる。A 部の曲げ寸法にばらつきがあると、B 部の寸法にもその影響が出てしまう。

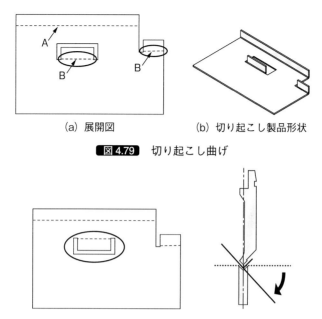

(a) 展開図　　　(b) 切り起こし製品形状

図4.79　切り起こし曲げ

図4.80　切り起こしの向きが逆の場合

B部の寸法が重要寸法である場合、B部を先に曲げ最後にA部を曲げるべきである。前工程の加工精度の影響を受けないためには、材料の端部を突き当てることが必要であり、その後の寸法調整も容易に行うことができる。外側から曲げた場合、A部の寸法を修正するとB部もその影響を受け、寸法が変わってしまう。

図4.80のように切り起こしの向きが逆の場合は、曲げ時に材料の跳ね上がりが逆になるが、この場合はB部の寸法調整をするときに注意が必要である。B部の立ち上がり寸法を大きくしたいときは突き当て位置をマイナスさせ、寸法を小さくしたいときは突き当て位置をプラスさせる。

（5）サッシ形状

サッシ形状は、基本的に長尺の曲げであり、形状が複雑で多工程になることが多く、曲げ順序の決め方が難しい製品の1つである。

図4.81において「曲げ方1」の場合、3工程目の突き当て時に1工程目の折り返しがダイ背面に干渉している。このようなサッシ形状の場合は、曲げ順の工夫が必要である。「曲げ方1」のように材料の外側から曲げていく場合、

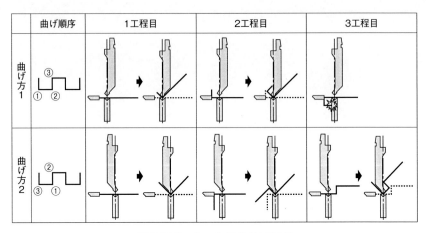

図 4.81 サッシ形状曲げ順序

1カ所修正するときは、その工程のみ修正すればよいが、「曲げ方2」のように内側から曲げる場合は、1カ所修正するとほかの辺にも影響が出てしまう。場合によっては、1カ所の修正のために、3～4カ所も突き当てデータを変更しなくてはならない。サッシ形状の製品を曲げる場合、寸法や角度の僅かな左右差が製品全体の寸法に大きく関係するので、注意が必要である。

（6）捨て寸法

一般的に、曲げ加工では重要寸法側の精度を重視すると、残り寸法が図面通りにならない場合がある。そのようなときは、製品の機能や外観上に問題がないフランジ部分で、誤差（しわ寄せ）の調整を行う。

図 4.82 に示すように、曲げ製品図面中にカッコ付きの寸法表記がある場合は、それほど重要視されない寸法であるため「捨て寸法」としてしわ寄せの調整を行うことができるが、一般公差を超えて極端に図面と違ってくる場合は展開長の見直しや、使用しているV幅の見直しが必要となる。展開長にばらつきがある場合は、手前ゲージで必要でない辺を先に曲げてしまう「捨て曲げ」という方法もある。

（7）突き合わせ

箱曲げを行う場合、通常であれば長辺長さ分の金型が1本あれば加工できるが、製品の「突き合わせ」によっては、短辺・長辺と2種類の長さの金型を使用して曲げる場合がある。この「突き合わせ」は図面上から判断する。

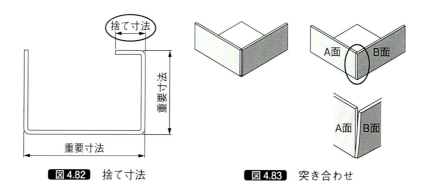

図4.82 捨て寸法　　図4.83 突き合わせ

図4.83でA面のフランジを先に曲げてしまうとB面のフランジを曲げるときに、フランジ同士が干渉してしまいスプリングバック分の角度を追い込むことができない。この場合は、B面のフランジから先に曲げなければならない。

(8) 限界寸法

曲げの加工可否や曲げ順序の検討を行う際に大きく関わってくるのが「金型による制限」である。曲げ工程中の製品と金型の干渉や最小フランジ寸法を考慮しなくてはならない。

①パンチリターンベンドによる制限

当然であるが、曲げフランジがパンチと干渉する場合、正確な曲げ加工を行うことはできない。また、曲げ加工時（加圧中）は、スプリングバック分製品の仕上がり角度より鋭角方向まで曲げ込む必要があるため、その角度も考慮して干渉を検討し、金型選定を行う必要がある。

パンチの選定を行う手法としては、一般的にはリターンベンドグラフ・金型テンプレートなどを使用して実寸の製品形状に合わせて干渉を確認する。リターンベンドグラフについては、各金型メーカーなどから提供されているので活用するとよい。また、近年NC装置の進歩により、操作画面上で3DモデルでのNC装置もあり、金型選定には非常に有効である。

②製品サイドフランジとの干渉

図4.84に示すように深い箱曲げ製品などの場合は、両サイドの"立ちフランジ（サイドフランジ）"と中間板・上部テーブルとの干渉を考慮する必

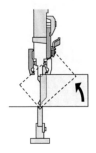 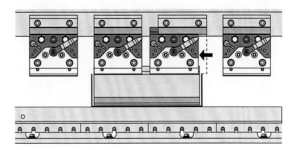

図 4.84 深い箱曲げ加工の立ちフランジ

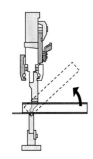 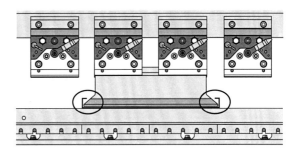

図 4.85 箱曲げ時の耳形状パンチ

要がある。そのような場合、取り付け高さの高いパンチの使用やパンチホルダ（中間板）の位置を"立ちフランジ"よりも内側にずらすなどいった工夫により、対処できることもある。

③ パンチ耳形状寸法による制限

図 4.85 のように各辺を複数回同一方向に曲げる"箱曲げ（パネル）"においては、通常"耳付きパンチ"を使用する。そのフランジ形状と寸法は、この"耳"の部分の形状による制約を受けるので、耳形状の寸法も把握していなくてはならない。また、曲げ加工後の製品の取り出しの可否についても確認が必要である。

④ パンチとバックゲージの干渉

図 4.86 に示すようにグースネックパンチなどを"逆付け（裏付け）"した場合、パンチ背面がバックゲージ側に突出する。この状態で短いフランジ長の加工をした場合、テーブル上昇（下降）に伴いパンチとバックゲージが干渉することがある。バックゲージ高さの調整で干渉を防ぐこともできるが、

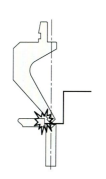

図 4.86 グースネックパンチの裏付けとバックゲージ

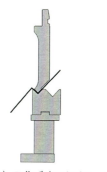

(a) Z曲げ時における最小曲げフランジ

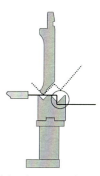

(b) ダイとの干渉による制約

図 4.87 ダイによる制限

場合によっては曲げられるフランジ長に制限が出ることもある。

⑤ダイによる制限

使用するダイのV幅によって曲げられる「最小フランジ長」が決定される。「最小フランジ長」については、各メーカーで提供されている「曲げ圧力表」の中に記載されている。また、「Z形状曲げ」の2工程目については「ダイ奥行き幅＋板厚＋片伸び」が「最小フランジ長」となる。

ダイによって、「ダイ奥行き幅」は様々であり、図4.87に示すような場合は、1Vダイを使用することによって加工できるようになる。

⑥ダイホルダによる制限

図4.88に示すように「Z形状曲げ」の2工程目などの場合、垂れ下がりフランジの長さは「ダイホルダ高さ＋ダイ高さ」によって制約を受けるが、「あま曲げ」を行うことにより1工程目のフランジ長を伸ばすことができる。

▶ 4.6.2 曲げ順序の決め方

曲げ加工の工程設計において重要な点として、個々の部品に対する曲げ順序の決定と金型の選定および、その交換時期と回数の予測が挙げられる。さらに、複数の部品の曲げ加工を行う加工現場においては、部品の加工順序が生産効率に強く影響する。

曲げ金型は、個々の曲げ工程に応じて様々な条件を考慮し決定されるが、曲げ金型の交換作業は作業者への負担が大きく、生産効率にも影響を与える。

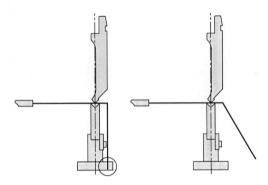

図 4.88 あま曲げによるダイホルダとの干渉の回避

そのため、一度装着した金型で、できるだけ多くの部品を連続して曲げることができ、金型交換回数をできるだけ少なくするような金型・曲げ順序の選択が求められている。

近年、ソフト技術の進歩により、曲げ製品の形状に対して、ソフトに登録された全ての金型から最適な金型を選択し、曲げ順序の検討と加工可否の判断を行うことが可能となっている。ただし、それらのツールも曲げ順序の検討方法を理解したうえで、使用することが望ましい。

（1）曲げ順序を決める手順

製品の加工行う場合、作業者はまず図面を読まなくてはならない。そのとき、図面からは下記の情報を読み取ることができる。

① 寸法：物の大きさは？寸法精度は？
② 曲げ角度：直角か？鈍角か？鋭角か？
③ 曲げ形状：R 曲げか？ V 曲げか？
④ 曲げ方向：同一面上か？・逆曲げ（反対面からの曲げ）か？

などを読み取ったうえで、次の点を考慮して、曲げ順序を検討する。

① 曲げ形状は、Z 形状か？ハット形状か？コ形状か？
② 最終工程箇所を見極める。これにより主に、パンチ形状が決定される。
③ 重要寸法を基準にして、検討する。
④ マテハンの効率を考慮する。
⑤ 斜め突き当て・鈍角突き当てを確認する。
⑥ あま曲げの有無を検討する。

などである。

　曲げ順序の検討は、上記の項目をいくつか重ねて、複合的に行われていく。現在では曲げ加工は、プレスブレーキを使用するのが一般であり、それも主としてNC装置付きのプレスブレーキを使用する。したがって、曲げ順序を決める際には上記の条件の上に、NC付きプレスブレーキの特性も付加して考えたい。NC付きプレスブレーキの特性は、

① 突き当て寸法と曲げ角度を自動的に制御できるため、連続的に曲げ作業ができる。
② 連続的に曲げるには、金型の種類をできる限り1つにする必要があるため、標準金型のみでなく、特殊金型も考える必要がある。

　しかし、近年プレスブレーキの進歩により金型自動交換装置（ATC）が付属された機種も普及しており、曲げ作業の効率化が進んでいる。

（2）曲げ順序検討ツール

　曲げ順序を検討する上で、有効なツールとしては、

① リターンベンド限界グラフ
② 針金（細い銅線が良い）
③ 金型断面のモデル（原寸パターン）
④ パンチ、ダイの現寸図
⑤ 金型の取り付け図

などが挙げられる。

　曲げ加工において、製品は工程ごとに形状や向きが変化し、複雑な検討が必要であるため、曲げ順序の検討には、これらのツールを活用することが有効である。

（3）自動プログラミング

　近年、前述にもあるように自動プログラミングソフトを使用して金型を選択したり、曲げ順序を決める方法が普及している。曲げ製品形状のデータを入力すると、その形状に最適の金型が選択され、選択された金型を使用した曲げ順序が決められ、シミュレーションが表示される。金型の選択と曲げ順序の設定以外にもプレスブレーキNC装置の指令値（突き当て寸法・プレスストロークなど）・マテハンの種類（ワークの回転・小トンボ・大トンボ）・タクトタイム（製品1個の加工時間）・重量計算などを行うことができる。

ソフトでのプログラミングは、従来の作業者（熟練者）よる曲げ順序の検討に比べ熟練を必要とせず、非常に有効なツールであるが、どのようなケースでも完全なものであるとは言えない。現状においても、自動プログラミングソフトで決められた曲げ順序が必ずしも最適な作業とは限らないのである。これは、曲げ順序というものは、多くのファクタが分析され、総合的に判断される性質のものだからである。

参 考 文 献

1) 益田森治：薄板の曲げ加工，p.11，誠文堂新光社
2) 益田森治：薄板の曲げ加工，p.70 と p.81，誠文堂新光社
3) 風間ほか：塑性と加工，45-519（2004），p.269
4) 金ほか：塑性と加工，55-646（2014），p.1003-1007
5) アマダ板金加工研究会編：曲げ金型 ABC，マシニスト出版
6) 柴田ほか：塑性と加工、53-612（2012），p.64-68
7) 落合和泉：薄板構造物の加工，p.104，日刊工業新聞社
8) 小山ほか：塑性と加工，50-586（2010），p.264-268
9) 金ほか：第 58 回塑性加工連合講演会（2007），p.529-530
10) Junichi Koyama：Steel research International，Vol.1（2008），p.209-216
11) アマダ販売資料（2003）
12) アマダプレスブレーキカタログ（2003）
13) アマダプレスブレーキカタログ（2003）
14) アマダ販売資料（2002）
15) 日本塑性加工学会編：曲げ加工（1995），コロナ社
16) J. Koyama et al.：Analysis of influence factors on accuracy of bending process（2002），ICTP
17) アマダプレスブレーキカタログ（2000）
18) アマダプレスブレーキカタログ（2017）
19) アマダプレスブレーキカタログ（2017）
20) アマダプレスブレーキカタログ（2017）
21) アマダプレスブレーキカタログ（2017）
22) 日本塑性加工学会編：曲げ加工（1995），コロナ社
23) アマダ販売資料（2001）
24) アマダベンディングマシンカタログ（2001）
25) 益田森治：薄板の曲げ加工（1958），p.59，誠文堂新光社

第5章

レーザマシンと加工

　レーザ光はパワー密度が高く、位相と波長がそろっているなどの特徴から応用範囲は拡大の一途をたどっているが、板金加工では早くから切断に用いられてきた。当初は高出力が得やすいCO_2レーザが用いられてきたが、固体レーザであるYAGレーザ、さらにはファイバーレーザが普及してきている。切断形状が自由に取れることが普及した要因の1つとされるが、実際に加工に使うためにはレーザの特徴や切断の原理を理解し、安全性には十分に配慮することが必要である。

　本章ではレーザの発振の原理から、CO_2、YAG、ファイバーレーザの特徴、レーザマシン、切断加工の実際、加工上の不具合の回避法などレーザ切断の実務を一通り述べている。

5.1 レーザによる切断とその特徴

▶ 5.1.1 レーザ切断の種類

　レーザ加工の大きな特徴は、切削工具や刃物を用いずに複雑な形状を自在に切断できることである。加工に使用されているレーザタイプは**表5.1**のとおり様々であるが、特に板金加工に適しているレーザタイプはCO_2レーザと固体レーザ（ファイバーレーザ、ディスクレーザ）とされている。レーザ切断には大きく分けて3つの種類がある（**図5.1**）。

（1）溶融切断

　金属がレーザ光を吸収することで照射部が溶融状態に達し、その溶融物をアシストガスで排出する切断である。主にアシストガスには酸素（O_2）、窒素（N_2）を用いることが一般的である。アシストガスに酸素ガスを用いた場合、酸素と金属との間に発生する酸化反応熱を利用した切断が可能となり、切断速度や加工板厚の向上ができる。窒素ガスによる切断は、酸化被膜が生成せずに切断できたり、高速切断ができたりするなど生産性向上が見込める。ほかに加工対象金属の種類や切断品質の改良、加工コスト削減を重視する際は、アルゴン（Ar）、酸素と窒素の混合ガス、空気（Air）などを用いる場合もある。

（2）蒸発切断

　融点の低い材料は、レーザ光を吸収すると瞬時に分解・蒸発する。プラスチックやアクリルなど有機材料は光の吸収が高く、分解熱が低いためレーザ

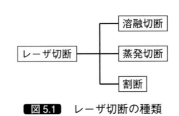

図5.1　レーザ切断の種類

表 5.1 加工に用いられるレーザ

レーザタイプ	レーザ活性物質	波長（μm）	使用/使用範囲/注記
ガスレーザ	窒素	0.3371	色素レーザ用光ポンプ源
	ArF KrF XeC XeFl エキシマ（希ガスハロゲン化物レーザ）	0.1931 0.2484 0.308 0.351	・色素レーザ用光ポンプ源 ・プラスチック、ガラス、セラミックスの材料加工 ・分光学 ・医学 ・測定技術
	ヘリウムネオン （He：Ne）	0.6328	・測定技術 ・ホログラフィ ・調整
	アルゴン（Ar）$^+$	0.3511–0.5287	・色素レーザ用光ポンプ光源 ・測定技術 ・ホログラフィ ・分光学 ・医学
	クリプトン（Kr）$^+$	0.324–0.858	・色素レーザ用光ポンプ光源 ・分光学 ・医学 ・フォトリソグラフィ
	二酸化炭素（CO_2）	10.6	・材料加工 ・分光学 ・医学
固体レーザ	ルビー （Cr^{3+}：Al_2O_3）	0.694	初めて技術的に実現されたレーザ（1960） レーザはまだほとんど使用されていなかった
	ネオジム：ガラス （Nd：ガラス）	1,062	・材料加工 ・プラズマ研究 ・光化学
	ネオジム：YAG （Nd：YAG）	1,063 1,064	・材料加工 ・医学
	チタン・サファイア （Ti：Sa）	0.700–1,000	・超短パルス ・非線形光学 ・基礎研究
半導体ダイオードレーザ	GaAlAs/GaAs	0.635–0.910	・固体とファイバーレーザ用ポンプ光源 ・光通信技術 ・オーディオ技術 ・レーザプリンタ ・測定技術 ・医学 ・高出力時（kW範囲）には、材料加工にも
	InGaAsP/InP	1.3	
	InGaAlAs	1.5	
色素レーザ	高希釈溶液中の有機色素	0.31–1.28の可変同調	医学

による高速切断が可能である。

（3）割断

溶融はするが、粘性が高く排出されにくいガラスやアルミナセラミックスなど、脆性材料を切断する際に使用する方法である。材料表面にレーザを照射し、熱源付近の圧縮応力と周辺の引張応力によってクラックを発生させ、亀裂の誘導により最終的に割断に至る。超短パルス（ピコ秒、ナノ秒）レーザが利用されている。

▶ 5.1.2　レーザ切断マシンに必要な周辺機器

①エアコンプレッサ：空気を大気圧以上に圧縮する機械

マシンの駆動系には圧縮エアが多用され、機械の大小により必要な仕様が異なる。メーカーが提示する仕様書の流量より20％以上大きいコンプレッサを選定するとよい。

②集塵装置：気体中の煙や粉塵を分離する装置

レーザ切断時には溶融金属や非常に細かい粉塵（1 μm 以下の粒子をヒュームと呼ぶ）が発生するため、集塵装置で粉塵を分離処理する必要がある。集塵装置は、レーザマシンのレーザ発振器と最大加工板厚から、最適な集塵能力を選定することが望まれる。

③チラー：冷却装置

レーザ発振器本体、レーザ光路上のミラー関連、マシン本体駆動部など熱が発生する箇所は、常に一定温度に保つ必要があるためチラーで冷却する。ファイバーレーザマシンは、CO_2 レーザマシンと比較して使用するミラー枚数が少ないため、チラーサイズを小さくできる。

④トランス：変圧器

電圧を上昇させることを昇圧、下降させることを降圧という。海外製品を国内で使用する場合、または国内製品を海外で使用する場合には変圧器が別途必要になるケースがある。

⑤ブースタ：窒素昇圧機

レーザマシンで窒素切断をする場合、高圧窒素を使用する。国内の液体窒素は低圧（1 MPa 未満）のため、ブースタを経由して高圧窒素ガスへ昇圧する必要がある。ブースタの選定には、最大吐出流量（L/min）と制御圧力

(調整可能範囲)(MPa)が重要となる。

⑥自動プログラミング装置：CAD/CAM

CAD (computer-aided design) は、コンピュータ上で製品モデルを設計する装置である。3次元モデルはコンピュータ上であらゆる角度から見ることができるため、設計確認および変更が容易で非常に便利である。

CAM (computer-aided manufacturing) は、CADで作成された製品図面を元に、NC工作機械の動作指令をコンピュータ上で自動演算してNCプログラムを作成する装置である。

このほか、材料自動搬送装置や製品搬出装置など各メーカーによって多様な周辺機器がある。

▶ 5.1.3 安全対策について

(1) レーザ光

CO_2 レーザやYAGレーザの光を直接身体に照射させると生体組織に吸収され、熱障害（火傷、タンパク質の熱変性など）や網膜障害を起こす。レーザマシンは、一般的にレーザ光および反射光、散乱光が外部に漏れないように遮蔽措置を施している。しかし、この措置が取られていない場合は適切な保護ガラスを用いる、あるいは肌を晒さないようにする、マスクを装着するなどが必要である。

(2) レーザ切断時に発生する粉塵について

① 10 μm 以下の粉塵は大気中に浮遊し続け、吸引すると人体に影響を及ぼすことがある。じん肺、気管支炎、ぜん息などがその例であるが、吸引を防ぐためには適切な集塵装置を設置することが欠かせない。さらに、防塵マスクを適宜装着することを推奨する（図5.2）。

図5.2 保護眼鏡と防塵マスク

②火災の危険-テルミット反応

集塵装置で取り出されたヒューム・粉塵は、可燃物で着火すると火災の原因になり、周辺での火気の使用を厳禁とする。特に、アルミニウムやチタンの粉塵に酸化物が混ざって点火すると爆発する。これをテルミット反応と呼ぶ。アルミニウムを切断した場合は、必ず集塵機ダストボックスを清掃する必要がある。

（3）酸素濃度の危険性

低濃度、高濃度の酸素は人体に障害を与える。大気中の酸素濃度は約21％であるが、酸素濃度が上昇していくとめまい、けいれん、錯乱などの酸素中毒症状を引き起こし、酸素濃度が下降していくと頭痛、吐き気、顔面蒼白、失神などの症状が現れる。レーザマシンでは高濃度の酸素ガスを使用するため、事前に**表 5.2** の症状について理解を深め、十分な注意が必要である。

（4）酸素容器貯蔵上の注意事項[*1)]
・容器置き場の周囲2m以内においては火気厳禁とし、引火性、発火性のものは置かない。

表5.2 低酸素濃度の人体への影響

酸素濃度	症状	メモ
21 %		通常、空気中の酸素濃度
18 %	頭痛など	安全の限界＝連続換気が必要
16～14 %	脈拍、呼吸数の増加 頭痛、吐き気	細かい筋肉作業がうまくいかない 精神集中に努力がいる
12 %	めまい、吐き気、筋力低下	判断がにぶる 墜落につながる
10 %	顔面蒼白、意識不明、嘔吐	気管閉塞で窒息死
8 %	失神昏倒	7～8分以内に死亡
6 %	瞬時に昏倒、呼吸停止	6分で死亡

---

*1)「高圧ガス保安協会『酸素の取り扱いについて』から引用」

- 容器は、温度を 40 ℃以下に保つ（直射日光を避け、通気性の良い所に保管する）。
- 大半の酸素容器は 14.7 MPa（＝大気圧の 150 倍）で充填されており、万が一破裂すると大きな災害を引き起こすおそれがある。容器はチェーンなどで転倒防止措置を講じる。
- 充填容器などには、湿気や水滴による腐食を防止する措置を講じる。

（5）酸素容器使用上の注意事項[*1)]

- 酸素容器のバルブを急激に開くと、断熱圧縮（急激に酸素が圧縮され瞬間的に高温になる）や摩擦などにより熱が発生し、発火の危険性が増す。したがって、使用時は十分注意して静かにバルブを開く。
- 高濃度の酸素中で金属（粉）、ホコリ、炭化水素（石油類、グリス、油脂など）は容易に発火する危険性があるため、レーザ加工設備周辺の清掃をこまめに実施する。周辺での火気の使用は避け、装置近辺には消火器を設置する。

（6）高圧ガス[*2)]

　高圧ガスとは、高圧ガス保安法で常用の温度において圧力が 1 MPa 以上となる圧縮ガスであり、現にその圧力が 1 MPa 以上であるもの、または温度 35 ℃で圧力が 1 MPa 以上となる圧縮ガス（圧縮アセチレンガスを除く）、あるいは、常用温度で圧力が 0.2 MPa 以上となる液化ガスであり、現にその圧力が 0.2 MPa 以上であるもの、または圧力が 0.2 MPa となる場合の温度が 35 ℃以下である液化ガスと定義されている。

　高圧ガスはその定義からも圧力が高く、容器や配管などの内部では常に外に押し広げる力がかかっているうえに、ガスの種類によっては爆発や火災、ガス中毒などの危険性を伴い、取り扱いには十分注意しなければならない。運用の際は、必ず高圧ガス保安法などのガス取扱関係法令を順守すべきである。

　高圧ガスの分類には、自ら燃焼する可燃性ガス、自ら燃焼はしないが燃焼を助ける支燃性ガス、自ら燃焼することがなく、かつ燃焼も助けない不燃性

[*2)]（一社）日本鍛圧機械工業会作成の「レーザマシン取扱作業者用安全講習テキスト」3.4　高圧ガス

図 5.3 集光レンズ

銅ミラー、Siミラー

図 5.4 ミラー

ガスに区分される。レーザマシンでは可燃性ガスは使用しないが、支燃性ガスの酸素を使用する際は注意が必要である。

（7）光学部品の毒性

CO_2 レーザマシンで使用されている集光レンズ（**図 5.3**）には、毒物に指定されている ZnSe（セレン化亜鉛）が含まれており、取り扱いと廃棄には下記の注意が必要である（YAG レーザおよびファイバーレーザマシンに使用されるレンズは、毒性のない人工水晶レンズを使用しており除外する）。

①レンズおよびミラーの廃棄

集光レンズおよび出力、伝送ミラー類（**図 5.4**）に含まれるセレン化亜鉛は毒物に該当するため、不法に投棄すると法律により罰せられる。廃棄する場合は専門業者に依頼するか、メーカーのサービスマンに連絡した方がよい。

②レンズおよびミラーの保管と管理

集光レンズおよび出力、伝送ミラー類は、素手で触ると危険なため、関係者以外（特に幼児や子供など）が容易に触れることのないよう、厳重に保管・管理をすべきである。

③レンズおよびミラーの素材

集光レンズの素材である ZnSe（セレン化亜鉛）は、単結晶では 0.5～22 μm の可視線から遠赤外線まで対応し、赤外線に高い透過率を示す。このような特性から、CO_2 レーザに代表される赤外レーザ用レンズなどの赤外光学材料に幅広く利用されている。

ZnSe 自体は毒物に指定されているが、光学部品として使用する場合は法律的には毒物として取り扱う必要はない。ただし、粉末を吸い込むと呼吸困難になるおそれがあり、本書に記載した注意事項は必ず守ってほしい。

なお、出力、伝送ミラー類についても表面にZnSeとThF4の誘電体多層膜をコーティングしており、集光レンズと同様の注意が必要である。

④ **熱作用**

熱作用はレーザビームが吸収されることで起こる。この場合、レンズ上の不純物もしくは燃焼が原因である。熱作用が起こると以下の毒物が発生する。

(熱作用により発生する副産物)

亜鉛酸化物、亜鉛水化物、セレン、セレン酸化物、セレン化水素(H_2Se)、トリウム

(副産物中の毒性物質)

ⅰ) セレンおよびセレン化合物

セレンおよびセレン化合物は、熱作用により毒性を含む副産物を発生する。これらの化合物は、人体内でセレンから硫黄物質に変わる、健康に危害を与える物質である。セレン化水素は特殊な臭気を持ち、室内温度では無色である。微量(MAK値、低毒性限界値 $0.2\,mg/m^3$)でも、鼻や目の粘膜組織に悪影響を与える("セレン風"の発生)。

ⅱ) トリウム

トリウムは放射性物質であるため危険である。この化合物は絶対に吸引しないようにする。

⑤ **人体への影響**

ZnSeの粉末を吸収すると、呼吸困難を生じたり呼吸が停止したりする危険があるため、素手で触れた場合は水でよく洗い、万が一粉末や破片を吸入した場合には、ただちに医師の診察を受ける。保守説明書の手順、方法を遵守して作業を行い、少しでも疑問や質問があればただちにメーカーに問い合わせて対処する。

⑥ **事故発生時の処置**

レーザ加工中にレンズが燃えて発生するセレン化水素などの蒸気も有毒である。レンズが燃えた場合は、吸引もしくは接触すると身体に悪影響を与える。ただちに「非常停止」ボタンを押してレーザ光を止め、窓を開けるなどして部屋の空気を入れ換え、蒸気の発生が収まったら燃えた部品を保護グローブとしっかり密着したダストマスクを着用し、直接手で触れないようにし

ながら密閉できる容器に回収する。

(8) 火傷や裂傷の危険性

　一般的なレーザマシンでは、レーザ光が人体に直接照射されないように遮光壁の設置が義務付けられ、レーザ光を直接受けることはない。切断直後の材料や製品の取り出し・交換作業時は高温のため、素手で触ると火傷や裂傷をする。したがって、切断直後の部材を持つ時は耐熱性の手袋を装着するなど注意が必要である。

(9) 高電圧

　レーザマシンの制御装置、レーザ発振器では高電圧を使用している。誤って高電圧部に触れると、感電して火傷や死に至る場合がある。制御装置、レーザ発振器、その他の高電圧部分の作業はトレーニングを受けたレーザマシンメーカーのサービスエンジニア以外は決して触れないようにする。

(10) 電磁波、磁界

　レーザ発振器の電源装置には、強力な電磁波を発生するタイプがある。通常、発生源は保護カバーで遮断され、電磁波による人体への影響はない。しかし、保護カバーを外したり安全装置を遮断したりした状態でレーザ発振器を操作すると、放射電磁波により人体や電気機器に影響を及ぼす危険がある。特に心臓ペースメーカーが誤作動を起こす危険があるため、心臓ペースメーカーの装着者は近付かないようにしなければならない。

　近年では軸駆動にリニアドライブを採用するレーザマシンが増加し、その動力源である強力な磁力・磁界も心臓ペースメーカーの誤動作を引き起こす危険性が考えられる。リニアドライブは強力な永久磁石を使用しているため、万一磁性部品（材料、工具など）を近付けると強力な磁力で引き込まれ、身体の一部が挟まれることがある。また、人体以外でも電子機器、時計、クレジットカードなどを近付けると故障する可能性があるため注意したい。

(11) 代表的な警告ラベル

　表5.3に警告ラベルの代表例を示す。

(12) 雷、地震、停電時の対処

　雷雨や地震時には電源異常による事故を防ぐために、機械の運転を中止して工場側元電源を切り、ガス供給元バルブ、各配管上のバルブを確実に閉める。

第 5 章　レーザマシンと加工

表5.3　警告ラベル

1	⚠ 危険	危険シンボルマーク
2	⚠ 警告	警告シンボルマーク
3	⚠ 注意	注意シンボルマーク
4		レーザ光線による危険
5		電圧による危険
6		磁界による危険
7		ペースメーカー装着者立ち入り禁止

5.2 レーザマシンの種類とその特徴

▶ 5.2.1　2次元レーザマシン

　レーザ発振器で生成したレーザ光を、加工ヘッド内のレンズで集光して材料に照射すると材料は溶融する。同時に、加工点へアシストガスを噴射すると切断溝が形成される。2次元レーザマシンは、CNC制御で加工点を材料表面上で軸移動させ、自由自在な形状を切断することが可能になる。レーザ発振器のレーザ出力は大小様々あり、最大レーザ出力により最大加工板厚、切断速度、切断品質が大きく左右される。2次元レーザマシンの駆動方式は、3つの種類に大別される。

（1）X軸：材料またはテーブルが前後移動、Y・Z軸：加工ヘッドの左右・上下移動（ハイブリッド方式：図5.5）

　材料／テーブル移動方式マシンの特徴は、設置面積が省スペースにできることである。レーザ光軸が1軸のみのためビーム径の変動が少なく、全ワークエリアで比較的良質なビーム品質が得られる。

図 5.5 ハイブリッド式 2 次元レーザマシン

図 5.6 フライングオプティクス型 2 次元レーザマシン

（2）X・Y・Z 同時 3 軸移動：光移動（フライングオプティクス方式：図 5.6）

フライングオプティクス方式とは、ワークを固定した状態で加工ヘッドを X・Y・Z の 3 軸方向に位置決めしながら切断する方式で、高精度・高生産性が実現できる。近年では駆動系にリニアドライブが採用され、生産性が更に向上している。特に、ファイバーレーザを使用した窒素切断では超高速切断性能に優れているため、リニアドライブ駆動が多く採用されている。

CO_2 レーザマシンは、加工位置によって発振器から加工ヘッドまでの光路長が変化するため、ビーム品質を均一に維持するための工夫が重要になる。

（3）X・Y・Z 同時 3 軸移動：発振器キャリッジ搭載型（図 5.7）

発振器キャリッジ搭載型のメリットは、発振器と加工ヘッドの距離がほぼ一定であることで光軸の安定化が得られ、常に安定したビーム品質が供給されることが挙げられる。キャリッジの幅やレール長さを拡張すれば、大型製品のレーザ加工が可能になる。

▶ 5.2.2 3 次元レーザマシン

同時 5 軸制御で加工ヘッド部をあらゆる角度に回転制御でき、ホットプレ

図 5.7 発振器キャリッジ型 2 次元レーザマシン

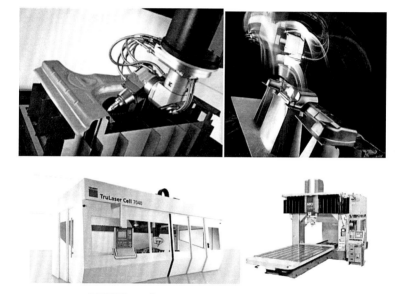

図 5.8 3 次元レーザ加工例とレーザマシン

スなど複雑な 3 次元形状部品でも自由自在なレーザ切断が可能である。3 次元モデル図面をベースに、オフラインでプログラムを作成することが可能である。マシン操作でヘッドがワークに衝突しないように、ティーチングプログラムを作成して軸移動の最適化をする必要がある（図 5.8）。

▶ 5.2.3 パンチ・レーザ複合マシン

　パンチ・レーザ複合マシンはその名のとおり、パンチング加工とレーザ加工の両方ができるマシンである（**図 5.9**）。丸・角などの決まった定型穴や使用頻度の高い形状は、パンチ金型によりワンパンチで加工し、それ以外を

図 5.9 パンチ・レーザ複合マシンと加工シーン

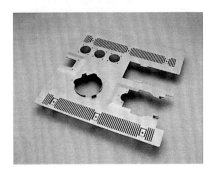

図 5.10 複合マシン加工サンプル例　薄板曲げ加工ありサンプル、軟鋼 9 mm サンプル

レーザ切断することで保有金型を最小限に抑えることができる。

　パンチングマシンで長い直線や大きな円弧を加工する場合、追い抜き（ニブリング）加工をする必要があり、追い抜き加工した部分には金型の継ぎ目や段差が発生する可能性がある。その点、レーザ切断であれば加工線の長さ制限もなく、複雑な製品形状や異形状穴も自在に切断が可能なため、加工品質の向上や保有金型数を必要最小限に抑えることができる。今日ではファイバーレーザを搭載した複合マシンが開発され、飛躍的な生産性の向上と生産コストの大幅軽減が実現している（図 5.10）。

▶ 5.2.4　パイプレーザマシン

　複雑なフレーム構造をパイプ専用 CAD ソフトで簡単に設計することが可能である。設計されたパイプフレームは、個々の部品に分解してレーザマシンで切断し、組み立てることが可能である（図 5.11、図 5.12）。加工ヘッド

図 5.11 パイプレーザマシン

図 5.12 パイプ加工サンプル

表 5.4 標準断面形状と特殊断面形状の例

丸パイプ	○	楕円形パイプ	◯
角パイプ	□	D 型パイプ	◱
長角パイプ	▭	三角パイプ	△
長丸パイプ	▱	八角パイプ	⯃

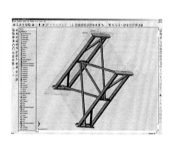

図 5.13 デザインソフト

の先端形状により様々な断面形状のパイプ切断ができるようにマシンは日々進歩している(**表 5.4**)。また、パイプフレーム構造デザインソフト(**図 5.13**)も開発されている。

加工ヘッドの先端形状によって**図 5.14**のような断面形状パイプも切断可

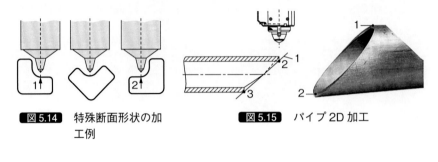

図 5.14　特殊断面形状の加工例

図 5.15　パイプ 2D 加工

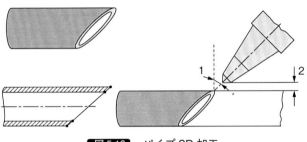

図 5.16　パイプ 3D 加工

能である。

【2次元と3次元レーザマシンのパイプ加工の限界】

　2次元レーザでのパイプ切断の場合、レーザ光線は通常パイプの表面に対して垂直になるため、パイプを平面接合するように切断するには、図 5.15 のようにパイプの肉厚と内接ライン−外接ラインを考慮して切断する必要がある。2次元レーザ加工の場合は、パイプ端面と接続先平面とは線で接続されることになる。

　一方、3次元レーザであれば、レーザ光をパイプに対して指定の角度で切断することが可能となり、パイプ切断面とパイプ接続先平面とを面同士で接合することができ、接地面を大きく取れるため溶接強度を上げられる（図 5.16）。

▶ 5.2.5　自動化システム

（1）シート交換型

　シート交換型は、台車上の梱包材からシート1枚ずつを吸着パッドで引き

図5.17 梱包材自動供給システム

図5.18 パレット交換型自動化システム

剥がして材料パレットに供給するシステム（**図**5.17）で、薄板から中厚板材の自動交換システムに多く採用されている。シート加工後は、シート裏面にフォーク（串刃）を挿入して材料パレットから取り上げて、製品台車へ搬出する。長所は、1つの台車に積載された複数枚のシート材を連続自動加工ができることである。

（2）パレット交換型

ワークが厚板の場合、パレットごとにワークを積載して自動運転するパレット交換型のシステムにする必要がある（**図**5.18）。

5.3 板金加工に利用されるレーザの種類

▶ 5.3.1 レーザの原理

レーザはアメリカで作られた人工単語であり、「Light Amplification by Stimulated Emission of Radiation」の略語である。その意味は「光線の励起誘導放出による光増幅」である。

▶ 5.3.2 光子の自然放出と誘導放出

レーザ発振の基本は、原子（分子）による光子（電子）の吸収と放出である（**図**5.19）。光源となる原子（分子）が、励起状態（エネルギーの高い不

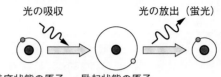

図 5.19 励起と放出

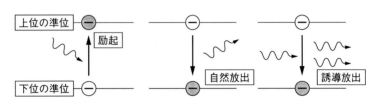

図 5.20 励起（左）、自然放出（中央）、誘導放出（右）

安定状態）から基底状態（エネルギーの低い安定状態）へ移行する際に、光子を放出する過程を自然放出という。一方、励起状態の原子（分子）が外部から与えられた光子（電子）の衝突によって誘導され、さらに光子を放出することを誘導放出という（**図 5.20**）。

　自然放出された光子は全方向に不規則に起きるが、誘導放出された新しい光子は最初の光子と全く同じ周波数、位相と有し、同じ方向へ移動する。

　このように、光子が励起された原子に当たると原子は更に光子を生み出し、その生み出された光子が更に光子を生み出す。これを光増幅という（**図 5.21**）。

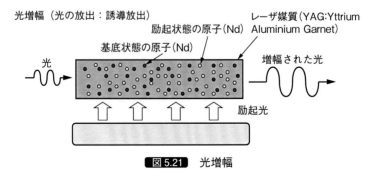

図 5.21 光増幅

▶ 5.3.3　CO_2レーザ

（1）CO_2レーザのレーザ発振原理

　放電管に、二酸化炭素（CO_2）と窒素（N_2）、ヘリウム（He）で構成されたレーザ媒質（混合ガス）を注入し放電すると、電子が窒素分子に衝突して分子の振動が激しくなる。窒素分子は対称で光放射遷移は起こさず、二酸化炭素分子や放電管の壁との衝突によって遷移する。振動エネルギーを持った窒素分子と炭酸ガス分子が衝突し共鳴励起することで、炭酸ガス分子は励起状態に遷移する。

　励起された二酸化炭素分子は不安定な高エネルギー状態となり、電子の直接衝突や僅かな光子の通過によって、誘導放出を連続的に繰り返してレーザ光を発光する（図5.22、図5.23）。振動エネルギーを持った窒素と二酸化炭素分子は熱を帯びているため、冷却効果のあるヘリウム（He）を混合することでガス温度の上昇を抑制し、二酸化炭素分子、窒素分子は基底状態へと戻される。

（2）CO_2レーザの基本構造

　基本的な共振器構造を図5.24に示す。

　図5.25のような全反射鏡と部分透過鏡の2枚の間にある放電管にレーザ媒質（レーザガス）を注入し放電すると、鏡間で光増幅を行いレーザ光（定在波）が生成される。鏡間で増幅されたレーザ光の一部はやがて部分透過鏡から外部へ出力され、レーザ加工装置へと供給される。

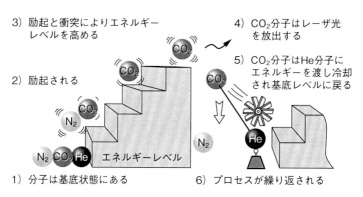

図5.22　CO_2レーザ光の発光原理

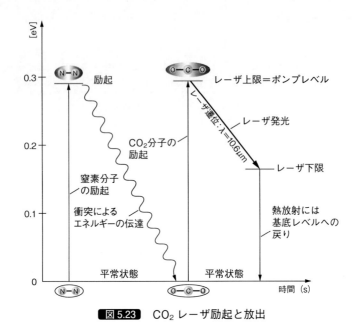

図 5.23 CO_2 レーザ励起と放出

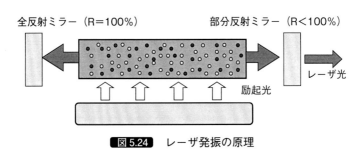

図 5.24 レーザ発振の原理

▶ 5.3.4 固体レーザ

　固体レーザは、光を増幅する媒質として固体を用いたレーザのことである。代表的なものとしては、ルビーレーザ、YAG レーザ、ファイバーレーザなどがある。板金のレーザ切断用としては、ファイバーレーザとディスクレーザ（YAG レーザの一種）が多く利用されている。

（1）YAG レーザの構造

　YAG とは、イットリウム・アルミニウム・ガーネット（Yttrium・

第5章　レーザマシンと加工

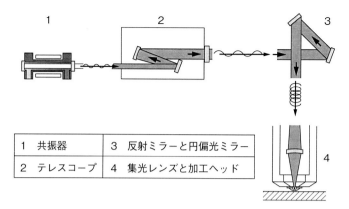

| 1 | 共振器 | 3 | 反射ミラーと円偏光ミラー |
| 2 | テレスコープ | 4 | 集光レンズと加工ヘッド |

図 5.25　レーザ光の伝搬経路

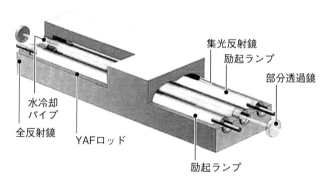

図 5.26　YAG レーザの構造（2 重楕円筒型）

Aluminum・Garnet）の略称で、イットリウムとアルミニウムの複合酸化物（$Y_3Al_5O_{12}$）から成るガーネット構造の結晶である。YAG 結晶に微量のネオジウム（Nd）をドープした YAG ロッドをランプ励起することで、1.064 μm の近赤外光を発生する。

基本的な YAG レーザの構造を**図 5.26** に示す。断面が楕円形の集光反射鏡の中に YAG ロッドを 2 つの励起ランプで挟み、ランプより発光された励起光を中央の YAG ロッドに集光させ Nd^{3+} を励起させレーザ光を取り出す。

しかし、電気から光への変換効率はファイバーレーザ、ディスクレーザに比べ低いためシェアは減少しつつある。

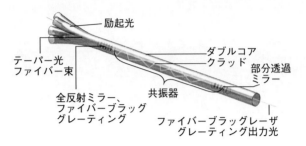

図 5.27 ファイバーレーザの構造

（2）ファイバーレーザの構造

　ファイバーレーザは、光ファイバーそのものを増幅器として利用した固体レーザの一種である。光ファイバーには、コア部に希土類元素（Yb、Erなど）をドープしたダブルクラッド構造のものが使用されている。励起光はインナークラッドに入射され、アウタークラッドとの間で反射されながらコア部に吸収させてレーザ光が放出される。

　ファイバーの左右両端には、ファイバーブラッググレーティング（FBG：Fiber Bragg Grating）と呼ばれる回折格子を形成し、共振器ミラーと同じ働きを持たせている。両端の回折格子の一方は全反射、もう一方は部分透過の役割を果たし、ある特定の波長のレーザ光を外部へ出力する（図 5.27）。

　ドープする希土類元素により励起光波長、レーザ光の波長は異なる。Yb（イッテルビウム）の場合、波長 1,070±10 nm が取り出される。ファイバーレーザの特徴として、ビーム品質が高い、装置の小型化が可能、エネルギー効率が高い、光学系の簡素化、高出力化が容易であることなどが挙げられる。

（3）ディスクレーザの構造

　レーザ媒質は、Yb：YAG（イッテルビウム・ドープ・イットリウム・アルミニウム・ガーネット）の結晶から成る薄いディスク（円盤状の板）である。ディスクはパラボリックミラーとプリズムミラーで構成された共振器中央に配置され、レーザ励起にはダイオードレーザが使用されている。ディスク部の冷却効率が高く、レーザビームの光学的なひずみを最小にすることが可能である。生成されたレーザ光は、ファイバーケーブルを介して加工ヘッドへ伝送される（図 5.28）。

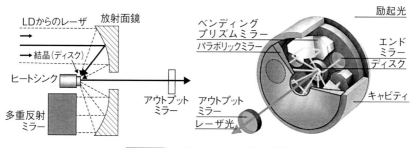

図 5.28 ディスクレーザの構造

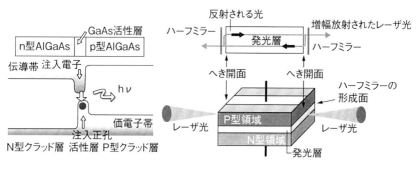

図 5.29 半導体レーザの構造

（4）半導体レーザの構造

半導体レーザ（LD）は半導体に電流を流してレーザ発振させる素子で、pn接合の順方向に電流を流して発光する。

発光層をp型クラッド層とn型クラッド層で挟んだダブルヘテロ構造で、このpn接合のエネルギー準位をポンピングに使ってレーザ光を生成させる。生成されたレーザ光はへき開した側面から取り出す（図 5.29）。

（5）固体レーザの種類による励起と冷却構造

代表的な固体レーザとしてロッド型YAGレーザ、ディスク型YAGレーザ、ファイバーレーザ、ダイオードレーザがある。ロッド型YAGレーザは50～80 mmの円柱YAG結晶に側面からランプ励起と冷却するため、温度分布が不均一になり変形することがある。一方、ディスク型はディスク全面を均一

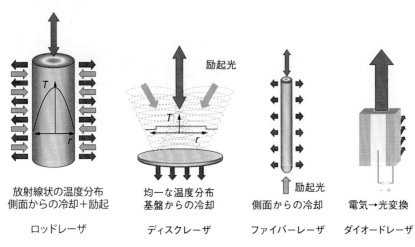

図 5.30 各種固体レーザの構造概要

に冷却できるため変形せず、安定したビームを取り出すことが可能である。ファイバーレーザ、ダイオードレーザも側面から均一に冷却できるため安定したビームを取り出すことが可能である（**図 5.30**）。

5.4 レーザ切断加工

▶ 5.4.1 レーザ切断に影響を及ぼす要因

（1）レーザの出力形態

　出力形態は、使用目的により決定される。例えば、長い継ぎ目のある深溶け込み溶接には連続波のレーザ光が適しており、連続波のことを CW 発振と呼ぶ。スポット溶接には短いパルス波のレーザ光が適し、これをパルス発振と呼ぶ。用語のレーザ出力とはエネルギーの大小を示し、周波数は 1 秒間にビームを発振する回数、デューティ比は 1 パルス時間当たりのビーム・オン時間の比率のことをいう。

図 5.31 シングルモード
プレキシガラスキューブのモードショット
TEM$_{00}$（K0.9、M1.1）

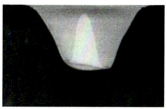

図 5.32 低次マルチモード
プレキシガラスキューブのモードショット
TEM$_{01}$*（レーザ 4 kW、K0.6、M）

（2）ビーム断面の強度配分

　レーザ光線は、ビーム軸への横および縦断面で特徴的な強度配分を有している（cm^2 ごとのエネルギー密度）。この断面における強度配分をビームモードと呼ぶ。CO_2 レーザにおいて重要なモードとして、シングルモードの TEM$_{00}$ と低次マルチモードの TEM$_{01}$* がある。TEM とは Transverse Electromagnetic Wave の略称で横電磁波モードのことである。シングルモードの TEM$_{00}$ モードはガウスモードと呼ばれ、ビーム軸でのビーム強度が最高になり、強度はビーム軸からの距離に伴い低下する（図 5.31）。

　一方、低次マルチモードの TEM$_{01}$*モードはビーム軸で強度がほぼゼロ位置にあり、軸の外側に達すると強度がまず最大になり、それから低くなる。しかし、実際にはその最大拡大時の強度配分がガウス分布と一致する（図 5.32）。

　レーザ光線の断面強度配分は、いわゆるモードショットで可視化できる。

（3）CO_2 レーザマシンの概略

　通常ビーム源と加工品の間で CO_2 レーザの光線は広げられ、自由なビームとしてパイプやジャバラといったビームガイドを通過し、最後にミラーやレンズで集光される（図 5.33）。

　使用される構成部品とレーザガスがレーザ光の波長を決定する。グラスファイバーは固体レーザの光を導くことはできるが CO_2 レーザの光は吸収するため使用できない。

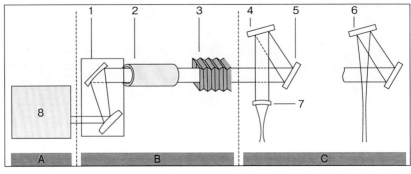

1	テレスコープ	5	偏光ミラー	A	ビーム源
2	ビーム保護パイプ	6	フォーカスミラー	B	ビーム形成とガイド
3	ジャバラ	7	焦点レンズ	C	集光
4	反射鏡	8	CO_2レーザ		

図5.33 CO_2レーザマシンの概略図

図5.34 ミラー：左が銅製、右がシリコン製

（4）ミラー

　ミラーには、大きく分けて銅製ミラーとシリコンミラーの2種類がある（**図5.34**）。銅製ミラーは高反射率と高い熱伝導率を有する。欠点は、熱膨張が大きいことである。シリコンミラーは、銅製ミラーに比べて反射率と熱伝導率が低いが、熱膨張もしにくいため熱変形が少ない点が特徴である。

　ミラーは、ビームの吸収をできるだけ少なくしなければならない。コーティングされていない銅製ミラーは、ビームを0.6～1.1％吸収する。ミラー表

面に誘電体多層膜（高反射層と低反射層）をコーティングして使用することにより、吸収を0.2%まで最小限に抑えることができる。

(5) 加工用レンズ

光路の最終点でレーザ光は加工ヘッドに到達し、焦点レンズによりレーザ光を集光させる。加工用レンズには、収差の発生が少ないメニスカスレンズと単純構造の平凸レンズを使用するのが一般的である。

【用語】

焦点：ビームを最小に集光したポイントを焦点と呼ぶ。

焦点直径：焦点直径とはその名のとおり焦点位置での直径を指し、直径が小さければ小さいほどパワー密度（単位面積当たりのレーザ出力）が高くなり、より微細な加工が可能になる。また、切断速度の向上も図れる。

レイリー長さ：焦点の後でビームは再び拡大する。レイリー長さは、ビームのピーク強度が半分になる、またはビーム断面積が焦点位置の倍になる距離のことをいう。レイリー長さが大きくなるほど拡大は小さくなる。2倍のレイリー長さを焦点深度（焦点裕度）と呼ぶ。板厚の厚い材料の切断時には大きなレイリー長さが必要となる。

焦点距離：レンズまたは焦点ミラーの焦点距離は、レンズ中央またはミラーと理想的な平行ビームの焦点間距離である。焦点距離が小さいほどビームは強く集束され、焦点直径、レイリー長さは小さくなる（**図5.35**）。

拡散：レーザ光線の拡散（開口角度）は焦点距離に関係する。焦点距離が長いほど拡散は小さくなり、距離が短いほど拡散が大きくなる。

ビーム径：レンズ上のビーム直径を指す。ビーム径が大きくなるほど、焦点直径は小さくなる（**図5.36**）。

(6) ノズルとアシストガス

板金レーザ切断において、レーザ光で溶けた溶融物を切断溝より効率的に排出するにはアシストガスの補助が必要であり、使用するノズル径とガス圧力を最適化することが最も重要である。アシストガスとしては、一般に酸素、窒素、エアなどが使用される。

(7) 被加工材の種類と吸収率

被加工材はレーザのタイプにより光の吸収率や熱伝導率が異なり、切断特性に大きな影響を与える。また、材料表面の状態も切断特性の大事な影響要

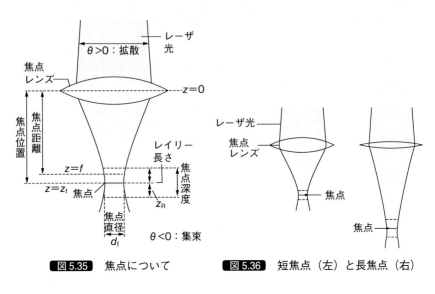

図 5.35 焦点について　　**図 5.36** 短焦点（左）と長焦点（右）

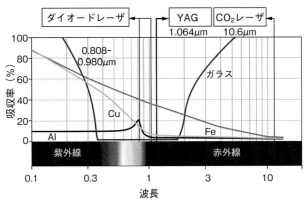

図 5.37 波長と金属の吸収特性

因となる。**図 5.37** は、板金加工でよく使用される代表的な金属と各レーザ光による吸収率の違いを示している。一般的な金属への吸収率が、波長の違いにより、CO_2 レーザ、ファイバーレーザ、ディスクレーザで大きく変化していることが分かる。

（主な加工材料）軟鋼、ステンレス、アルミニウム、銅、黄銅、チタン

　材料の種類によってレーザ光の吸収率はそれぞれ異なる。吸収率が高いほ

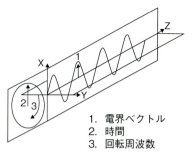

図 5.38　直線偏光

1. 電界ベクトル
2. 時間
3. 回転周波数

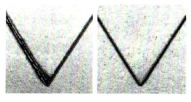

図 5.39　直線偏光（左）、円偏光（右）の切断エッジ

ど切断しやすく、低いレーザ出力で切断可能になり、切断速度を上げることが可能になる。

（8）ビームの偏光

直線偏光したレーザ光線（図 5.38）で切断する場合、切断結果は切断方向に依存する。切断方向が振動方向と一致する場合、切断面は滑らかでバリは発生しない。また切断速度も速くすることが可能である（図 5.39）。しかし、加工方向に対して横に振動する場合はバリが発生する。全ての方向で同じように良好な切断結果を得るためには、振動方向が回転するレーザ光線が望ましく、これを円偏光と呼ぶ（図 5.40）。円偏光の場合、電界ベクトルが伝播軸の周りを回転するように進む。

45 度方向の直線偏光に対し、電界の位相を 1/4 だけずらすように位相差板（λ/4）で反射させると、円偏光したビームを生成することができる（図 5.41）。

▶ 5.4.2　レーザ切断の原理

レーザビームを被加工物に照射し吸収されると、金属は加熱しやがて溶融または蒸発する。加工ヘッドの先端ノズルからレーザビームと同軸上にアシストガスを噴出すると、溶融された金属は材料上部から下方向へと移動し、裏面から排出される。この状態で材料または加工ヘッドを加工線に沿って移動させると、溶融物は連続的に材料裏面から排出されて切断溝を形成する。

レーザ切断はこのように、レーザビームで溶融した金属をアシストガスで

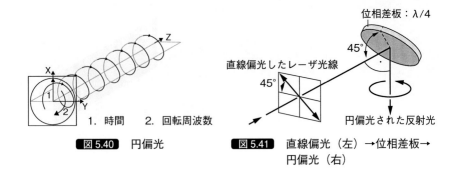

図 5.40　円偏光　　図 5.41　直線偏光（左）→位相差板→円偏光（右）

排出させる加工法である。材料の種類によって使用するアシストガスは異なり、レーザで切断できる最大加工板厚はレーザ発振器の最大出力と比例して厚くなる（図 5.42）。

▶ 5.4.3　ピアス加工

レーザ切断をする前に、材料のある個所で点状に貫通しておく必要がある場合に施す加工をピアス加工と呼ぶ。ピアス加工には、ゆっくりと貫通させるパルス条件ピアスと、高出力で一挙に貫通をさせる CW 条件ピアスがある。

（1）パルス条件ピアス

パルス条件のピアスは、できるだけ小さな貫通穴をあけるときに使用する。アシストガス圧を低くし、レーザビームを小刻みにオン、オフさせて被加工物の溶融量を制御するようにレーザ出力と周波数を設定する。ピアス時間は長くなるがピアス時の熱影響を抑えられ、小さい穴を加工するときに多く使用される。

（2）CW 条件ピアス

CW 条件のピアスでは、高めのアシストガス圧と高いレーザ出力で被加工物を一挙に溶かし、貫通させる。大量の溶融金属が表面で飛散するが、貫通時間は大幅に短縮できる（図 5.43）。表面の貫通穴は大きくなり、ピアス時のスパッタがピアス周辺に付着するため、比較的大きい穴加工やアプローチ長さを長く取れる外周加工の際に使用する。

（3）特殊ピアス技術

ピアス加工の進行状態をセンサーで検出しながらレーザ出力、周波数を自

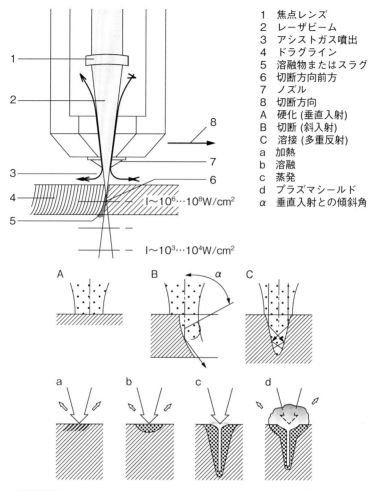

図 5.42　レーザ光の焦点からの距離と出力密度、加工点の状態変化

図 5.43　ステンレス 12 mm のピアス
パルス条件(左)、CW 条件(右)

図 5.44　軟鋼 15 mm
特殊ピアス技術(左)、従来 CW ピアス(右)

動コントロールする技術が開発されている。この技術により、従来に比べて小さな貫通穴を短時間で安定してあけられるようになった（図 5.44）。

▶ 5.4.4 軟鋼材の切断

レーザ切断で加工される主要な材料は軟鋼材である。アシストガスには主に酸素ガスを使用する。軟鋼は酸素によって燃焼するため、そこで発生した燃焼エネルギー量が大きすぎると切断不良（バーニング：本項 (2) 参照）を発生することがある。酸素切断時には切断メカニズムを十分に理解して、最適な条件を設定する必要がある。ここでは主に酸素切断時のピアス設定のポイントと、厚板切断時の条件調整のポイント、加工プログラム作成時の注意点について説明する。

（1）軟鋼酸素ピアス加工時の不良と対策

ピアス加工の不良が発生するタイミングは、ピアス加工した瞬間、ピアス加工の途中、そしてピアス加工後の切り始めの3つのパターンがある。

① CW 条件でピアス加工した瞬間に噴き上がる場合には、ピアス時の焦点が合っていない、またはアシストガス量が多すぎることが大きな要因として挙げられる。ピアス時の焦点は材料表面より上側に設定すると、表面部での溶融量が増大し噴き上がりやすくなるため、焦点は材料表面より内側へ設定する方がよい（図 5.45）。また、酸素の量が多すぎても材料表面で溶融物飛散が一挙に発生するため、圧力を上げ過ぎないように調整が必要である（図 5.46）。

② ピアス加工の途中で噴き上がるのは、溶融した金属をアシストガスで下

図 5.45　CW ピアス　焦点が高い

図 5.46　パルスピアス　ガス圧が高い

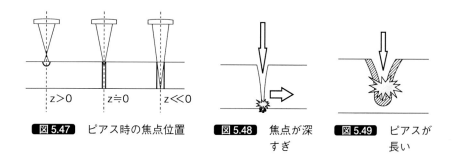

図 5.47　ピアス時の焦点位置　　図 5.48　焦点が深すぎ　　図 5.49　ピアスが長い

方向へ押し出すスピードより溶融金属量の方が大きくなった場合である。この場合は、ピアス時のレーザ出力を下げる、またはパルス波で断続的にビーム・オンする、アシストガスを下げるなどの調整が必要である。

③ピアス加工後の切り始めで噴き上がる場合は、材料裏面のピアス貫通穴が小さすぎて切り始めのガス抜けが不安定か、ピアス貫通までの時間が長すぎて周辺温度が異常に高温になっていることが理由である。前者の場合は、貫通穴を大きくするためにピアス時の焦点を上げるかガス圧を上げる、または切り始めの切断速度を下げる。後者の場合は、ピアス後に冷却してから切断するようにする（図 5.47～図 5.49）。

④材料メーカーによってピアスの貫通時間が違うこともある。特に軟鋼 16 mm 以上はピアス条件だけでなく、切断条件も大きく変更することが必要となり、注意が必要である。

⑤板厚が厚くなると、ピアス時にスパッタ（飛散した溶融物）が材料表面に付着することがある。スパッタが切断ラインの周辺に残っていると、切断不良の原因になる。スパッタ付着を軽減するには、ピアス前に界面活性剤を塗布すると効果的である（図 5.50）。マシンによっては、自動的にオイルを塗布する機能が付いている。

（2）切断不良発生時の原因と対策

軟鋼材の酸素切断時には切断部が高温になりやすく、切断エッジの溶け込みやバーニング、切断面不良が発生することがある。これらの症状は板厚が厚くなるほど発生しやすくなる。被加工材の温度上昇の原因を追及し、対策をする必要がある。

①レーザ切断をし続けると、温度は徐々に上昇し蓄熱していく。加工形状

 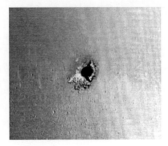

図 5.50 軟鋼 12 mm 酸素ピアス
界面活性なし（左）、界面活性なし（右）

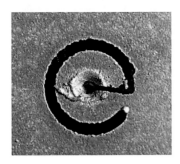 

図 5.51 軟鋼 22 mm　ガウジング（左）、バーニング（右）

が大きい場合はそれほど問題がないが、製品形状が小さくかつ連続切断していくと、バーニング（図 5.51）が発生しやすくなる。熱が蓄積しないように製品間距離を大きく取るか、加工順序を散らすなどの対策が有効である。

　②板厚 16 mm 以上の場合、ピアス周辺の温度が高くなり、切断開始時やピアス周りの穴切断時にバーニング、ガウジング（図 5.51 参照）が発生しやすくなる。低出力パルス条件で時間をかけてピアスする、またはピアス加工部をまとめて先に加工してから切断するように加工プログラムを工夫する、などが対策として有効である。

　③切断速度に対してレーザ出力が高すぎる、またはレーザ出力に対して切断速度が遅すぎると、溶融金属の量がアシストガスによる排出量より大きくなり、切断面に深いノッチが入る（図 5.52）。この場合は、切断速度を速くするかレーザ出力を下げる、または加工順序を分散するなど熱がかかり過ぎないように工夫することが必要となる（図 5.53）。

図 5.52 軟鋼 25 mm 酸素切断
レーザ出力が高すぎの場合

図 5.53 軟鋼 25 mm 酸素切断
レーザ出力と速度を最適化した場合

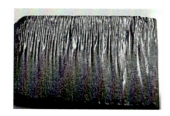

図 5.54 軟鋼 22 mm
表面が不均一な材料

④切断不良の発生個所に方向性、規則性がある場合は、マシン側に何らかの異常がある。まずノズル穴形状の確認、次にノズルとレーザビームのセンターずれがないかの確認、そしてレンズの確認をする。それでも改善されない場合は、外部ミラーの清掃と光軸調整が必要になる。

⑤材料表面が不均一な場合や傷があると、熱の動きやガスの流れが安定せず切断面が悪くなる。このような場合は、切断前に切断経路を低出力でデフォーカスしたレーザ光で照射し、蒸着加工を実施してから切断すると安定した切断面が得られるようになる（図 5.54～5.56）。

⑥板厚 15 mm 以上の軟鋼材料は、材料メーカーによって切断性能が大きく異なるときがある。できるだけ使用する材料メーカーを統一するか、メーカーごとに切断条件を設定することを推奨する。

⑦厚板切断時に加工終点部が溶け込むことがある。溶け込みが大きい場合は、補修が必要になることがある。原因は、加工終点手前でレーザ光より熱が先に進み、酸素ガスによる燃焼エネルギーが大きくなりすぎるためである。この場合、加工開始点と終点の間にジョイントを入れて溶け過ぎないように

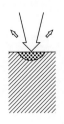  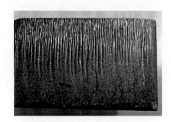

図 5.55　軟鋼 22 mm
表面を 200 W で蒸着加工

図 5.56　軟鋼 22 mm
蒸着加工後に切断

 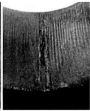 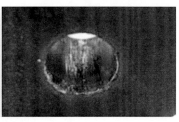

図 5.57　軟鋼 22 mm　6 kW-CO_2 レーザ
通常切断-溶け込み有り（左）、終点手前にジョイントあり（中央）、終点手前で低出力パルス切断切り換え（右）

する。もしくは、加工終点手前でレーザ出力、周波数、速度を降下させて燃焼エネルギーを下げると効果的である（図 5.57）。

（3）レーザマーキング（ケガキ線）太さの調整

　レーザマーキングの場合は、焦点を変更することでマーキング太さは調整可能となる。焦点位置を材料表面付近に設定するとマーキングは細くなる（図 5.58）。焦点位置を上方向にデフォーカスするとマーキングが太くなる。ただし、デフォーカスすると材料表面でのエネルギー密度が低下するため、マーキングを濃くしたい場合はレーザ出力を上げるか、マーキング速度を下げるなどの熱量の調整が必要である（図 5.59）。

▶ **5.4.5　ステンレスの切断**

　ステンレスは、一般的に高圧の窒素で切断することが多い。これを無酸化切断と呼ぶ。無酸化切断は切断面品質が良好で、酸素切断よりも高速切断が

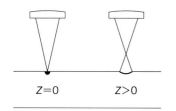

図 5.58 マーキング焦点位置

図 5.59 軟鋼 6 mm 酸素マーキング 焦点−2 mm（左）、焦点＋4 mm（右）

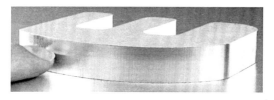

図 5.60 6 kW-CO_2 レーザ ステンレス 12 mm 窒素切断

図 5.61 6 kW-CO_2 レーザ ステンレス 16 mm 窒素切断

可能である。ここではステンレス無酸化切断の特徴、ピアスおよび切断条件の調整のほか、プログラム作成時の注意点について説明する。

（1）ステンレス無酸化切断の特徴

窒素は酸素のような燃焼反応をしない。窒素を使用したレーザ切断は、レーザビームを吸収して溶融した金属をノズルから噴出した高圧窒素で飛ばすシンプルな加工方法である（図 5.60、図 5.61）。窒素自体に冷却効果があるため、切断速度を上げるにはよりハイパワーのレーザ発振器が必要となる。

（2）ステンレス材ピアス加工時の不良と対策

ステンレスのピアス加工では、アシストガスに酸素を用いる場合と窒素を

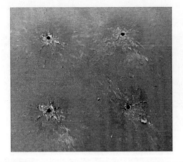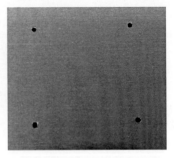

図 5.62　ステンレス 3 mm　ピアス写真　界面活性剤無し（左）、有り（右）

図 5.63　ステンレス 20 mm　窒素ピアス後の直径 20 mm の穴加工

用いる場合がある。酸素ピアスの場合、酸化した溶融金属がピアス周辺に黒く付着する。窒素ピアスの場合は、固くて鋭いヒゲ状の溶融金属が盛り上がるように発生する。この盛り上がりが切断経路上に堆積していると、ノズル衝突や高さ異常が発生して切断不良となる。酸素、窒素を使用したピアスの特徴を理解してプログラムすることが非常に重要である。

①酸素および窒素ピアス時に材料表面にスパッタが付着する。これを軽減するにはアシストガスを低くし、パルス条件でピアスをする。さらに、ピアス前にスパッタ防止剤、または界面活性剤を塗布すると有効である（図5.62）。

②窒素ピアス時のヒゲはスパッタ防止剤で軽減できるが、ピアス時の盛り上がりをゼロにすることはできない。このような場合は、盛り上がり部分を落とし込むように小径穴の加工をしてから、本来の切断をする方法がある。

図 5.63 は、ステンレス 20 mm に直径 20 mm の穴加工した例である。窒素ピアス後のスパッタ盛り上がり高さは約 1 mm で、その広がりは直径

7mmほどあるため、ピアス後に8mmの小円加工を追加し盛り上がり部分を除去してから本切断を実施した。窒素ピアス時の盛り上がり高さと広がりは、板厚によって変わるため最適な小円サイズを探す必要がある。

(3) 切断不良発生時の原因と対策

①ステンレス薄板（0.5～3mm）の窒素切断では、小穴終点やコーナー部分に玉状のドロスが発生することが多くある。ドロスが付着する原因は、切断方向の切り換え部で切断速度が低下しているにもかかわらず、高いレーザ出力のまま切断するためである。これにより減速部分での入熱が大きくなり、ドロスが発生する。ドロスを回避または軽減するには、次の対策が挙げられる。

ⅰ) 切断方向切り換え部での速度低下を防ぐようにする。例えば、コーナー部に小さな円弧を付ける、またはルーピング処理を付けるなどして切断速度を落とさないようにする（図5.64）。

ⅱ) 切断速度の低下に合わせてレーザ出力を落とす。最新のレーザマシンでは、コーナー部でのレーザ出力制御ができる機能が開発されている（図5.65）。

②裏面に鋭く硬いバリ・小さな粒状のドロスが発生する。ステンレスの窒素切断では、一般的に高出力で一挙に溶融し高いガス圧力で裏面から溶融金属を押し出す。

ⅰ) 鋭く硬いバリが発生するのは、ガス流速が弱いか、切断溝が狭すぎるときである。切断溝は焦点位置に大きく関係する。焦点位置が板厚の中央付近にあると、切断溝が狭くなる。焦点位置を板の裏面付近に深くすると切断溝を広げることができ、ガスの流れがスムーズになる（図5.66）。

ⅱ) 小さな粒状のドロスは、焦点位置を深く追い込み過ぎたときに発生する（図5.67）。切断溝がテーパにならないように焦点位置を上方向に修正する

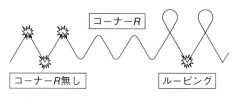

図5.64 コーナー部での加工方法について

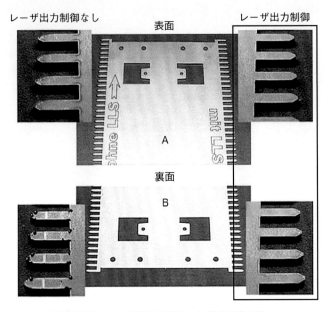

図 5.65 レーザ出力制御 有効/無効の違い

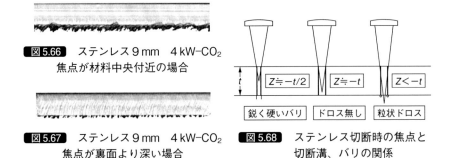

図 5.66 ステンレス 9 mm 4 kW-CO_2 焦点が材料中央付近の場合

図 5.67 ステンレス 9 mm 4 kW-CO_2 焦点が裏面より深い場合

図 5.68 ステンレス切断時の焦点と切断溝、バリの関係

（図 5.68）。

③ステンレス厚板を切断するときは、大きいノズル径を使用し高圧窒素を使用する。厚板切断時にコーナー部など切断方向が切り換わるときにガスの流れが乱れやすく、一度乱れると急速にプラズマが発生する。プラズマが発生すると、金属は蒸発して切断面が大きく荒れる。プラズマ発生量が限界に達すると、急に噴き上がることがあって危険である。プラズマを抑制するに

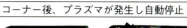

図 5.69 ステンレス 15 mm　6 kW-CO_2 レーザ
コーナー部での噴き上がり（左）とプラズマ発生（右）

は切断速度を落とす、ガス圧を下げて流速を抑えるなどの対策が効果的である。最近ではプラズマ検出機能が開発され、自動的に加工を停止することができる（図 5.69）。

（4）保護テープ付きステンレスの切断

ステンレス製品は擦り傷を嫌うことが多く、保護テープ付きでレーザ切断をしなくてはいけない場合がある。強粘着テープは特に問題なく切断できるが、後で剥がし難いため、弱粘着テープで切断することが要求される。

保護テープは切断中に剥がれることがある。剥がれる原因は粘着力が弱い、またはガス圧が高い、切断速度が遅いなどが挙げられ、いずれも保護テープと材料の間にアシストガスが入り込むためである。アシストガスが入り込むタイミングは、ピアス時と切断時に分かれる。対策としてはピアス点または切断ラインを、事前にデフォーカスした低出力レーザで保護テープを蒸着してから切断すること、そしてできるだけ速く切断することである（図 5.70 〜図 5.72）。

ちなみにファイバーレーザは、波長の問題から従来の保護テープは透過するため、ファイバー用に開発された保護テープを使用した方がよい。

▶ 5.4.6　アルミニウムの切断

アルミニウムはレーザ光の反射率が高いため、レーザ加工する際には十分な知識と理解が必要である。

（1）純アルミ、アルミ合金系統について

板金加工分野でアルミというと、アルミ合金のことを指す。アルミ合金には 1000 系、2000 系、3000 系、4000 系、5000 系、6000 系、7000 系と合金の

図 5.70 ステンレス2mm 通常

図 5.71 ステンレス2mm 蒸着加工

図 5.72 ステンレス2mm 蒸着加工後の切断

表 5.5 代表的なアルミ合金

合金系統	合金構造	主な合金番号
1000系	純アルミ系	A1050、A1100
2000系	Al-Cu	A2017
3000系	Al-Mn	A3003
4000系	Al-Si	A4032、A4043
5000系	Al-Mg	A5052、A5083
6000系	Al-Mg-Si	A6061、A6063、A6N01
7000系	Al-Zn-Mg	A7075、A7N01

種類によって系統が分かれている（**表5.5**）。その中で最も代表的な A5052 は比較的安く、中強度の強度を持った Al-Mg 合金である。1000系は純度 99％以上の純アルミで CO_2 レーザ（波長 10.6 μm）の反射率が特に高く、切断には向いていない。一方、波長が約 1/10（1.03〜1.07 μm）の固体レーザ（ファイバーレーザ、ディスクレーザ）であれば、アルミへのビーム吸収率が飛躍的に改善され、純アルミや他のアルミ合金の切断も可能となる（**図 5.73**）。

アルミ切断時のアシストガスとしては、窒素ガスやエアを使用する。

（2）アルミ切断時の注意点

アルミは CO_2 レーザの吸収率が低いため、適切な切断条件を使用しないと瞬時に噴き上がる。良好な切断品質を得るためには、材料表面でのレーザ光の吸収やレーザ切断時の熱影響、アシストガスの流量設定などを理解しておく必要がある。

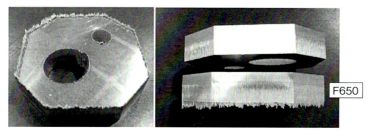

図 5.73 A5052 板厚 10 mm CO_2 レーザ 5 kW 切断写真

図 5.74 A5083-6 mm 鋭角 30 度部分 R 無し　　**図 5.75** A5083-6 mm コーナー部の切断面

①アルミの板厚が厚くなってくると切断コーナー部で速度が低下し、熱がこもって切断品質の低下や噴き上がりが起きる。アルミの融点は 660.32 ℃と低いため、鋭角形状やコーナー R 無しで切断しようとすると一挙に熱が上昇し、プラズマを発生する。コーナー部または鋭角の切断をする場合はコーナー直後で切断速度、レーザ出力を落として進み、しばらくしてから元の条件に戻すなどの対策が必要である（**図 5.74**、**図 5.75**）。

②アルミは熱伝導率、熱膨張係数が鉄と比較して約 2 倍と高く、レーザ加工のような熱加工では加工形状（細長い形状、中穴が複数ある形状など）によって熱変形が発生する。加工順序や加工方法を工夫しても改善しない場合は、試験加工を実施して熱変形量を考慮して再設計をする必要がある。

（3）アルミへのマーキング加工

前述のとおりアルミは高反射材であるため、マーキング加工をすると全反射して光学系部品にダメージを与える可能性がある。特に純アルミに関しては反射率が高く、マーキング加工を控えるべきである。A5052 にマーキン

図 5.76　A5052 窒素マーキング　　図 5.77　A5052 酸素マーキング

グ加工をする場合、アシストガスに窒素を使用するよりも酸素またはエアーを使用した方が、マーキング太さや濃さが良好なケガキ線を得ることができる（図 5.76、図 5.77）。

▶ 5.4.7　銅の切断

　銅の融点は 1,085 ℃でアルミより反射率が高く、特に切断しにくい材料と言われている。熱伝導率が軟鋼の約 1.5 倍と高く、レーザ切断時には熱膨張しやすく、製品加工形状により寸法精度のばらつきが発生する。精度良く加工するには、熱がこもらないように加工順序を分散するか、熱を冷ましながら加工するなど工夫が必要である。改善しない場合は、アルミ同様に熱変形量を考慮した再設計をする必要がある。

　銅は CO_2 レーザの波長 10.6 μm を吸収しにくく、反射率が高いので材料表面に反射防止剤（ビーム吸収材）を塗布して加工するのが一般的である。さらに、切断ガスには酸素を使用して燃焼させながら切断する。窒素ガスを使用すると、素材は瞬時に冷却され切断ができなくなる。固体レーザ（ファイバーレーザ・ディスクレーザ）の波長は、CO_2 レーザより短く吸収率が数倍高いため、銅の切断が比較的容易にできる（図 5.78、図 5.79）。ただし銅

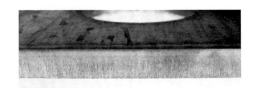

図 5.78　銅 8 mm　ディスクレーザによる酸素切断面　黒く変色

図 5.79 銅 8 mm　ディスクレーザによる酸素切断　裏面ドロス状況

へのレーザマーキング加工に関しては、CO_2 レーザも固体レーザも基本的に不可である。

切断面および切断ライン周辺は、大気中の酸素と酸化するため黒く変色する。

5.5
CO_2 レーザマシンと固体レーザマシンの比較

▶ 5.5.1　切断速度

本節ではレーザタイプの違いが簡単に分かるように、同じ 4 kW レーザ出力の発振器でそれぞれのレーザマシンの性能について比較する。軟鋼酸素切断では、どの板厚でも切断速度に大差はない。これは、酸素切断のメカニズムがほぼ類似しているからである。しかしステンレス、アルミの窒素切断になると、切断速度が大きく異なる。特に板厚 3 mm 以下では、圧倒的に固体レーザの切断速度が速くなる。これは、固体レーザの吸収率が CO_2 レーザに対して高く、同じレーザ出力でも固体レーザの方が瞬時に金属を溶融でき、高圧窒素による排出がスムーズに行えるためである（**表 5.6**）。

▶ 5.5.2　消費電力

同じレーザ出力の CO_2 レーザマシンと固体レーザマシンの消費電力を比較すると、大きな違いがある。理由の1つは、固体レーザは CO_2 レーザよ

表5.6 CO_2レーザと固体レーザの切断速度比較（4 kWレーザによる）

[1] 軟鋼酸素切断速度

板厚 t (mm)	1.6	3.2	6.0	12.0	16.0	19.0
CO_2レーザ　速度（m/min）	6.00	4.30	3.00	1.60	1.20	0.95
固体レーザ　速度（m/min）	6.40	3.80	3.00	1.60	1.20	0.95

[2] SUS窒素切断速度

板厚 t (mm)	1.0	2.0	3.0	6.0	12.0	15.0
CO_2レーザ　速度（m/min）	7.50	6.00	4.10	2.20	0.43	0.30
固体レーザ　速度（m/min）	44.00	23.00	9.00	3.30	0.60	0.28

[3] アルミ窒素切断速度

板厚 t (mm)	1.0	2.0	3.0	6.0	12.0	15.0
CO_2レーザ　速度（m/min）	7.50	6.00	4.10	2.20	0.43	0.30
固体レーザ　速度（m/min）	24.00	10.00	5.00	2.60	1.00	0.70

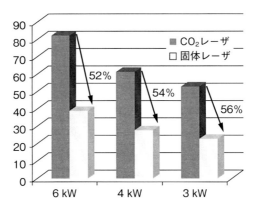

図5.80 CO_2レーザと固体レーザマシンの消費電力比較

りもエネルギー変換効率が高く、同じレーザ出力を少ない電力で発振できるからである。もう1つは、レーザ発振器内部およびマシン内の冷却個所が、固体レーザマシンの方がCO_2レーザより圧倒的に少なく、チラー（冷却装置）サイズを小さくできることである。**図5.80**にレーザ出力6 kW、4 kW、3 kWのレーザマシン消費電力を比較した。このグラフから、固体レーザマシン（ディスクレーザマシン）の消費電力がCO_2レーザマシンの半分以下であることが分かる。

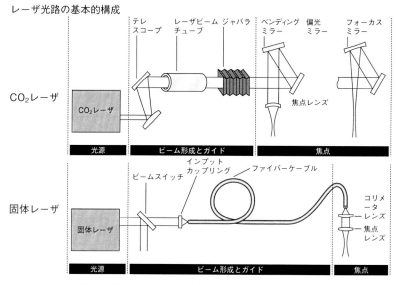

図5.81 CO_2レーザと固体レーザのレーザ光路

▶ 5.5.3 メンテナンスと消耗部品

　CO_2レーザマシンと固体レーザマシンのメンテナンスの大きな違いは、レーザビーム伝送光路である。図5.81および図5.82に示すように、CO_2レーザは発振器から出力されたビームを複数枚のミラーを経由し、加工ヘッドまで供給する。光路内に使用されているミラーは、レーザメンテナンス資格保有者による定期的な清掃と光軸調整作業が必要で、耐用年数を経過すると交換が必要である。

　一方、固体レーザは1本のファイバーケーブルのみで加工ヘッドまでビームを伝送できるため、レーザ光路周りのメンテナンスは不要となり、光学系部品の交換やマシンメンテナンスによるマシンのダウンタイムを大幅に削減できる。

▶ 5.5.4 ビーム品質

　レーザマシンのワークサイズは大小様々である。CO_2レーザは、図5.82のように発振器から出力されたビームを複数枚のミラーで反射させ、加工へ

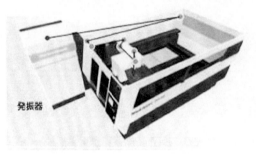
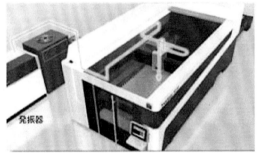

図 5.82　CO_2 レーザマシンと固体レーザマシンのレーザ光路概略図

ッドまで導く。ワークの加工位置でレーザ光路長は全て変わるためビーム径、ビームモードを常に同じになるようにマシンメーカーは工夫している。固体レーザは、ファイバーケーブルでビーム伝送するため、どのような加工位置でも常に均一なビーム品質を得ることができる。

▶ 5.5.5　切断品質

　CO_2 レーザと固体レーザで得られる切断面には違いが見られる。切断面の違いは、ビーム吸収率の違いにより発生する。固体レーザは金属吸収率が高いため、切断溝上部から下部へかけて縦方向にビーム吸収をした筋が多少残る。軟鋼酸素切断は、ビーム吸収と同時に酸素ガスによる燃焼も発生しているため、切断面は比較的良好になる。しかし、ステンレス窒素切断ではビームを吸収した縦筋が目立つ。一方 CO_2 レーザは、切断溝上部から下部へかけて内部でジグザグに反射しながら進むため、切断面は比較的滑らかになる（**図 5.83**、**図 5.84**）。

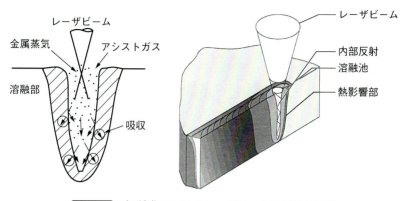

図 5.83 切断溝におけるレーザビームの反射と吸収

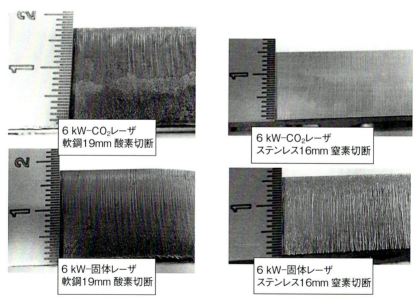

図 5.84 6 kW レーザによる軟鋼 19 mm とステンレス 16 mm の切断面

▶ 5.5.6 高反射材の切断性能

　銅、黄銅、純アルミなど高反射材料は、CO_2 レーザの波長（10.6 μm）では反射しやすく、切断困難である。固体レーザの波長（1.03 μm、1.08 μm）

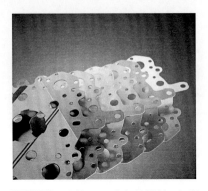

図 5.85 固体レーザ 各種材料の切断

図 5.86 CO_2 レーザ アクリル 5 mm 切断

は比較的に吸収能力が高いため、切断が可能である。4 kW 固体レーザであれば銅、黄銅共に 8 mm までの切断が可能になっている（**図 5.85**）。

▶ 5.5.7 アクリルのレーザ切断

アクリルは、固体レーザの波長（1.03 μm、1.08 μm）を吸収せずに透過するため、切断できない。CO_2 レーザの波長は吸収できるため切断可能である（**図 5.86**）。

第6章

板金加工での溶接

　機械加工や板金加工で成形される製品の多くは部材であり、これらの部材は接合され、組み立てられて製品となる。溶接は、こうした組み立て工程で利用される接合手段の代表的なものの1つである。適用される製品分野により、使用する材料の材質や板厚は変わってくる。
　板金加工で使用される材料は、材質的には製品の使用目的に合った各種材料が使われる。その一方で、板厚的にはおおむね3.2 mm程度以下のものが多用される。したがって、本章ではこうした薄板材料の溶接・接合を中心に解説する。

6.1 溶接・接合技術

▶ 6.1.1 溶接は接合法の一手段

　板金を含めたモノづくり技術においての接合法には、ボルトやリベットなど締結部品を利用して行われる機械的接合法、ろう付けや溶接など金属材料の特性を利用して接合する冶金的接合法、各種接着剤を利用する接着剤接合法がある。**表6.1**に、それぞれの接合法の利点と欠点を整理して示す。

　製品組み立てにおける接合技術は、①製品に要求される強度と品質が得ら

表6.1　各接合法の長所と短所

機械的接合法の特徴	利点	①簡便な工具で容易に組み立て解体することができる ②信頼性の高い接合ができる ③破断が生じたとしても接合部で進展が防げる
	欠点	①信頼性の高い接合を得るには多数の部品や加工が必要となり、工数が多くなり製作日数やコストがかかる ②継手が重ね継手となることや接合部品により製品重量が重くなる
冶金的接合法の特徴	利点	①継手の形状が簡単でしかも自由度が高い ②短時間で固定でき、極めて簡便に接合できる ③継手効率が高く、気密・水密性が容易に得られる ④製品重量が低減でき、組み立ての工数も減らせる
	欠点	①ひずみや残留応力を発生し、寸法精度の維持が難しい ②溶接による特有の欠陥を発生することがある ③解体が難しく、破断が生じると止めることが難しい ④製品全体から見ると、機械的性質や形状の不連続を発生する
接着剤接合法の特徴	利点	①ほとんどの材料ならびにそれらの異材の接合ができる ②素材の性質や形状を変化させない ③気密・水密性が得られやすく、製品の外観品質も良い ④電気的・熱的な絶縁効果が得られやすい
	欠点	①固定をするのに時間がかかる ②継手の耐熱性に限界がある ③継手の信頼性や耐用年数に関するデータが少ない

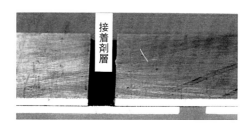

図6.1 シート状工業用接着剤による接合品例

れること、②接合で発生する問題点が少ないこと、の2点を満足する適切な接合法を選択することが必要である。溶接が手軽で効率的な手法だからといって、何が何でも溶接で組み立てようとするのは避けた方がよい。例えば製品のリサイクル性に着目すると、同質の材料は溶接などで一体化したとしても、素材としてのリサイクル性は保たれる。

一方、溶接された部材を含めて異材組み合わせとなる部材の接合では、機械的接合法の「簡単な方法で容易に解体できる」長所を利用すれば、締結部品を外して解体することで素材の分別ができるようになり、リサイクル性を保つことが可能となる。

また最近、特に注目されている接着剤接合法に関しては、一般的な液状接着剤に加え、図6.1に示すようなシート状接着剤を加熱して使用する工業用接着剤なども開発され、各種工業分野で利用されるようになっている。ただし、ほかの接合法に比べてまだ接合強度の信頼性に乏しい問題がある。

▶ 6.1.2 複合接合

図6.2は、溶接と機械的接合法を利用して組み立てられた板金加工製品例である。それぞれの接合法の特徴を活かし、製品づくりの各接合部に最適な接合法をうまく組み合わせた複合接合的な製品づくりとなっている。

一方、1つの接合部に複数の接合法を組み合わせて使用する複合接合法には、①機械的接合法のボルト接合で、ボルトのゆるみ止めあるいは接合面での機密性を得るために接着剤接合を利用する方法、②自動車ドアのように薄板材で気密性の高い接合を必要とする製品では、溶接ひずみによる変形を抑え気密性を得るために接着材接合を、接着材接合で期待できない短時間固定と強度補強にスポット溶接を利用するウエルドボンド法、③重ね合わせた2

図6.2　溶接と機械的接合法を利用した板金組み立て製品例

枚の板をパンチングによる形状変化で接合状態を得るメカニカルクリンチ法や各種リベット接合法の接合面に接着剤を使用し、接合面での機密性を高め接合強度を高める方法、などがある。

　このように、2つの接合法を組み合わせて使用し、それぞれの接合法の利点と欠点を互いに補い合う複合接合的な手法を活用することで、接合技術の利用範囲が広がる。

　なお、このように目的とする製品の機能が1つの材料や技術、加工方法で得られない場合、互いの長所と欠点を補い合える複数の材料や技術、加工を組み合わせて利用する複合化の工夫は、日々の加工現場でも、「ちょっとした発想の転換や工夫」で効果的に活用できるようになる。そのためにも、表1.1に示したような個々の技術、材料の長所、欠点をよく認識し、活用できるようにしておくことが求められる。

6.2 冶金的接合法の利用

▶ 6.2.1　各種冶金的接合法の接合メカニズム

　金属の板や棒の基本的な成り立ちは、独立した原子が互いに引き合う結合力のもとに実現している。すなわち金属材料では、原子間の結合力を超えるような力を加えると、材料が伸びたり縮んだりして形を変える。また、金属材料を加熱すると、結合力は少しずつ失われ原子間の距離が長くなる。こうした金属材料の持つ特性を利用する接合法が冶金的接合法で、現状の金属接合には最も広く利用されている。

　冶金的接合法により金属材料を接合するには、接合しようとする材料の接合面の互いの原子同士が引き合える距離になるまで近づけることが肝要である。そのため、2つの金属を溶かして混ぜ合わせ、それぞれの原子が引き合う距離にまで近づけて接合するのが溶接である。また、接合部に圧力を加えることで原子が引き合う距離にまで近づけ接合する圧接法、2つの個体状態の金属の間に溶けた金属を流し込んで接合するろう接法などの方法もある。

▶ 6.2.2　溶接（融接）の接合メカニズム

　金属材料を加熱すると結合力は少しずつ失われて弱まり、その結果として互いの原子間の距離が長くなる（これを熱膨張という）。この状態を越してさらに加熱すると、原子同士の結合力が失われ、原子が自由に動き回る液体の状態になる。

　溶接の接合メカニズムは、①母材と呼ぶ接合しようとする2つの材料の接合部を熱源で加熱して溶かし、互いの原子を混じり合わせて冷やす、②互いの原子が引き合う力の出る温度にまで冷やすと、材料内の原子と結合力を保っている溶融界面（ボンド）の原子は、動きながら近づいて来る原子との間で結合力を持つようになる、③こうした結びつきが立体的に積み重なっていくことで、最終的に溶接個所の全ての原子が素材原子と結合し合った接合状

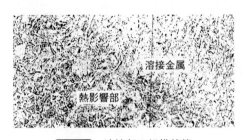
図6.3 溶接部の組織状態

図6.4 銅パイプのろう接による接合例

態となる。図6.3が、溶接によって接合された部分（溶接部）の組織状態で、中央のボンド部で最初に結合状態の得られた結晶に順次結晶が積み重なった樹枝状組織を示し、上に述べたようなメカニズムで材料が接合されたことが分かる。

▶ 6.2.3　ろう接の接合メカニズム

ろう接による接合は、図6.4の写真のように接合したい材料（図では銅管）は溶かさず、個体状態の接合面に両素材金属に親和性のある原子を含む融点の低い合金（ろう材）を液体状態にして流し込み、固体同士の金属間に接合状態を得ようとする方法である。

上述したように、金属材料を加熱し液体状態とすることで金属の原子は自由に動き回ることができ、容易に接合しようとする金属の表面原子に近づくことが可能になる。ただ、銅線のはんだ付けでも経験するように、室温状態の銅線に溶けたはんだを流し込もうとしても、はんだは球状になってうまく流れ込まない。この原因の第1点は、銅線表面の不純物や酸化物が接合のじゃまをするためで、フラックスを使用することによりこれを解決する。また第2点は、室温状態の銅線表面の原子は自由度が乏しい状態であり、予熱で熱を与えることで原子間の結合力をゆるめ、自由度を高めて材料表面原子とろう材原子の親和性を高めることで解決を図る。

▶ 6.2.4　圧接の接合メカニズム

金属材料同士で結合状態を得るには、材料の接合面で互いの原子が引き合える距離まで近づければよい。したがって、2つの金属材料の接合面を接触

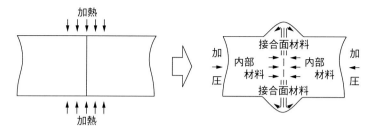

図 6.5 圧接における接合メカニズム

させ、この状態で接合面に大きい力を加え、互いの材料の表面原子の距離を狭めると接合状態が得られる。この接合法が圧接法で、軟らかく変形しやすいアルミニウム材料など一部の材料では、常温に近い温度でも加圧するだけで接合が可能となる。

　ただ、硬く変形しにくい材料では、少々の加圧力では原子間の距離が狭まりにくく、接合状態を得るには材料の接合部周辺を変形しやすい状態まで加熱する必要が生じる。そのため、加熱にガス炎を用いる方法がガス圧接、摩擦熱を利用するのが摩擦圧接と言われる方法である。

　なお、こうした圧接法では、互いの材料表面原子の結合力を阻害する材料表面の酸化膜やゴミなどが存在すると、接合状態が得られにくい。そこで、圧接法では**図 6.5**のように、加圧により接合面付近の材料を押し出し、内部の活性な原子を接合面に出すことで互いに引き合う状態を得られやすくする。したがって、同図のように接合部に発生する「こぶ」は、圧接による接合がうまく完了した証拠となる。

　ただ、同じ圧接法でも、電気抵抗による熱を利用するスポット溶接やシーム溶接では、溶接と同じメカニズムで接合状態が得られる。すなわち、2枚の重ねた板を電極で加圧し、板間接合面の接触状態を抵抗発熱しやすい状態にする。そこで大きな電流を短時間に流すことで、大きな抵抗発熱により両母材の接合面を溶融させ、後は溶接と同じメカニズムで接合状態が得られるようになる。

6.3 板金加工に利用される各種溶接法

▶ 6.3.1 アークを利用する溶接

　溶接など金属の成り立ちを利用して接合する冶金的接合法では、その接合のメカニズムから、材料の接合部を加熱する必要がある。こうしたことから、溶接法の名称はその加熱手段である熱源で呼ばれることが多い。例えば、ガスの燃焼エネルギーを溶接に利用するとガス溶接、圧接に利用するとガス圧接、ろう付けに利用すると火炎ろう付け（トーチろう付け）となる。こうした溶接法の中で、最も広く使用されているのがアークを熱源とするアーク溶接法である。

　アークは、**図6.6**のように溶接機の±端子に導電性のケーブルを接続し、それぞれのケーブル端は、例えば同図のように＋側に母材、－側に金属の電極棒を接続する。

　この状態では電気の流れが形成されないため、2つの電極を接触（短絡）させることで発生する電気的スパークや、高周波電流のエネルギーで周りのガスなどを－の電子と＋のイオンに分解し電離状態にする。そこで電極間を

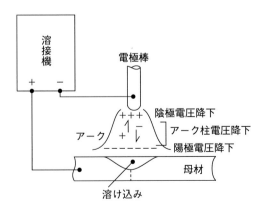

図6.6　アークの発生状態

少し引き離すと、-の電子は+側に、+のイオンは-側に導かれ電極間に電気の流れが形成できる（これを放電現象と呼ぶ）。

したがって、電極棒と母材の間に形成されたアークでは、図6.6のようにそれぞれの極近くでは-の電子と+のイオンが多く集まり、電圧降下が発生する（それぞれを陽極電圧降下、陰極電圧降下と呼ぶ）。さらに、その間のアーク空間（アーク柱）でも、この空間のガスを電離させるためアーク柱電圧降下が発生し、この3つの電圧降下を合計したものがアーク電圧となる。

ただ、陰極電圧降下や陽極電圧降下は、溶接の方法や溶接条件が決まればほぼ一定である。すなわち、アーク電圧の変化はアーク柱長さの変化で生じることになる。こうしたことから、アーク電圧の高い条件ではアーク長さが長くなり、表面部での加熱面積が広がり、ビード幅が広く浅い溶け込みの溶接となる。逆に、アーク電圧が低くアーク長さの短い条件では、ビード幅が狭く深い溶け込みの溶接となる。

▶ 6.3.2 各種アーク溶接法

図6.7は、アークを利用する各種溶接法を整理して示したものである。同図の消耗電極式の溶接法は、母材に対向する電極として母材にほぼ近い成分の金属の棒やワイヤを使用し、この電極金属が溶けて母材側に移行することでこのような呼び方がなされる。

従来、消耗電極式の溶接法で広く使われてきた被覆アーク溶接法は、**図6.8**のように溶けた金属を保護するガスやスラグを発生させる被覆剤（フラ

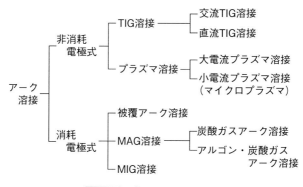

図6.7 各種アーク溶接法

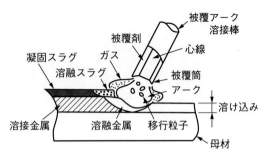

図6.8 被覆アーク溶接法の溶接状態

ックス）を、電極の金属棒（心線）に塗った（被覆した）被覆アーク溶接棒を使用して溶接する。

　この方法では、被覆剤を塗布していない溶接棒終端が通電できる個所であり、そのため電気抵抗による発熱のため大電流を流すことができず、速度の遅い溶接となってしまう。そこでアーク発生位置に近い部分で通電し、大電流密度で高能率の溶接ができるように針金状の裸金属ワイヤを使用して、粉状にした被覆剤（フラックス）をあらかじめ溶接線上に散布する。このフラックスの中に、金属ワイヤを連続的に送り込んでアークを発生させて溶接するのが、造船などで厚板の自動溶接に利用されるサブマージアーク溶接法である。

　また、溶けた金属をシールド用ガスで保護するのが半自動アーク溶接法で、シールドガスにアルゴンなどの不活性ガス（イナートガス）を使用するのがMIG溶接、炭酸ガスのような活性ガス（アクティブガス）を使用するのがMAG溶接となる（この溶接法は、後に詳しく述べるように薄板の高能率溶接にも広く利用される）。

　一方、非消耗電極式の溶接は、基本的にはアークでは溶けない高融点のタングステン棒を電極に使用し、不活性ガスで保護する溶接法である。その代表的な溶接法がTIGアーク溶接で、このTIGのアークを、**図6.9**に示すように強制的に冷やすことでアークを細く絞り、熱源のエネルギー密度を高めたのがプラズマ溶接である。

　プラズマ溶接は多くの場合、高いエネルギー密度で溶融池に小孔をあけながら溶接するキーホール溶接で利用され、アーク溶接とレーザ溶接との中間

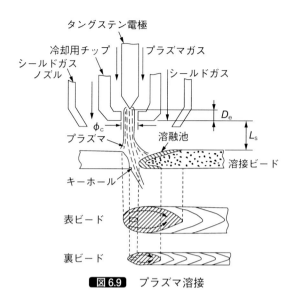

図 6.9 プラズマ溶接

的な溶接ができる。ただ、プラズマによるキーホール溶接は適用できる溶接が限定されるため、板金の溶接には TIG 溶接的に使用するタングステン電極の設定位置を変え、キーホールレスの溶接を行う方法での利用が多い。

▶ 6.3.3　TIG アーク溶接

（1）TIG アーク溶接法とその装置の設定

　TIG アーク溶接（以後、TIG 溶接とする）は、溶けない電極と母材との間にアークを発生させて溶接することから、①熱源としてのアークは母材のみを溶かすことができ、必要な溶け込みが得られる高品質の溶接が可能、②不活性ガス中の穏やかなアークで溶接されることで、多くの金属材料の高品質な溶接が可能、といった特徴の溶接法となる。

　特に①の特徴から、薄板溶接では必要以上に溶着金属を付けないナメ付け溶接、逆に厚板の開先内溶接やすみ肉溶接では、接合面を必要最小限だけ溶融させた後に溶接棒を添加し、余分な溶け込みを与えず必要な溶着金属を確実に得る図 6.10 のような溶接が可能となる。

　TIG 溶接装置は、図 6.11 に示すように溶接機、シールドガス送給などを行う制御装置、溶接トーチ、そしてシールドガスおよびシールドガスを送る

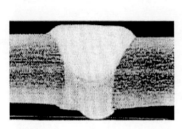
図6.10 TIG溶接による溶接例

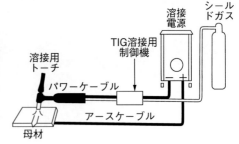
図6.11 TIG溶接装置の構成

ホース類で構成される（水冷トーチ使用の場合は別に冷却水回路が必要）。ただ、今日のTIG溶接機は制御装置が溶接機に組み込まれた一体型で、デジタル方式のものが主流になっている。最近のデジタルTIG溶接機の特徴は、①各種機能の切り替えがスイッチではなくタッチパネル方式になっている、②電流などの設定・表示がデジタル値である、③電流の制御などが迅速で高精度である、④溶接条件の記憶機能を有する、などであり基本的な機能は従来機と同じである。

（2）溶接機の基本的機能の設定

TIG溶接機では、材料や継手に見合った溶接が行えるよういろいろな機能が用意されている。これらの機能を適正に設定することで、目的とする溶接を高品質に行うことができる。以下にそれぞれの機能の設定の目安を示す。

①交流、直流の切り替え設定

アルミニウム、マグネシウム材料の溶接は基本的に交流（AC・TIG）に、それ以外の材料の溶接は直流（DC・TIG）に設定する。

②使用するトーチの水冷、空冷の切り替え設定

TIG溶接でアークを発生させる溶接トーチのヘッド部は、アーク熱などで加熱され高温になる。この温度上昇により、①トーチ部品の損傷、②作業者の火傷、などの問題が生じる。そのため、トーチを水冷ないしは空冷の方式で冷却する。

通常、200 A以下の電流で使用するトーチは、作業性や冷却水送給装置のメンテナンスの面から空冷式トーチを多用する。ただ、空冷式では、タングステン電極の交換の際にトーチキャップを絞めたりゆるめたりすることで、

特に高温状態のトーチボディ側のネジ山が摩耗し、タングステンの固定が利かなくなることがあるため注意が必要である。こうした問題に対しては、組み立て式のトーチを使用し、トーチヘッド部品のみの交換で対応するとよい。また、高温状態のトーチヘッド部に手を触れるなどによる火傷にも注意したい。

　一方、空冷トーチの問題点を回避するには、水冷トーチの使用が推奨される。この場合、水道水を冷却水に直接使用する方法や、冷却水循環装置を利用する方法がある。いずれの場合においても、トーチ冷却水ホースのジョイント部などにさびやゴミの詰まりが生じ、冷却水の流れが所定圧力に達し切れず、制御回路が作動しないトラブルに遭遇することがある。

　こうした場合、各接続部を外して清掃することが基本となる。ただ、急ぎで短時間の溶接に限る場合は、冷却装置は駆動させた状態で空冷に切り替えるとアークが発生できる（これは応急処置であり、長時間使用の場合は必ず清掃が必要。それを怠るとトーチパワーケーブルの破損につながる）。

　③シールドガス送給機能の設定
　TIG溶接機には、溶接の開始・終了のそれぞれの時点で溶接部の酸化を防ぐためのシールドガスを送給するプリフロー、アフターフローの機能を有しており、それぞれの送給時間を設定する（溶接開始前のプリフローについては、デジタル溶接機以外はあらかじめ設定されており、設定ダイヤルによる設定は不要）。

　それぞれの設定は、作業時の電流条件やシールドガスの流量で変化するため、時間ではなく作業結果を目安にすることが推奨される。すなわち、プリフロー時間は溶接開始位置に黒色酸化物の付着のなくなる時間、アフターフロー時間は冷却後の電極先端部が酸化による変色のない銀白色である時間を目安とする。

　④電流のアップスロープ、ダウンスロープ機能の設定
　TIG溶接機では、溶接の開始時に電流を徐々に上げていくアップスロープ、逆に終了時に電流を徐々に下げていくダウンスロープの機能を有している（この機能を利用するには、溶接機のクレータ電流切り替えスイッチを「有り」もしくは「反復」に設定する必要がある）。クレータ電流切り替えスイッチを「無し」に設定すると、トーチスイッチ「ON」の溶接開始合図でた

だちに溶接電流が流れ、溶接開始の母材始端で溶け落ちを生じる危険性が生じる。また溶接の終了時、トーチスイッチ「OFF」の合図で一挙にアークを切ると、クレータ中心に収縮孔などの欠陥を発生するようになる。

そこで、クレータ電流切り替えスイッチを「有り」もしくは「反復」に設定すると、①トーチスイッチ「ON」の合図で小さく設定した初期電流（溶接電流の1/3程度が目安）のアークが発生される、②トーチスイッチ「ON」状態を続けると初期電流のアーク状態が続く、③トーチスイッチを「OFF」状態にすると、設定したアップスロープ時間をかけて溶接電流まで上昇する、④トーチスイッチ「OFF」の状態（溶接電流状態）で終端位置まで溶接を進め、⑤終端位置でトーチスイッチを「ON」状態にすると、設定したクレータ電流（この場合も、溶接電流の1/3程度を目安とする）まで設定したダウンスロープ時間をかけ低下する、⑥トーチスイッチ「ON」状態ではクレータ電流状態が続くことから、クレータ部の冷却状態を見計らってトーチスイッチを「OFF」にし、アークを切る。

なお、スイッチを「反復」に設定すると、トーチスイッチの「ON」「OFF」の繰り返しでクレータ処理が行われるため、クレータ電流の時にトーチを引き離すことでアークを切る。

上述したように、この電流操作での初期電流やクレータ電流は溶接電流の1/3程度を目安に設定するが、アップスロープやダウンスロープの時間は設定した条件での溶接を観察しながらの設定になる。ただ、こうした溶接操作が複雑に感じるようであれば、クレータ「無し」の状態で、溶接開始は開始位置よりやや内側の母材ルート部でアークを発生、終端は終端部からゆっくりと凝固側にアークを戻すことで同様の効果が得られる。

（3）溶接条件の設定とパルス溶接
①溶接条件の設定

アーク溶接では溶接速度を速めるに従い、それに見合う熱量を得るために電流を高める。ただ、通常の作業者が手動で行うTIG溶接では、溶接できる速度は毎分10cm以下と遅く、溶接しようとする材料がスムーズに溶融できる電流条件に設定することが基本となる。したがって、電流を小さく設定したとしても母材が溶けにくくなる分をゆっくりと遅く、逆に電流が大きい場合は速い母材の溶融に合わせた速い速度で溶接することで対応できる。

なお、一定の溶け込みが必要となる第1層の溶接などでは、溶接中の溶け込みの判定が難しいことから、あらかじめ目標の溶け込みの得られる溶融池の大きさを設定、これを目安に溶接する。

②パルス溶接による溶接

TIG溶接機の持つ機能の中に、パルス電流制御の機能がある。この機能は、溶接中の電流条件を大きいパルス電流と小さいベース電流に設定し、パルス電流とベース電流を1秒間に数回から何千、何万回の周波数で変化させるものである。このパルス機能を作業に合わせ適正に使い分けると、溶接品質の向上や作業のやりやすさなどで大きな効果が得られる。以下に、この機能の利用方法について紹介する。

ⅰ）パルス機能の設定

パルス機能の利用に当たっては、①パルス「有り」を選択、②低周波（0.5～25 Hz程度）あるいは中・高周波のいずれかを選択、③使用するパルス周波数、例えば2 Hzなら低周波の2 Hzにダイヤルで設定、④デューティー比率（1パルス中のパルス電流時間とベース電流時間の比）を50％程度に設定（この設定で必要なパルス効果が得られない場合は、パルス電流とベース電流の差を変化させることで調整を図り、それでも目的の効果が得られないようであればこのデューティー比率を変化させて調整するとよい）する。

ⅱ）0.5～2 Hz程度のパルス溶接

この周波数の溶接では、設定したそれぞれの電流条件で明瞭に上下する電流変化を示す（例えば30～150 Aに設定すれば30～150 Aになる）。すなわち、大きいパルス電流の時に母材を溶融、続く小さいベース電流の時にプールの溶融金属を冷やす。したがって、その溶接結果は図6.12のような明瞭なジ

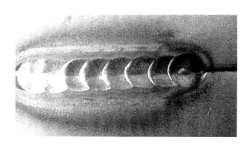

図6.12　1 Hzのパルス溶接の溶接結果

ュズ玉状ビードとなり、溶け落ちやすい薄板の溶接や裏波溶接、溶けやすい材料側に溶融が偏る板厚差のある継手や異種材組み合わせの溶接、熱伝導性の良いアルミニウムや銅およびその合金材の溶接などに有効な溶接となる。

ⅲ）2〜7 Hz 程度のパルス溶接

　この周波数の溶接では電流の変化時間が短く、設定したそれぞれの電流に戻り切れない電流変化を示す（例えば、20〜150 A の電流設定でも実際には 40〜130 A の変化になり、周波数が多くなるにつれて変化の少ない平均電流 85 A に近づく）。したがって、パルス電流制御による母材溶融の制御効果が少なくなり、その溶接結果は図 6.13 に示すようなパルスの周波数に対応した波形が明瞭に見られるだけのビード状態となる。この周波数での溶接は、溶け込みの制御よりもビード幅を一定状態に保ち外観品質の良い溶接を行いたい場合などに利用する。

ⅳ）7 Hz 以上のパルス溶接

　この周波数の溶接では、電流の変化時間が短く、ほとんど一定電流溶接に近い電流変化となる。したがって、パルス電流制御による母材溶融の制御効果はほとんど認められず、その溶接結果は図 6.14 のような一定電流溶接とほとんど変わらないビード状態となる。この周波数での溶接は、ブローホー

図 6.13　4 Hz のパルス溶接の溶接結果

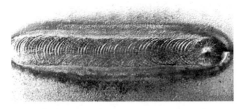

図 6.14　10 Hz のパルス溶接の溶接結果

ルなど溶接欠陥の発生を抑える目的に使用する。

ⅴ）500 Hz 以上のパルス溶接

高周波パルス溶接と呼ばれるこの周波数の溶接では、アークはごく短時間に高電流から瞬時に低電流に冷やされ、この短時間の急冷の繰り返しでアークは細く絞られ、指向性が増して安定性が高められる。そうしたことから、この溶接は数 A といった小電流の溶接や毎分数 m の高速溶接などに使用する。

（4）直流 TIG 溶接

TIG 溶接では、使用するタングステン電極の材質により、アーク発生の良否やアークの発生状態が変わる。また電極材質だけでなく、アークを発生する電極先端の形状によってもアークの発生状態が変わり、溶接品質が左右される。

①電極材質の設定

直流 TIG 溶接では、確実なアーク発生ができることや同じ径の電極でも広い電流範囲の溶接ができるなどから、酸化物入りタングステン電極を使用している。通常の直流 TIG 溶接作業では、棒端が灰色の 2％酸化セリウム入り電極や棒端が赤色の 2％酸化トリウム入り電極を使用するが、連続してアークスポット溶接するような場合には黄緑色の 2％酸化ランタン入り電極の使用が推奨される。

②電極先端形状の設定

図6.15は、比較的電流の大きい直流 TIG 溶接の場合の電極先端角（θe）が、母材の溶け込み形成に与える影響を調べた結果である。θe が大きく鈍角になるにつれてアークの広がりが少なくなり、ビード幅が狭く溶け込みの深い効率の良い溶接に近づく（小電流の溶接では、こうした現象はあまり顕著に発生しない）。

ただ、先端角の大きい電極では溶接中の溶融池の観察が難しく、作業性を悪くする。こうした場合は、30°程度に鋭く研磨した電極の先端を僅かにカットし、アークがカット位置より昇らない形状にして使用する。

以上のことを考慮した使用電流に対する電極先端形状の設定は、先端角30°程度でおおむね、①75 A 程度以下では、1.6 mm（2.4 mm）径電極で先端カットなし、②75〜125 A では、2.4 mm 径電極で先端カットなし、③

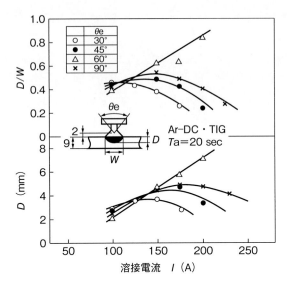

図 6.15 電極先端角（θe）と電流条件が溶け込み形成に与える影響

図 6.16 アーク長さを変化させたときのアーク発生状態

125〜160 A では、2.4 mm 径電極で先端カット 0.5 mm 径、④ 160〜200 A では、3.2 mm 径電極で先端カット 0.5 mm 径、⑤ 200〜250 A では、3.2 mm 径電極で先端カット 1.0 mm 径、⑥ 250 A 程度以上では、3.2（4.0）mm 径電極で先端カット 1.5 mm 径、を目安にするとよい。

なお、電極先端形状がアークの発生状態に及ぼす影響と類似の作用は、アーク長さの変化によっても生じる。図 6.16 が同じ先端形状、電流条件の電極でアーク長さを変化させた場合のアークの発生状態で、アークの短い状態ではアークの広がりが少なく鈍角の電極を使用した場合と同様の溶け込みと

なる。

③電極先端形状による溶接の制御

TIG 溶接で熱源を必要とする方向に広げるには、目的の形に電極の先端形状を研摩することで可能となる。**図6.17**は単に平坦な形とするだけでなく、斧形に加工した電極（ナイフエッジ電極）によるアークの発生状態を示したものである。アークは進行方向に長く伸び、その結果プール進行方向への予熱効果が加わることで、温度差の少ないプールの形成に役立つようになる。

図6.18 が、ナイフエッジ電極による溶接の効果を高速の片面突合せ溶接で確認した結果で、同図の縦軸に示す表ビードと裏ビードの比が 0.5 以上になると、溶け落ちやアンダーカット、不連続のビードを発生する危険性が高くなる。

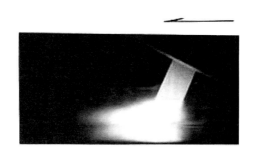

図6.17 ナイフエッジ電極によるアークの発生状態

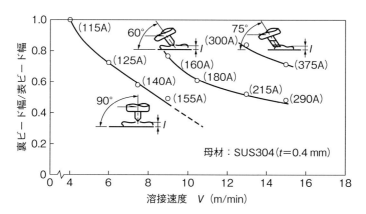

図6.18 各種形状の電極による高速片面突合せ溶接結果

溶接条件		ビード外観	
		表ビード	裏ビード
![電極図]	$v=0〜2.45$m/min $I_B=50$A, $I_P=250$A		
![電極図]	$v=0〜2.45$m/min $I_B=50$A, $I_P=350$A		
![電極図]	$v=0〜2.45$m/min $I_B=50$A, $I_P=350$A		
![電極図]	$v=0〜3.50$m/min $I_B=50$A, $I_P=450$A		

母材：SPC($t=1.2$ mm)

溶接電流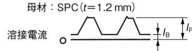

図6.19 断続移動溶接へのナイフエッジ電極使用効果

　その値は、同図のように鋭敏な先端形状電極を垂直に保持して溶接を行う一般的な方法では毎分 8 m 程度、鋭敏先端形状電極を前進角に保持し熱源分布を広げた溶接では毎分 13 m 程度であるのに対し、ナイフエッジ電極を使用すると毎分 16 m をはるかに超える条件でも維持されており、この電極の高速溶接における有効性が明瞭に認められる。

　さらにこのナイフエッジ電極を利用すると、図 6.19 に示すように、プレス加工に直結する状態で行う片面溶接などにも適用できる。この溶接では、図中に示すようにプレス成形時は速度 0、次の加工に移るときは 0〜数 m に連続的に変化する速度変化に対応させた溶接をする必要があり、通常の溶接では、移動しているときに裏面が溶けるような電流条件では停止時に溶け落ち、逆に停止時に溶け落ちを発生しない条件では母材が全く溶けていないような溶接結果となる。

　これに対し、ナイフエッジ電極による溶接では表面ビードはおおむね均一で、裏ビードも確実に連続して形成される良好な片面溶接結果が得られている。このように、他の各種溶接法では対応が極めて難しかった溶接も、電極先端を目的に対応する形状に研磨するだけで可能にできるなど、薄板溶接に対し TIG 溶接は極めて有用な溶接となる。

(5) 交流 TIG 溶接

アルミニウム、マグネシウム材料では、室温で素材が溶ける温度（600 ℃ 前後）の 4～5 倍の溶融温度となる酸化膜を材料表面に形成し、溶接時の材料同士の融合を妨げる。そのため、TIG 溶接では溶接中に、この酸化膜を破るクリーニング作用の機能の得られる交流 TIG 溶接が一般的に使用される。

①クリーニング作用機能スイッチの設定

交流 TIG 溶接では、基本的に 50 もしくは 60 Hz の周波数で半波が＋極、半波が－極に変わる変化を繰り返す。電極側が＋極となる半波では、母材表面の酸化膜を形成している酸素から電子を引張り出し、アルミニウム、マグネシウム材料溶接で最大の問題となる酸化膜を破壊する（クリーニング作用と呼ぶ）。交流 TIG 溶接で、クリーニング作用の得られる電極側が＋となる半波では、小さくて軽い電子が電極に飛び込んでくることで電極を加熱し、その先端部を溶融する。そうしたことで、交流 TIG 溶接では電極の設定に加え、交流特有のクリーニング作用機能スイッチを適正に設定しておく必要がある。

交流 TIG の場合、使用する交流電流波形を、①標準、②薄板用、③厚板用、④交流と直流のミックス、などに選択できる。特殊な目的の溶接の場合を除いて、標準交流の使用が推奨される。ただミックス TIG の溶接では、直流のアークの時に母材の溶融、交流のアークの時に冷却といったパルス溶接的な溶接が可能で、特に熱伝導に富むアルミニウム材の溶接に有効となる（この溶接では、比率は標準的な 50 ％、周波数は 1～2 Hz の設定が作業のやりやすい条件となる）。

さらに交流 TIG の場合、溶接に不可欠となるクリーニング作用の作用範囲をクリーニング幅調整ダイヤルで調整できる。このダイヤル位置を狭い位置に設定すると、**図 6.20**(a)のようにクリーニングされる幅は狭くなる（この場合、電極先端の溶融は少なくなる）。逆に、このダイヤル位置を広く設定するに従い、同図(b)のようにクリーニングされる幅は広がる（この場合、電極先端の溶融は多くなる）。このようなクリーニングされる幅と電極先端の溶融の関係を利用すると、特殊な目的の溶接に適した条件を見いだすことも可能になるが、通常はほぼ中間の同図(b)の標準位置に設定しておくとよ

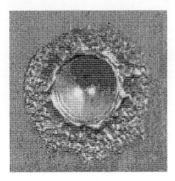 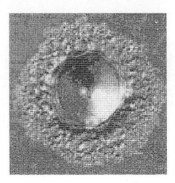

(a) クリーニング幅（狭い）　　　(b) クリーニング幅（標準）

図 6.20　マグネシウム合金材交流 TIG 溶接でのクリーニング幅調整位置と溶接結果の関係

いだろう。

②電極材質、先端形状の設定

交流 TIG 溶接では、基本的に 50 もしくは 60 Hz の周波数で半波が＋極、半波が－極アークの発生で電極先端が溶融する。ただ、その溶け方は電極の材質により特徴的に変化し、溶接作業に影響を与える。**図 6.21** が、同じ先端形状の 4 種の電極でアルミニウム合金材のすみ肉溶接を行っている状況である。同図(a)の純タングステンの場合、ほかのものに比べて先端部が大きく溶融し、安定な球面となりアークは安定するが、その分アークはルートに届かずルートの溶融が得られない。これに対し、残りの酸化物入り電極では、先端の溶融がテーパー部の 1／3 程度でとどまり、集中性の良いアークとなっている。ただ、同図(b)の酸化トリウム入り電極では先端の溶融部の一部が偏り片側材料のみの溶融に、(c)の酸化イットリウム入り電極ではアークがやや高い位置まで昇りルートを溶かし切れていない状態となっている。これらに対し、同図(d)の酸化セリウム入り電極の場合は、先端の溶融部が小さな溶融球に分裂するものの酸化トリウム入り電極のように偏って発生することは少なく、ルート部に集中したアーク状態を保ち、良好なルート部融合が得られる。

こうしたことから、交流 TIG 溶接では、突合せ継手や角継手の場合は図 6.21(a)の状態となる純タングステン、もしくは同図(d)の状態の酸化セリウ

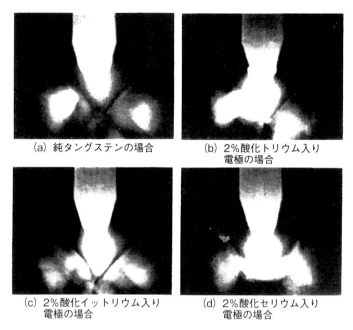

(a) 純タングステンの場合　　(b) 2%酸化トリウム入り電極の場合

(c) 2%酸化イットリウム入り電極の場合　　(d) 2%酸化セリウム入り電極の場合

図6.21 電極材質がアルミニウム合金すみ肉溶接に及ぼす影響

ム入り電極を、すみ肉継手やルート溶け込みが必要な突合せ継手では(d)の状態の酸化セリウム入り電極を使用する。

　一方、交流TIG溶接における電極先端の溶融による形状変化は、使用する電流に対する電極材質、電極径、先端角によって変化するとともにクリーニング幅の調整状態によっても変化する。したがって、交流TIG溶接の電極先端形状の設定は、これらによる変化を考慮し、突合せ継手や角継手では図6.21の(a)もしくは(d)の状態、すみ肉継手や開先内溶接では(d)の状態が得られる形状に先端を設定する。

(6) TIG溶接作業

①基本的な溶接姿勢とアーク発生

　TIG溶接作業では、下向き、立向き、横向きといった溶接の姿勢により溶接条件や溶接状態が大きく変わるものではない。図6.22に示す各姿勢での作業のポイントは、トーチおよび溶接棒の保持状態を一定に保つことで、いずれの姿勢においても作業台面や足のひざ部分などをうまく利用し、溶接

(a) 下向き溶接の場合　　(b) 立向き溶接の場合　　(c) 横向き溶接の場合

図 6.22　TIG 溶接における各姿勢での作業状態

図 6.23　アーク発生準備　　　　図 6.24　アーク発生後のトーチ操作

状態を一定にして溶接する。

　また、溶接開始位置でのアークの発生は、図 6.23 のようにタングステン電極先端を母材表面から 1.5 mm 程度浮かせた状態でトーチを保持（この場合、図 6.23 のようにガスノズル端を母材面に付けて行うと作業がやりやすい）、トーチスイッチを押してアークを発生させる。アーク発生後は図 6.24 のようにトーチを起こし、電極先端を母材面から少し離し、アークを短く保持して溶接開始位置を加熱する。

②プールの形成と溶接作業

　溶接作業の基本は、溶接開始位置で両母材を均等に溶融させ、両母材にまたがるプールを形成させる（ルートにギャップがある場合で、プールが形成できない場合は両母材を均等に溶融させた後、溶接棒を添加して形成させる）。その後は本溶接時のアーク長さに保持し、必要な溶け込みが得られる大きさのプールを形成させる（トーチ保持角、アーク長さを一定にし、溶接開始位置で形成した目標の大きさのプールを一定に保ちながら溶接を進める）。なお、肉盛り溶接で棒添加が必要な場合は、プールを形成させ、次に述べる棒添加

図 6.25 TIG 溶接での溶接棒の添加操作

の操作を繰り返し行い、終端部でクレータ処理を行って溶接を終了する。

③溶接棒の添加作業

　TIG 溶接による開先内肉盛り溶接などでは、作業者は熱源と切り離された溶接棒をプールに挿入し、棒の先端部を溶融させて溶着金属を形成させる。この操作でのポイントは、**図 6.25** のように棒の溶融はアーク熱源でなく、プールの保有熱で行うことである。

　すなわち、棒の添加は必要な溶け込みが得られる溶融池が形成できた時点で、溶融池先端に溶接棒を接触させて行う。このとき、溶融池の熱が溶接棒の溶融に使われる。したがって、加熱と棒添加による冷却が繰り返されることから、パルス電流制御と同様の効果が得られるわけである。**図 6.26** に、こうした効果を熱が伝わりやすいアルミ合金板の片面溶接で確認した結果を示す。

　板厚 3 mm アルミニウム合金板の交流 TIG 片面溶接において、溶接棒を使用しない溶接では、作業者は溶接線各位置での加熱状態に合わせて同図の破線に示すような速度変化を行うことで、開始位置から終端まで表・裏ビード幅共均一な溶接結果を得ている。これに対し、同じ作業者が溶接棒を使用して同じ溶接を行った場合では、同図の実線で示すように棒無しの場合のような連続的な速度変化を必要としなかったことがうかがえる（特に、大きい設定電流で入熱の大きい溶接の場合で顕著になっている）。

　これは、熱伝導の良いアルミニウム材の溶接で、棒の添加操作を断続して行うことによりプール温度も断続的に冷却され、パルス電流制御に似た効果

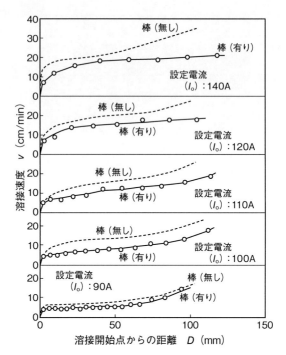

図 6.26 溶接棒の添加によるプール冷却作用を利用した板厚 3 mm アルミニウム合金板片面溶接結果

が得られ、プール温度制御効果が速度変化と連動して得られたためと考えられる。いずれにせよ、TIG 溶接では、棒添加操作によるプール冷却作用を十分に考慮に入れた作業を行う必要があることが分かる。

▶ 6.3.4 半自動アーク溶接
（1）半自動アーク溶接の概要

　半自動溶接は、0.4～1.6 mm といった細い径のワイヤをモーターで自動的に送り出す溶接法の総称である（したがって、半自動 TIG 溶接のように、ワイヤを溶接棒の代わりに自動的に送り出すものもある）。ただ一般的には、炭酸ガスアーク溶接のようにワイヤ先端でアークを発生させるものを指し、この場合は半自動アーク溶接と呼んでいる。

　半自動アーク溶接装置は、**図 6.27** に示すように溶接機およびワイヤ送給

第6章 板金加工での溶接

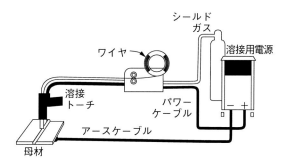

図 6.27 半自動アーク溶接装置の構成

装置、溶接トーチで構成される。一般的なワイヤ送給装置は、同図に示すように送給装置として独立したものだが、0.6～0.9 mm のような細径ワイヤを用いる場合は、ワイヤをトーチ内に搭載しプル方式で送給するトーチが送給装置を兼ねる方式のものが使用される。

なお、ワイヤを送りローラーで押し出すプッシュ式の一般的な送給装置を使用する場合は、装置に接続された長い溶接トーチ内を送り出された細いワイヤがスムーズに通っていけるよう、送給装置を吊すなどしてトーチケーブルを真っすぐにする工夫が不可欠である。

ワイヤの先端がアーク発生点となる半自動アーク溶接では、針金状のワイヤを使用することから、アーク発生点に近い溶接トーチ先端のコンタクトチップで通電が行われる。したがって、細い径のワイヤに大電流が流せることから、ワイヤの溶ける量が多く溶着金属量も多くなる。そのため、良好な溶接結果を得るには、ほかの溶接法に比べて速い速度で溶接する必要が生じる。

図 6.28 は、炭酸ガス半自動アーク溶接を種々の速度で溶接した結果を掲げたもので、同図の(d)の遅い速度の溶接では、多量の溶融金属がアークによる母材の直接的な加熱を妨げ、十分な溶け込みの得られない溶接となっている。ただ、速度の速すぎる溶接では、同図の(a)や(b)のように作業者が速度に対応し切れず、不連続のビード状態でピットなどの欠陥を発生している。したがって、この溶接では適度に速度の速い溶接で、同図(c)のようにやや富士山のようなビード形状に溶接できることが必要となる。

(2) 半自動アーク溶接でのシールドガスおよび溶接ワイヤの選択上の注意点

ミグ（MIG）、マグ（MAG）溶接など電極となる細径ワイヤを自動的に高

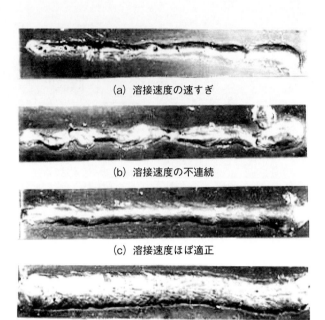

(a) 溶接速度の速すぎ

(b) 溶接速度の不連続

(c) 溶接速度ほぼ適正

(d) 溶接速度の遅すぎ

図 6.28 各種溶接速度での溶接結果

速で送給し、アークやプールをシールドガスで保護する半自動アーク溶接では、使用するワイヤとシールドガス、溶接条件によってワイヤ先端に形成されるワイヤ溶融金属が母材プールに移行していく現象（以後、移行現象と呼ぶ）が変化し、使用できる作業も変化する。したがって、半自動アーク溶接では目的に合った移行現象となるシールドガスやワイヤ、溶接条件の組み合わせを適正に選択することが必要となる。

図 6.29 は、半自動アーク溶接におけるワイヤの溶融金属の移行現象の形態を図示したもので、それぞれの移行現象がどのような条件で得られるかをまとめて示したものが**表 6.2** である。

基本的なワイヤ溶融金属の移行現象は、表 6.2 に示すように使用するワイヤの種類とシールドガスによって大別され、それぞれを溶接法との関連で整理すると次のようになる。

① MIG 溶接の場合

アルゴンをシールドガスとして用いる MIG 溶接は、基本的に MAG 溶接

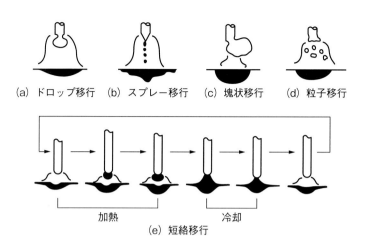

図6.29 半自動アーク溶接でのワイヤ溶融金属の移行現象

表6.2 半自動アーク溶接での溶接条件とワイヤ溶融金属移行

ワイヤの種類	シールドガスの種類	溶接条件		ワイヤ溶融金属の移行現象
		電流	電圧	
ソリッドワイヤ	Ar または Ar+O_2、Ar+CO_2（MAG混合ガス）	大	高	小粒子（スプレー）移行
		小	高	中粒子（ドロップ）移行
		大〜小	低	短絡（ショートアーク）移行
	CO_2	大〜小	高	塊状（ブロビュール）移行
		大〜小	低	短絡（ショートアーク）移行
複合ワイヤ	CO_2 または Ar+O_2（MAG混合ガス）	大	高	粒子移行

に比べてアーク温度が低く、コールドアークと呼ばれる。こうしたことから、小電流条件のMIG溶接では溶け込みが少なく、しかも図6.29(a)のドロップ移行となるためアーク不安定となり、特殊な場合を除いて使われることはない。

　一方、大電流条件の同図(b)のスプレーの移行の場合は、図のように小粒子となったワイヤ溶融金属が高速度でプールに衝突し、同図に示すフィンガー状の溶け込みが得られるとともに、アークも安定するため広く利用される。

ただ、スプレー移行となる電流条件で薄板の溶接や立向き・上向きの溶接を行うと、溶け込みが大き過ぎて溶接が難しくなる。そこで、これらのMIG溶接では、低いベース電流と高いパルス電流を一定周期で変化させるパルスMIG溶接が利用される。

②炭酸ガスを用いるMAG溶接

この溶接は、活性な炭酸ガスの分解、再結合の反応熱によりアーク温度が高く（ホットアーク）、全電流条件で(c)の塊状移行となる。この溶接で大電流条件の場合は、大きな溶け込みで厚板の高能率溶接などに適しているが、ややスパッタの多い溶接となる。一方、小電流・低電圧条件では、低電圧とすることでアーク長さが短くなり、(e)の短絡移行となる。これにより、アーク発生時の加熱、短絡によるアーク消滅時の冷却の繰り返しで入熱を調整、薄板や全姿勢の溶接に効果的に使用される。

③MAG混合ガスを用いるMAG溶接

MAG混合ガス（アルゴンに25％以下の炭酸ガスを加えた混合ガス）を使用すると、図6.30のようにスパッタが少なくビード外観も良くなるものの、移行現象的にはMIG溶接と同じとなり、溶け込みも得られにくく図6.31のような融合不良欠陥などを発生しやすくなる。こうしたことから、板金加工で使用する薄板の小電流MAGガス溶接では、パルス機能の利用が基本となる。なお、通常の半自動溶接機で溶接する場合は、入熱の不足分だけ電流を高めて溶接することが求められる。

	炭酸ガスアーク溶接	MAG溶接
表ビード	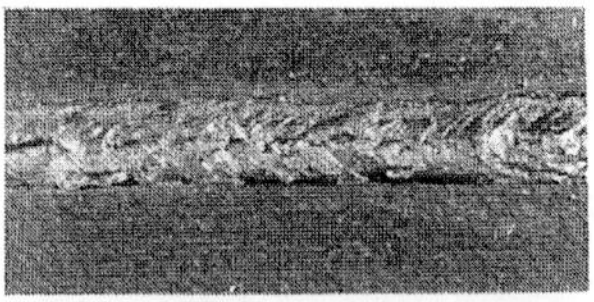	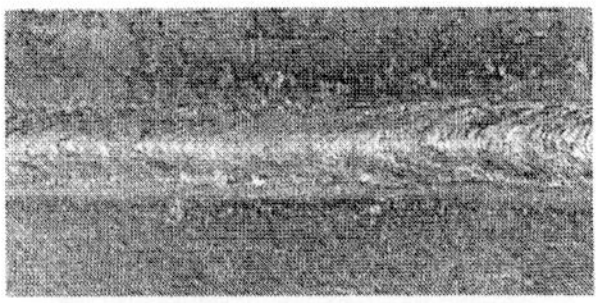
裏ビード	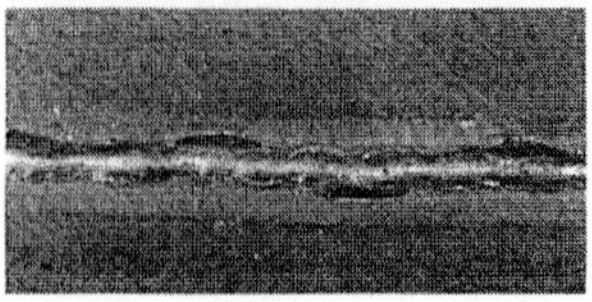	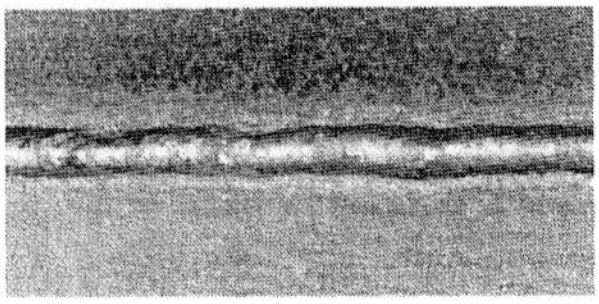

図6.30　炭酸ガスアーク溶接とMAG混合ガス溶接の違い

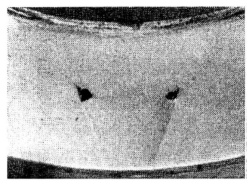

図6.31 MAG溶接で発生した融合不良欠陥

④フラックス入りワイヤを用いる炭酸ガスやMAG混合ガス溶接

この溶接では、全電流条件で図6.29(d)の粒子移行となるため、大電流でもスパッタ発生が少なくアークがソフトで、スラグの生成によるビード外観の向上も認められることから中・厚板の鋼やステンレス鋼の高能率溶接に利用されている。なお、最近では全姿勢の溶接が高能率に溶接できる、フラックス入りワイヤも市販されており、目的に合ったワイヤを選択することでいろいろの高能率溶接に利用できるようになっている。また、0.9 mmといった細径ワイヤも開発され、外観を重視する板金製品の高能率溶接などにも利用されている。

（3）半自動アーク溶接における電流条件の設定法

溶接の目的は、①必要な溶け込み深さを得ること、②必要な強度を得るための肉（溶着金属）を付けることにある。半自動アーク溶接では、この2つの目的の作業が同時に行われることから、2つの目的を満足させる溶接条件を見いだす必要がある。

①の溶け込み深さに関しては、1 mm溶接長さ当たりに投入される熱量が一定であっても、溶接速度によって熱源の母材を溶かす効率が変化し、溶け込み深さも変化する。一方、②の溶着金属量に関しては、図6.32のように溶接しようとする継手に必要な肉の量で決まるため変化しない。また、一定電流条件で溶けるワイヤの量は一定であり、一定の電流、速度条件で継手に投入される1 mm溶接長さ当たりのワイヤ供給量（V_w）も一定となる。す

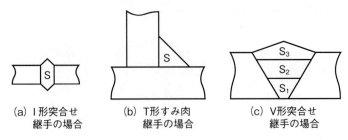

(a) I形突合せ継手の場合　(b) T形すみ肉継手の場合　(c) V形突合せ継手の場合

図6.32 各種継手の溶接に必要な V_W

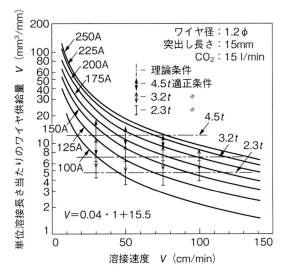

図6.33 一元化条件設定グラフを利用した条件設定例

なわち，継手の断面形状で決まる継手に必要な溶着金属の量に相当する電流と速度が求める溶接条件になり，V_W の量で溶接条件が一元化でき，簡単に条件が見いだせるようになる。

図6.33 は，1.2 mm 径ソリッドワイヤを使用する炭酸ガス半自動溶接で，いろいろの電流条件の各速度での V_W を求めグラフ化した一元化条件設定グラフを利用し，板厚 2.3，3.2，4.5 mm 軟鋼板の I 形片面突き合わせ溶接に適用した結果である。

図中の各板厚の1点鎖線が，継手に必要な溶着金属量（継手の空隙量に余盛りを加えた1mm 溶接長さ当たりの体積量）から求めた理論条件である。

これに、実際のⅠ形突合せ溶接で良好な結果が得られた条件を、各板厚での適正条件として溶接速度に対する電流幅で示している。例えば板厚3.2 mmの場合では、理論条件のVw7 mm³/mmに相当するのが、毎分30 cmの時で100 A程度、50 cmの時で130 A程度、75 cmの時で170 A程度となる。

この理論条件に対し、実作業での適正条件はこれら理論条件を含む範囲となっており、本条件設定方法が比較的難しい薄板の片面突合せ溶接などにおいても十分実用性のあることが確認される。ただ、板厚が厚くなるに従い、理論条件は適正条件の上限に近づいていく。これは、板厚が厚くなるにつれて、板厚方向への熱の伝わり方や金属の流れが無視できなくなったためである。

こうした傾向は、ステンレス鋼やアルミ合金のMIG溶接、フラックス入り複合ワイヤを使用するMAG溶接などではより顕著に認められ、低速度条件では溶け込みが不足するのに対し、同じVw条件でも速度を速めた条件で良好な溶け込みの溶接に改善されている。

以上のように、本条件設定方法は炭素鋼のMAG溶接だけでなく、ステンレス鋼やのアルミ合金のMIG溶接に利用でき、まず1回のトライの溶接を行い、その結果に速度条件の補正を加えることで、より安定で高品質の溶接結果が得られるようになる。

以上に示したように半自動アーク溶接では、溶接しようとする継手に必要な肉の量（溶着金属量）で溶接条件が一元化でき、溶接速度との関係で電流条件は決まる。したがって、板金加工での溶接においても、溶接後のビードの肉の量から自分の溶接に見合った電流を見いだしていくとよいだろう。

（4） 電圧条件の設定

MIGや炭酸ガスの半自動溶接では作業開始に先立ち、電流とともに電圧条件を設定する。これは、設定した電圧によりアーク長さが変化し、ワイヤ溶融金属の移行形態が変わるためである（すなわち、電圧を低く設定するとアーク長さは短くなり、ワイヤ先端の溶融金属は母材プール金属と接触、全電流条件で短絡移行の溶接となる）。**図6.34**は、設定した電圧条件と溶接結果の関係を概念的に示したもので、同図の(a)のように過大電圧条件（長いアーク長さ）で溶接するとビード幅が広がり溶着金属が盛れず、平坦でアンダーカットを発生しやすいビードとなる。逆に、(c)の過小電圧条件では、

図 6.34 高電流条件での電圧条件とビード形成の関係

アークは広がらず短絡を繰り返し発生することで、溶け込みの少ない盛り上がったビードの溶接となる。

そこで、同図(b)のような適正な電圧条件を現場的に簡単に見出す方法は、大電流溶接の場合、①設定した電流条件で、「パチ、パチ」あるいは「バチ、バチ」といった短絡音を発生する低い電圧条件に設定しアークを発生させる、②この短絡移行のアーク状態から電圧を高めていくと、短絡を示す音が少なくなり、短絡音の無くなる電圧（臨界電圧）に達する、③この臨界電圧を少し超える電圧から電圧を下げ「バチ、バチ」の僅かな短絡音となる範囲が、推奨条件の目安となる。一方、小電流で薄板や全姿勢の溶接を行う場合は、「バチ、バチ」の音が連続する短絡のやや多い条件に、その他の溶接では目的の溶接に応じた短絡発生となる条件に設定する。

（5）作業上の注意点

半自動アーク溶接では、設定した電圧（アーク長さ）条件はほぼ一定に保たれる。ただ、電流条件は作業中の手の動きによるワイヤ突き出し長さの変化によって変化する。また、溶接中のトーチ保持角を大きく寝かすように変化させると、ワイヤ突き出し長さが変わり電流も変化するとともにアークの母材加熱効率が下がる。

こうした変化の関係を調べた結果が**図 6.35** で、同じ電流条件でも90°近くのトーチ保持角で最大溶け込み深さが得られ、トーチ保持角を持たせた溶接では溶け込み深さは減少、特に前進角の溶接で溶け込み減少が大きくなっている。なお、同図ではトーチ保持角の変化でワイヤ突き出し長さが変化し、電流も変化することの影響をも含めた検討結果を示しており、トーチ保持角を大きくするとワイヤ突き出し長さが長くなり電流低下を招き、溶け込み深さの減少が顕著となっている。したがって、溶接作業ではこうした作業中に起こる変化を考慮した条件設定が求められるのである。

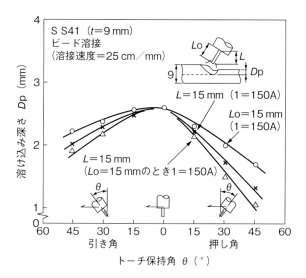

図 6.35 溶け込み深さに与えるトーチ保持角の影響

▶ 6.3.5 電気抵抗スポット溶接

電気抵抗を利用したスポット溶接は、重ねた2枚の金属板の接合部を加圧して通電し、接合部を抵抗発熱で溶融させることで通常の溶接と同じメカニズムで接合する。したがって、接合面の金属が溶け合うような抵抗発熱が得られる接触状態となる加圧力、電流、通電時間の設定が欠かせない。図6.36に、スポット溶接における溶接条件設定の目安を示した。ただ条件は、溶接する材料との関連やそれぞれ条件が関連し合って変化することを頭に置いて、設定する必要がある。

図6.37はアルミニウム合金板の電気抵抗スポット溶接部の溶接状態を表しており、外観や溶融ナゲットは良好に形成されているものの、接合部には割れやブローホールなどの欠陥を発生していることが分かる。特に、アルミニウム合金板の電気抵抗スポット溶接では、接合面の処理や電極先端の清浄、溶接条件の適正シーケンスの設定などが必要となる。

▶ 6.3.6 レーザ溶接

近年、光を細く収斂させて得られるレーザが、溶接用の熱源として利用分野を広げている。レーザは、媒質を介して集光性の良い同一波長の光を取り

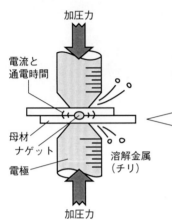

図6.36 スポット溶接における溶接条件

加圧力
過小：接触不足による通電不足（ナゲット形成不足による強度不足）、溶接中の押え不足でチリ発生（欠陥発生で強度不足）
適正：良好なナゲット形成で適正品質
過大：接触過大による抵抗発熱不足（ナゲット形成不足で強度不足）、表面での凹みの発生（外観品質の低下）

電流
過小：ナゲット形成不足による強度不足
適正：良好ナゲット形成で適正品質
過大：チリや表面での凹みの発生で品質不良

通電時間
電流との関連で入熱の大きさを左右してナゲット形成に影響（凹みやチリの発生にも影響）

※加圧力、電力、通電時間はそれぞれに関係し合って溶接結果を左右する。したがって、これを考慮した条件設定、シーケンスが必要

(a) 表面状態

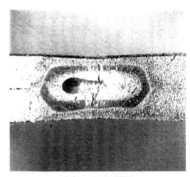
(b) マクロ断面

図6.37 アルミニウム合金板の電気抵抗スポット溶接結果例

出し、レンズで細く収斂させ、極めて高いエネルギー密度の熱源としたものである。この同一波長の光を取り出す媒質として、混合ガスを使用する気体レーザとイットリウム・アルミニウム・ガーネット（YAG）といった鉱石を使用する固体レーザに大別される。

　気体レーザの代表的なものに炭酸ガスレーザがあるが、この方法で得られ

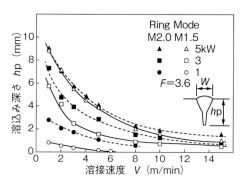

図6.38 YAGレーザによる手動の溶接状態

図6.39 炭酸ガスレーザ溶接の溶け込みに及ぼす溶接条件の影響

る熱源の光は伝送する手段がなく、固定した製品もしくは熱源をNCテーブルなどで高精度に移動させて、溶接なり切断を行う必要がある。したがって、炭酸ガスレーザは切断加工には広く利用されるものの、溶接に関しては比較的溶接線の長い製品の高速溶接など、適用される作業が限定される。

これに対し、YAGやディスク、ファイバーなど固体レーザでは、光ファイバーで光を伝送でき、TIG溶接と同じように手動やロボットの溶接が可能になり、適用できる作業が大幅に広がる。図6.38は、YAGレーザによる手動の溶接状態を示したものである（作業者は溶接中のプール状態の確認が難しいことで、ガイドなどを利用して溶接線を確実に追いながら溶接を進める必要がある）。

図6.39は、炭酸ガスレーザを利用した溶接の溶け込み深さを、出力と速度の関係で求めた結果を表している。同図のように、出力と速度の適切な組み合わせにより、薄板から厚板まで高能率の溶接が可能になる。ただその溶け込みは、光の焦点位置や光の形状を調整することで鋭いくさび状からTIG溶接に近い皿状にまで変化でき、目的に合った溶け込み形状の溶接がひずみ発生の少ない高速度の溶接を可能とする。

なお、レーザ溶接では、光を目的の溶接に合わせた位置に焦点を合わせるためのミラーが使用されており、このミラーが溶接中に溶接部から発生する金属蒸気などで汚れて機能を低下させ、溶接品質のばらつきを生じさせる。こうしたことから、日々のトーチ周りの点検や溶接品質のチェックを習慣づ

けることが必要で、光の反射による人や物への災害発生にも細心の注意を払うことが求められる。

▶ 6.3.7 摩擦攪拌溶接（FSW）

図 6.40 に、溶接を利用するモノづくり分野で近年、特に注目されている摩擦攪拌溶接（FSW）の概要とその溶接結果を示した。この溶接法の接合メカニズムは、①同図(a)のツール先端ピンを溶接線に強く押し付けて回転させ、発生する摩擦熱で母材溶接部を加熱する、②溶接部が加熱されることでこの部分の原子間の結合力が弱まり、ピンの回転力で結晶格子が攪拌されて混じり合う、③溶接後は原子間の結合力が戻り、接合部にしっかりとした結合力が得られるようになる。同図(b)がFSWによる溶接状態で、組織が攪拌により渦状になるとともに回転方向に偏るなど、その特徴がよく現れている。

このように、摩擦攪拌溶接では母材を溶融させることなく接合できること

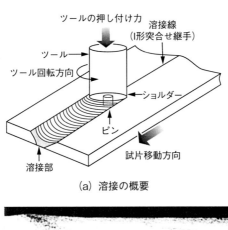

(a) 溶接の概要

(b) 溶接部の組織状態

図 6.40　摩擦攪拌溶接（FSW）による溶接状態

で、従来の溶融溶接で発生しやすい割れやブローホールの欠陥の少ない溶接が可能となる。なお、この溶接はこれまでアルミニウム合金など、比較的軟らかく変形の生じやすい材料の突合せ継手を中心に実用されてきたが、最近ではピンの材料や形状に手を加えることで、硬い合金鋼や異材組み合わせの各種継手の溶接にも利用できるようになっている。

6.4 溶接で発生する欠陥の検出と防止策

▶ 6.4.1　品質保持のために行われる試験

　溶接作業では、溶接部に特有の欠陥（溶接欠陥）が発生することで製品品質を低下させることがある。溶接を利用するモノづくりにおいての良い溶接とは、ただ外観的に満点で無欠陥であることのみならず、製品に求められる品質を満足させる状態に仕上げられていることが第一義である。そこで、製品に求められる品質を保障するため、溶接部に対して各種の試験が行われている。

　試験は、非破壊試験と破壊試験に大別され、非破壊試験では材料や溶接部に発生している欠陥が検出される。一方、破壊試験では、発生している欠陥が製品の強さにどのように影響するかが製品素材との比較で求められる。すなわち、溶接を利用するモノづくりにおいては、それぞれの試験の特徴と得られる結果の持つ意味合い、結果の利用法などを関連性のある知識として理解しておくことが不可欠である。

　以下に、溶接部に発生しやすい各種の欠陥の検出法、強度品質への影響度、発生原因と対策をまとめて紹介する。

▶ 6.4.2　溶接ビード余盛りの過大、不足

　主な検出方法：外観試験
　強度への影響：余盛りの過大はビード止端部での荷重（応力）の集中によ

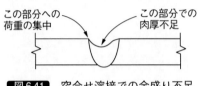
図 6.41 突合せ溶接での余盛り不足

図 6.42 すみ肉溶接での余盛り過大

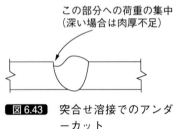
図 6.43 突合せ溶接でのアンダーカット

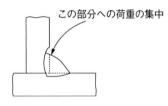
図 6.44 すみ肉溶接でのアンダーカット

る疲労強度低下、不足は肉厚不足による強度低下などを起こす。

発生原因と対策：余盛りの過大は溶融池の大きさに対して熱源の移動速度が遅い、逆に不足は熱源の移動速度が速いなど適正速度の溶接で対応する（図 6.41、図 6.42）。

▶ 6.4.3　アンダーカット

主な検出方法：外観試験

強度への影響：アンダーカット底部分への荷重（応力）の集中による疲労強度低下や、深くて長い場合は肉不足による強度低下などが見られる。

発生原因と対策：突合せ溶接の場合は、熱源の移動速度の速過ぎやビード幅方向への移動幅の不足など適切な熱源操作で対応する（図 6.43、図 6.44）。

▶ 6.4.4　オーバーラップ

主な検出方法：外観試験

強度への影響：オーバーラップ止続部での荷重（応力）の集中による疲労強度低下などが認められる。

発生原因と対策：溶融池の大きさに対して熱源移動速度が遅いなど、適切な熱源操作で対応する（図 6.45）。

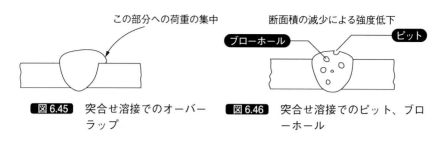

図 6.45 突合せ溶接でのオーバーラップ

図 6.46 突合せ溶接でのピット、ブローホール

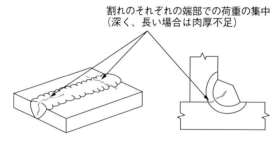

図 6.47 突合せ溶接、すみ肉溶接での割れ

▶ 6.4.5　ピット、ブローホール

主な検出方法：表面開口のピットは外観試験、内部のブローホールは放射線透過試験

強度への影響：発生個数が極端に多い場合は、荷重に対する断面の面積不足による強度低下などがある。

発生原因と対策：シールドガスの不足や風などによるシールド不足、溶接部への水素の混入など、適切なシールド状態の確保とともに溶接部の清浄処理を行うことなどで対応する（**図 6.46**）。

▶ 6.4.6　割れ

主な検出方法：表面開口の割れには浸透探傷・磁気探傷試験、外観試験、内部割れには超音波探傷試験

強度への影響：疲労強度の低下（深くて長い場合は強度低下）が起きる。

発生原因と対策：低融点化合物の形成やぜい化部の発生などで、低融点化合物形成の場合は適正溶加材の使用と、ぜい化部の発生に対しては適正溶加材の工夫や予熱、後熱などの利用で対応する（**図 6.47**）。

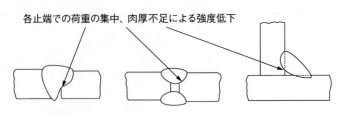

図 6.48 突合せ溶接、すみ肉溶接での溶け込み不足

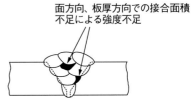

図 6.49 突合せ溶接での融合不良　　**図 6.50** 突合せ溶接でのスラグ巻き込み

▶ 6.4.7　溶け込み不足

主な検出方法：超音波探傷試験、放射線透過試験

強度への影響：各止端部での荷重の集中による疲労強度の低下（深くて長い場合の肉厚不足による強度低下）が見られる。

発生原因と対策：開先形状に対する入熱不足や熱源位置の不良など、溶接条件の適正化や熱源位置を近づける工夫で対応する（図 6.48）。

▶ 6.4.8　融合不良

主な検出方法：超音波探傷試験

強度への影響：接合面積不足による強度低下などが発生。

発生原因と対策：入熱不足や熱源操作不良など、溶接条件の修正と適切な熱源操作で対応する（図 6.49）。

▶ 6.4.9　スラグ巻き込み

主な検出方法：放射線透過試験

強度への影響：面方向、板厚方向のいずれの断面についても、接合面積不足による強度不足などが見られる。

発生原因と対策：溶接箇所への鋭い形状の溝や段差の発生と不適切な熱源操作な切熱源操作で対応し、溝や段差を除去する（**図 6.50**）。

第7章

仕上げ・測定作業

　板金加工における仕上げ作業は、主に①穴あけ、切断後のバリなどのエッジ処理と②溶接ビードの後処理である。エッジ処理の目的は製品ハンドリング時の切り傷防止、隣接部品の傷防止、組立相手とのはめあいなどであるが、機構部品（複写機の紙送りなど）においては安定した動作確保を目的とすることもある。

　一方、溶接ビードの後処理は外観上の美観や組立時のはめあい、塗装・めっきの前処理として、表面の平滑化を目的とする。また、仕上げ作業は形状や寸法を公差内に入れる工程でもあるため、測定検査を穴あけ、曲げ、溶接の各工程内で行い、不良が出た場合は次工程に持ち込まないことが原則である。現在も測定ツールはノギスや角度計が中心であり、2次元・3次元の測定器は試作など限られ分野での利用が多い。

7.1 仕上げ加工

本節ではレーザ・パンチング（成形、タップなどを含む）加工による穴あけ・外径切断と溶接後の仕上げ作業について記載する。

仕上げ作業の中でも穴あけ、外径切断後のバリ取り作業は半世紀前よりバリ取り機などによる自動化が図られてきたが、一長一短があり、いまだ手作業への依存度も高い。また、図面上の指示も「バリなきこと」などの記載も多く見受けられるが、受け入れ側でその評価基準も様々である。

▶ 7.1.1 穴あけ・外形切断後の形状修正

パンチングプレスやレーザマシンによる平板加工の形状仕上げ作業は、「製品外形のジョイント部」とレーザ切断における「加工修了点付近の突起物」除去である。

（1）ジョイント部などの仕上げ

製品の外形切断では定尺材に割付けた製品を加工後に取り外す際、製品形状やプログラムによりジョイント部に微小な突起が残る場合がある。このような突起は曲げ加工時に突き当て寸法のばらつき原因となるため、ヤスリなどを用い除去することが必要である（図7.1）。

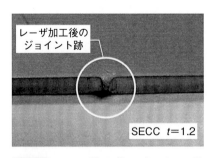

図7.1　レーザ加工後のジョイント跡

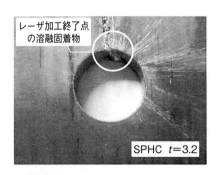

図7.2　レーザ切断加工の加工残

(2) レーザ切断による加工終了点の仕上げ

レーザ切断では加工の特性上、材質、板厚、加工条件などにより穴の加工終了点付近に微小突起（図7.2）が残ることがある。この穴に部品を挿入するような場合はこの突起部の除去が必要となる。薄板であれば、ヤスリがけで除去するが、厚板の場合は空圧や電動のパワーツールを用いることもある。

▶ 7.1.2 バリ取り

「バリ」(burr) は「かえり」とも言い、JIS（B0051）では「かどのエッジにおける幾何学的な形状の外側の残留物で、機械加工または成形工程における部品上の残留物」と定義されている。板金加工においては、広義にはバリであってもパンチング工程では「バリ」、レーザ切断では「ドロス」、溶接工程では「ビード」と呼ばれることが多く（表7.1）、各工程内での除去作業が必要である。

(1) バリとドロス

板金加工製品は、削り製品に比べエッジ部が長く、軽くてもハンドリング時に手の切り傷になりやすい。また、加工品を重ねる際にもバリによって相手製品を傷つけるため、加工直後に行う必要がある。

パンチング加工のバリ（図7.3）とレーザ加工のドロス（図7.4）を示す。

表7.1　工程によるバリの通称

工　程	種　別	通　称
パンチング	せん断バリ	バリ
レーザ切断	溶融凝固バリ	ドロス
溶接	溶融凝固バリ	溶接ビード

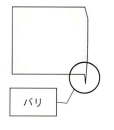

図7.3　パンチングのバリ

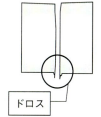

図7.4　レーザ切断のドロス

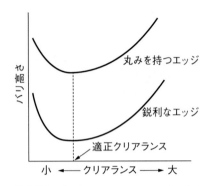

図7.5 金型クリアランスとバリ高さ
出所:「絵とき バリ取り・エッジ仕上げ 基礎のきそ」、宮谷孝、日刊工業新聞社

図7.6 組ヤスリ（5本組）

　バリは金型の適正クリアランスと切刃の管理（**図7.5**）、ドロスは適正な加工条件により、最小限にとどめることが必要であるが、ゼロにすることは困難である。しかし、多くの場合は図面上「バリなきこと」などのように指示されており、バリは除去することが原則となっている。また、バリやドロスの評価については「バリ高さを測定する方法」と「バリに紙などを滑らし切れを確認する方法」（測定法の詳細は次節で記載）などがあるが、バリ取りより測定の方が大幅に時間を要するため、依頼先と「バリ取り不要」の合意がなければ、バリ取り機や手作業によりバリ取りが必要となる。以下に手作業で使用するバリ取りツールの特徴を記載する。

(2) ヤスリ

　ヤスリは手作業でバリ取りを行う場合、最も手軽なツールである。削り量が僅かであるため、サイズおよび形状は組ヤスリ（5本組）（**図7.6**）が使いやすいが、作業量が多い場合は呼び150程度の平型と半丸があるとよい。そ

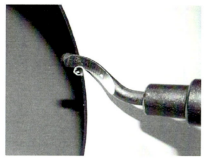
図7.7　スクレーパ（直線・大径用）

図7.8　スクレーパ（小径用）

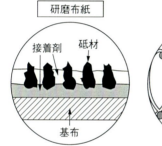
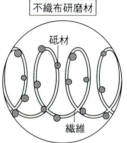

図7.9　ディスク上の砥材装着構造
出所：研磨材メーカーHPより、(株)イチグチ

の場合粗さは2次バリを抑えるため、細目または油目を使用する。

（3）面取りスクレーパ

　バリ部分に当て手前に引くことで、バリを削り取る工具（図7.7、図7.8）。切れ刃が常に適切な接触角でエッジ部にあたるため、初心者でも容易に使用できる。バリ取りというよりは糸面取りのツールで、特に長い直線部、大径に有効である。小径穴にはドリル形状の面取りツールを使用する。

（4）ディスクグラインダ

　構造的にも研削力が高いツールのため、使用するディスクについても配慮が必要となる。不織布研磨材のディスクは絡ませた繊維に砥材をまぶし固めたもの（図7.9）で、絡まった繊維がクッションとなり、砥材がバリに食込みすぎるのを防ぐため、適度なバリ取り効果と2次バリの防止が期待できる。電動ツールとエアツール（図7.10）があるが、バリ取りには軽量で回転数

図7.10 ディスクグラインダ

図7.11 ベルトサンダ（ハンディ）

図7.12 卓上ベルトサンダ

図7.13 両頭グラインダ

の制御ができるエアツールが使いやすい。

（5）ベルトサンダ（ハンディ）

装着されたエンドレスベルトの布やすり（幅10～30 mm）がエアまたは電気モーターで回転し、ヤスリと同様に直線的な動作でバリを研磨、除去する（図7.11）。ベルトは消耗品となるが、作業量が多い場合は、処理速度も速く有効なツールである。ディスクに比べ研削性は落ちるが、その分扱いやすい。

（6）ベルトサンダ（卓上）

モーターで回転する幅100 mm程度のエンドレスベルトの布ヤスリにエッジ部を軽く当て、バリ取りを行う（図7.12）。ワークが手の平サイズのように小さなものは、このように研削ツールを固定し、ワークを持って動かす方が作業性がよい。

（7）両頭グラインダ

両頭グラインダも卓上グラインダと同様に小物ワークを対象に利用される（図7.13）。砥石は2次バリ発生を抑えるためにディスクグラインダと同様

に不織布研磨材（例：スコッチブライト）を用いることが望ましい。

砥石交換に際しては、回転時の振動を最小限にとどめるため、必ず砥石バランスを取る。また、砥石の交換作業は、一歩間違えば砥石の破裂につながる作業であるため、先のディスクグラインダも含め、法令（安衛法）で定められた特別教育を受講した作業者が実施しなければなければならない。

▶ 7.1.3 バリ取り機

「バリ取りの歴史は板金加工の歴史」というほど、スタート時から現在に至るまで、時代とともに進化する板金材料や加工方法とともに様々な機構を持つバリ取り機が生まれ、製造現場で活用されてきた。材料では SPCC・SPHC から SECC などの表面処理鋼板、ステンレス、アルミ合金材への移行、また加工法ではせん断加工にレーザ加工が加わり、せん断バリだけでなく硬いドロス除去も対象となった。また、成形加工への対応などバリ取り機に求められる要求品質も現在では以下のように大別されている。

（1）薄板対応の多機能バリ取り機

「バリ取り機はバリだけを除去する」が理想であるが、従来はバリやドロスを取るために製品表面も研磨してしまう状態であった。しかし薄板市場では防錆効果や塗装品質の観点から材料が表面処理鋼板へと移行してきたため、表面の亜鉛めっき層を研磨することへの対策が必須となっていた。また薄板特有のバーリングなど、成形加工がある製品への対応も課題となっていた。近年は塗装剥がれの防止対策として、エッジ部の R 処理も要望されている。このような要求品質に対し、市場で使われている一例として以下のようなバリ取り機がある（**図 7.14**）。

本装置のバリ取りは、6 本のドラム外周に配置された大量の帯状研磨布がバリ取りを行う。隣合う各ドラムが反対方向に回転することと、6 本のドラム全体を水平方向に回転することにより、様々な角度からバリ取りを行い 2 次バリの発生を防止している（**図 7.15**）。また、研磨布に柔軟性があるため、接触圧を低く抑えることができ、材料表面のめっき層を残したままのバリ取りが可能となっている。

さらに、バリ取り後のエッジも R 形状となり、薄板に対しては有効なバリ取り構造である。一方、表面研磨を行っても支障ない製品に対しては、研

図7.14 表面処理鋼板対応のバリ取り機

図7.15 バリ取りホイール構造

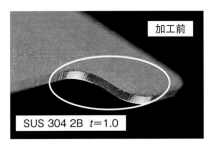

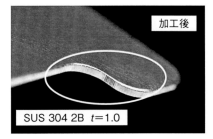

図7.16 バリ取り前後のエッジの状態

削力の高いドラムユニットを使用することで高効率のバリ取りが可能となる。研磨自体は乾式で行うが、集塵装置は火災防止の観点から湿式を用いている。図7.16は本装置によるバリ取り前後の違いである。

（2）平板対応の湿式バリ取り機

　成形加工がない場合や製品表面が研磨可能な場合は、高効率なバリ取りが望まれる。以下に研削力を特徴としたバリ取り構造の例を記載する（図7.17）。このバリ取り機は2工程で行い1工程目はセラミックスの研削ホイールによる粗加工を行い、強固なバリやドロスを一気に研削する。2工程目では前工程で発生した2次バリ除去を目的とし、不織布研磨材による柔軟性のあるホイールで仕上げを行う（図7.18）。研削量も多く負荷も高くなるため、研削は湿式環境下で行い、研磨後はブロアファンによる乾燥を行う。

　このように機能的にも充実してきたバリ取り機ではあるが、全ての加工品がバリ取り機で対応できるわけではなく、まだまだ手作業によるバリ取りも

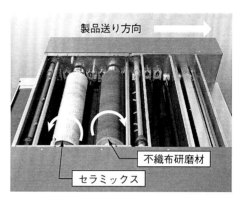

図7.17 湿式バリ取り機　　**図7.18** 湿式バリ取り機研磨ホイール

少なくない。

バリは最小限の高さにとどめることが、後のバリ処理工数を大きく左右するため、穴あけ・外形切断に際しては加工機のアライメント、金型の切刃とクリアランス、レーザの加工条件などを徹底的に管理することが必要である。

▶ 7.1.4　溶接ビードの仕上げ

板金加工で使用される溶接は薄板はTIG、厚板は半自動の溶接機が主流であるが、近年はひずみの少ないレーザ溶接が普及してきている。ステンレスやアルミニウムのレーザ溶接では溶接ビードの仕上げを行わないものも多いが、従来からの半自動やTIGで軟鋼を溶接した際には、後工程の塗装前処理として、スラグの除去や溶接ビード部の仕上げが必要となる。

(1) スラグ除去

TIG溶接ではスラグの発生は見られないが、半自動では溶接ビード表面にスラグが発生する（**図7.19**）。このスラグはガラス質のため、後工程で電着塗装を行う場合などは導電性で無いため、塗装がのらない障害が発生する。よって、溶接後はスラグ除去が必要となる。少量であればハンマーの打撃で割り除去するが、脚長が長い場合はジェットタガネ（**図7.20**）やサンドブラストなどにより除去する。ビード部を研削により仕上げる場合はその工程で除去する。

図7.19 半自動溶接と発生スラグ

図7.20 ジェットタガネ
出所：日東工器HP 製品情報より

（2）ビード仕上げ

板金加工では曲げ加工後の突き合わせ部を溶接する場合（図7.21）、溶接個所はR加工で仕上げることが多い。このような場合は溶接後ディスクグラインダを用いて溶接ビードを仕上げる（図7.22）。仕上げ状態は後工程の塗装やめっきの有無などにより異なるが、地肌をそのまま使うステンレスなどの場合は鏡面に仕上げることもある。

仕上げのレベルによって使用するディスクも異なり、多い場合は数枚のディスク（図7.23）を段階的に使用する。粗さの異なる複数のディスクは、それぞれ専用のディスクグラインダに取り付けておく。ビードの仕上げは時間的にも連続的した作業となり、エアツールの場合、500 L/分程度のエアを消費するため、コンプレッサに余裕がない場合は、電動タイプで設備した方がよい。ディスクは研削盤の砥石などと異なり柔軟性があるため、接触圧でたわみがある程度は面当たりにはなる。荒加工ではディスクを立てて使い、

図7.21 仕上げ前の溶接ビード

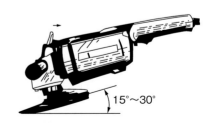

図7.22 ディスクグラインダのかけ方

第 7 章　仕上げ・測定作業

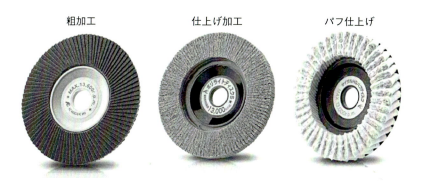

図 7.23　ディスクグラインダ用ディスク
出所：(株)イチグチ HP 製品カタログ写真より

仕上げでは寝かせて使用することが基本となる（図 7.22）。

7.2 測定作業

　測定作業は、仕上げ作業を行いながら各加工工程内で実施する一体の作業であるため、仕上げのプロは測定のプロでもある。本節では板金加工で必要な長さと角度に関する測定作業とツールを中心に紹介する。

▶ 7.2.1　定盤
　定盤はその用途により、主に測定などに使用する「精密定盤」と溶接や仕上げなどの作業台として使用する「たたき定盤」とに分類される。
（1）精密定盤
　材質は石または鋳鉄で表面が平滑に仕上げられている。鋳鉄製のものは精度の経年変化が少なく、マグネットが利用できる利点がある（**図 7.24**）。基準面はキサゲ加工（**図 7.25**）により仕上げられ、油溜まりの効果により滑りをスムーズにしている。その反面、摩耗、傷、さびに対すチェックと清

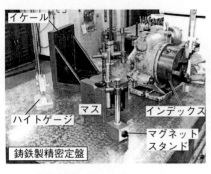

図 7.24 鋳鉄製精密定盤
出所:「目で見てわかる測定工具の使い方」、河合利秀、日刊工業新聞社

図 7.25 鋳鉄製精密定盤のキサゲ面
出所:「目で見てわかる測定工具の使い方」、河合利秀、日刊工業新聞社

図 7.26 石製精密定盤

図 7.27 鋳鉄製たたき定盤の基準面

掃・オイル塗布など、定期的なメンテナンスが必要である。

　一方、石製（**図 7.26**）のものは経年的な狂いもなく滑りも良いが、マグネットが使えないことと、重量物の落下などにより欠けが生じる弱点がある。どちらも一長一短のため、測定対象や設置環境により決定される。

（2）たたき定盤（箱型定盤）

　素材や形状は精密定盤と同様に鋳鉄製であるが、基準面のキサゲ加工はなく、機械加工で削ったまま（**図 7.27**）の仕上げ状態となっている（精密定盤との違いは基準面のキサゲ加工で判別）。用途は板金、製缶加工品の組立・溶接・仕上げ作業などの作業台として用いる。

▶ 7.2.2 長さの測定

一般に板金加工機の加工精度は±0.1〜0.2 mm／m 程度、素材サイズは定尺材で MAX 2,540 mm を目安に測定器の必要サイズと精度を決定しなければならない。

（1）鋼製巻尺（コンベックスルール）

板金加工の場合、1 m を超える長さは鋼製巻尺（コンベックスルール）で測定しなければならない。加工寸法以外にも材料サイズや加工機の製品割付け位置などラフな寸法確認には使い勝手のよい測定器である。測定は「フックを引っかけて計る方法」と「フックを押し付けて計る方法」があり、フックの厚みを補正するため、フックが厚み分スライドする。目盛りは 1 mm 単位で、2 m と 3.5 m 仕様がよく使われ、JIS1 級の精度は 2 m で ±0.4 mm 以内である。

（2）ノギス

板金加工現場では、加工寸法の測定をほとんどノギスで行う。板金図面に指示される公差の多くは 0.1〜0.5 mm の中に入るため、選定すべき測定器は最小目盛と器差（**表7.2**）からも分かるように、ノギスが最適である。

また、ノギスは測定精度だけでなく、測定パターンにおいても非常に使い

図7.28 コンベックスルール

表7.2 測定器の目盛と器差

（測定寸法 200 mm の場合）

測定器	最小目盛	器差
鋼製巻尺	1 mm	0.22 mm
ノギス（バーニア）	0.05 mm	0.05 mm
ノギス（デジタル）	0.01 mm	0.02 mm
マイクロメータ	0.01 mm	0.004 mm

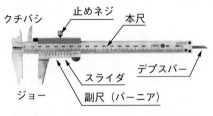

図7.29 バーニアノギスの各部名称

図7.30 デジタルノギス

やすい測定器であり、①ジョーを使用した外径測定、②くちばしを使用した内径測定、デプスバーを使用した深さ測定に加え、段差測定もできる構造となっている（**図7.29**、**図7.30**）。

標準的には100、150、200、300、600、1,000 mmのサイズがあり、測定範囲は各サイズ共に0～呼びサイズである。1台／1人で使用するならハンドリングの良い200 mmまたは300 mmが使いやすい。製品サイズが300 mmを超える測定は各工程内で必要サイズを準備する。

バーニアノギスは1940年ごろには現在の形になっており、1980年ごろよりデジタルノギスの普及が始まっている。デジタルノギスは読取り誤差もなく器差も少ないため、測定精度と測定スピードが上がり、外部への測定データ出力も可能である。このように利点も多いが、簡単にゼロリセットができるため、測定後の原点確認を習慣づけることが必要である。また、電子機器であるがため、取り扱いに際しては床、水中、油中への落下に注意し、予備電池を常備しておくことが必要となる。

近年はクーラントが大量にかかる場所でも使用できるクーラントプルーフ、高齢者に優しいデカ文字などに対応するモデルも出ている。それでも、耐久性とコスト面から、まだバーニアタイプの需要は根強く残っている。

図 7.31 ハイトゲージによる測定

デジタル式　バーニア式　ダイヤル式

図 7.32 ハイトゲージの種類
出所：ミツトヨ Web カタログより

（3）ハイトゲージ

　ハイトゲージはノギスの測定機能にスクライバーによるケガキの機能が追加された機器で、精密定盤の上で使用する。ノギスでは測定できない形状（図 7.31）でも基準面からの高さとして測定でき、ノギスを補完する測定器として位置づけられる。

　ノギスと同様にバーニア式、ダイヤル式、デジタル式（図 7.32）があるが、ケガキ作業の場合は、所定の寸法に素早く合わせることが重要となるため、ダイヤル式とデジタル式の操作性がよい。バーニア式は読む位置に目線を合わせなければならず、ノギス以上に寸法合わせに時間を要する。データ出力が必要な場合はデジタル式となる。

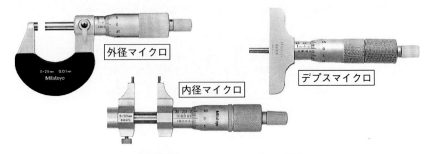

図7.33 マイクロメータの種類
出所：ミツトヨ Web カタログより

（4）マイクロメータ

マイクロメータは、最小読取り値が 0.01 mm とノギスに比べ精度の高い測定器である（**図7.33**）。しかし、測定の守備範囲は狭く①外径、内径、深さはそれぞれ別の測定器となり、測定範囲も 25 mm の幅しかない。例えば、0〜200 mm までの外径、内径、深さを連続的に図る場合、ノギスでは 200 mm のノギス 1 本で済んだが、マイクロメータでは $3 \times 200 \div 25 = 24$ の測定器が必要となる。板金加工では、曲げ角度のばらつき要因として、板厚の測定やバリ高さの測定など利用範囲は限られている。

▶ 7.2.3　角度の測定

板金加工現場で行う角度測定（**図7.34**）は直接測る方法と目標値の角度

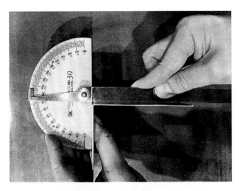

図7.34 曲げ角度の測定

定規と比較する2つの方法がある。前者は角度計を直接製品に当て角度を読むため、正確な測定が行えるが公差内の良否判定を含め時間を要する。

一方、後者は公差内の良否判断をアナログ的な視覚判断に委ねるため、正確な測定値は得られないが、合否の判定は迅速にできる。作業現場では2つの方法を作業者のスキルも加味し上手に使い分け、正確かつ迅速な作業を行わなければならない。

（1）スコヤ

90°曲げに対する基準ゲージであり、曲げ角度を直接測ることはできないが「90°に対し、公差（例：±30分）に入っているか？」を製品と定規の隙間から視覚的に判定するときに用いる。長尺物の通り精度確認など測定頻度が高くスピード優先の確認作業に適する。平型と台付き（図7.35）の形状があり、基準面の幅が広く安定した位置決めができる台付きの呼び寸法100がよく使われる。

このサイズで確認したときの計算上の隙間は30分で0.70 mm（図7.36）あり、実際の確認写真（図7.37）でも鋭角になっていることが明確である。図面公差が±30分であるとき、この隙間より明らかに小さければ「公差内」と判定することは経験により可能である。製品にスコヤを当てる場合は測定位置でのみ当て、スコヤをスライドすることによる製品への傷やスコヤの摩耗には注意する。

（2）プロトラクタ（角度計）

分度器に直尺を付けたもので、シンプルな角度計（図7.38）。読取り目盛りは1°または30′単位で刻印されている。製品を直接測定することもできる

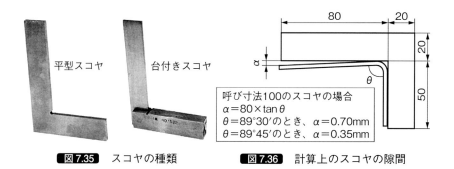

図7.35　スコヤの種類　　図7.36　計算上のスコヤの隙間

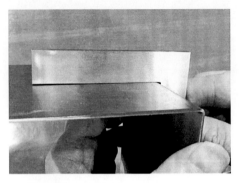

図 7.37 製品角度 89 度 30 分の隙間

図 7.38 プロトラクタ
出所：シンワ測定(株)HP カタログより

図 7.39 バーニア付きプロトラクタ

図 7.40 デジタルプロトラクタ

が、スコヤと同様に基準角度に固定し、製品との隙間による判定も可能である。

（3）バーニア付きプロトラクタ

　プロトラクタにバーニアを付けたもの（読取り5分）だが、微動送りの機能もあり、定規と分度器の精度も高い（図 7.39）。スコヤと同様に基準角度

に固定し、製品との隙間を見ることもできる。
(4) デジタルプロトラクタ

測定個所を1分単位でデジタル表示（図7.40）し、高精度かつスピーディな測定ができる。メカ的な角度ロックの機構を持たないため、基準寸法に対する隙間で判断することはできない。応用例として、測定結果を外部出力し記録や補正に利用することも考えられる。

▶ 7.2.4 ネジの測定

板金加工において雄ネジは市販のネジを溶接または機械的に接合するため、ネジの加工は雌ネジのみであり、大半はM3～M6である。ネジの良否判定は2種類の限界ゲージを用いて、内径と有効径を確認する。図7.41は内径用ゲージ、図7.42は有効径用ゲージである。

この限界ゲージは雌ネジの内径・有効径の公差上限と公差下限の2つの寸法を基準にゲージをつくり、加工した雌ネジの寸法がこの大小2つのゲージ間にあるかどうかで良否を判定する測定器である。上限側は「止まり側」と呼び、ゲージは短く持ち手にラインが入っており、その反対側を「通り側」と呼ぶ。

内径用の使用法：雌ネジにゲージを無理なく入れ、通り側が通り抜け、止まり側がどちら側からもネジの1回転分を超えて入らないことが合格判定となる。

有効径用の使用法：雌ネジにゲージを無理なくねじ込んだとき、通り側は雌ネジの全長にわたって通り抜け、止まり側はどちら側からも2回転を超えてねじ込まれないことが合格判定となる。

ネジの等級は3段階あり、一般的な加工指示では6H（旧JIS2級）が多いが、限界ゲージは等級に合致したものを使用する。

2001年にネジに関するJISが改訂され、ISO規格に準拠するようになったが、いまだ、旧JISの表記も見られるため、表7.3に新旧JISの対比表を

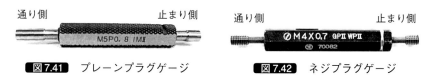

図7.41　プレーンプラグゲージ　　図7.42　ネジプラグゲージ

表7.3 新旧 JIS の等級対比表

M3～M5 の場合

規格	対象	ネジ等級		
旧 JIS	内径	1級	2級	3級
新 JIS（ISO）		5H	6H	7H
旧 JIS	有効径	1級	2級	3級
新 JIS（ISO）		5H	6H	7H

※新旧 JIS は呼びは異なるが公差は同じ

M6 の場合

規格	対象	ネジ等級		
旧 JIS	内径	1級	2級	3級
新 JIS（ISO）		5H	6H	7H
旧 JIS	有効径	1級	2級	3級
新 JIS（ISO）		5H	6H	7H

※有効径は旧 JIS の方が公差は厳しい

記載する。

▶ 7.2.5 2次元測定器

レーザおよびパンチング加工による穴あけ・外径切断までは一部成形加工はあるが、基本的に2次元の加工である。この工程での主要寸法の検査は、ノギスを使用し行う。ノギスでは直接測定ができない「小径穴やP.C.Dと等配指示されたボルト穴」などは、測定後の換算やピンゲージなどの治具が必要となる。このような形状が多い場合は、製品を光学的に読取りイメージ化し、加工プログラムと比較し、製品全域にわたり加工精度の検査を行う2次元測定器による測定が効果的である（図7.43）。

図7.43　2次元測定器

図7.44　3次元測定器
出所：ミツトヨ HP カタログより

▶ 7.2.6 3次元測定器

元々、μmオーダーを図る測定器として開発された精密測定機器であり（図7.44）、多くの板金加工は、ここまでの精度は必要しないが、前述の2次元測定器の用途や曲げ加工後の穴の通りなど、ノギスでは測定が困難な形状に対しては必要性は高い。従来は接触式プローブ（接触子）のため、繊細な扱いが求められ、測定スピードも上げることが難しかった。最近は3Dスキャナーなどの革新技術により、非接触での高速処理が可能なってきたため、今後の普及が期待される。

▶ 7.2.7 バリの測定

バリは定量的にその高さを測る方法と刃物としてその切れ味を評価する2つに大別される。

（1）バリの高さ測定

バリ高さを測定するには、工具顕微鏡やCCDカメラなど、非接触で読み取る方法と、機械的に接触子を使い測定する2つの方法がある。

いずれの方法もバリを点で見るだけで、全ての切断面のラインに沿って定量的に測るわけではない。つまり、1点の測定で全体の状況を予測するレベルである。よって、簡易的な方法でも効果に大きな差はないため、身近な測定器で行うことが現実的である。具体的には、てこ式ダイヤルゲージ（図7.45）やマイクロメータ（図7.46）を使い測定する。特にマイクロメータは過度の測定圧をかけないよう、ラチェットストップを使用しバリを潰さないよう、心がける。

図7.45 てこ式ダイヤルゲージによる測定

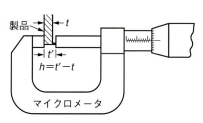

図7.46 マイクロメータによる測定

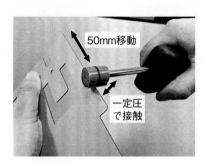

図7.47 シャープエッジテスタ
出所:「絵とき バリ取り・エッジ仕上げ 基礎のきそ」、宮谷孝、日刊工業新聞社

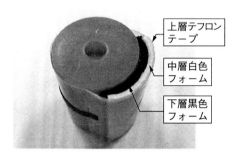

図7.48 テープキット

(2) バリの切れ味測定

　バリ取り目的の1つはハンドリング時の切傷防止である。よって、人の指と同様の柔らかさを持つテストパッドを使い、「パッドが切れるか否か」で判定する方法である。パッドには3枚の検知テープが積層され、エッジ部にパッドを一定圧で押し付け、2インチ(約50 mm)の距離を滑らせた後、何枚目のテープまで切れたかを確認し評価する(図7.47)。UL1439規格では検知テープの「上層、中層に切断があれば、そのエッジは不合格」としているが、使用する業界によって不合格ラインを上層だけとするところもある。テープキットは測定都度交換の消耗品となる(図7.48)。

　どのような仕上げでも測定でも作業手順にはいくつかの選択肢がある。基本を忘れずそれぞれの作業環境に適したツールを選定し作業に臨むことが、良い品質と生産効率の向上につながる。

第8章

板金加工における安全と装置

　ここでは、板金機械によって発生している労働災害の現状と企業が守らなければならない法的な義務、さらに災害発生を未然に防止する安全対策について解説する。

　最近では労働安全衛生法違反が上場企業の代表者を辞任に追い込む事例も多数発生しており、さらにひとたび板金機械で災害を発生させてしまうと企業イメージが悪化し、新規の採用だけでなく既存の社員も退社してしまう事例も多くなっている。板金加工の技術的な進歩だけにとらわれず、その安全対策を充実させることは非常に重要であり、働きやすい労働条件の確保や改善は忘れてはならない企業の大きな課題と言える。

8.1 板金加工機械などの労働災害発生状況

　昭和58年を起点とした平成27年までの休業4日以上のプレス機械や板金機械の種類別災害発生状況と発生比率を**表8.1**に示す。

　板金機械を含むプレス機械による災害は激減しており、昭和58年には合計4,475件発生していたが、その後32年経過した平成27年は565件で87％近く減少した。しかしその機械別災害比率を分析してみると、昭和58年に機械プレスが2,839件63.5％、板金機械のプレスブレーキは191件4.3％であったものが、平成19年には機械プレスが429件47.4％、プレスブレーキでの災害は138件15.2％になってしまった。

　昭和58年の災害発生比率を100％としてその推移をみると、平成19年に機械プレスが74.6％に減少しているのに対して、プレスブレーキでは353.5％になっており実に3.5倍の発生比率になってしまったと考えられる。件数の推移も24年間に絶え間なく200件前後の災害が発生していたことになる。プレスブレーキの災害を防止することが、プレス災害防止のためには喫緊の

表8.1 プレス機械による労働災害発生件数と発生比率の推移（休業4日以上）[1]

	昭和58年	昭和61年	平成元年	平成4年	平成7年	平成10年	平成13年	平成16年	平成19年	平成22年	平成25年	平成27年
機械プレス災害件数	2,839	2,493	2,441	1,059	780	693	622	603	429	不明	不明	不明
機械プレス災害発生率	63.5％	67.4％	67.7％	45.3％	45.5％	43.2％	53.7％	49.1％	47.4％	不明	不明	不明
58年を100とした比率	100.0％	106.1％	106.6％	71.3％	71.7％	68.0％	84.6％	77.3％	74.6％	不明	不明	不明
プレスブレーキ発生件数	191	271	316	196	167	265	187	185	138	不明	不明	不明
プレスブレーキ災害発生比率	4.3％	7.3％	8.8％	8.4％	9.7％	16.5％	16.1％	15.1％	15.2％	不明	不明	不明
58年を100とした比率	100.0％	204.7％	204.7％	195.3％	225.6％	383.7％	374.4％	351.2％	353.5％	不明	不明	不明
プレスなど発生件数総合計	4,475	3,698	3,605	2,335	1,713	1,607	1,158	1,227	904	559	586	565

課題とも言える（平成19年以降の機械の種類別災害傾向は、政権交代後に統計の手法が変更されてしまい不明となっている）。

　タレットパンチプレスの災害発生状況は統計がみつからないために明確ではないが、死亡災害が数件発生していて平成23年の安全衛生規則の改正につながったと聞いている。移動するテーブルを有するストローク端のある機械や自動プレスの災害防止対策とともに重要対策課題となっている。

　また、プレスブレーキによる挟まれ・巻き込まれ災害の形態（表8.2）を見ると、過去に発生したプレスブレーキの災害170件がどのような災害形態であったか分かる。上型と下型に挟まれたものが84件で49.4％、曲げられた加工物とスライドなどに挟まれたものが42件24.7％を占めており、両方で74.1％となっている。上型と下型に挟まれた災害が多かったのは理解できるが、跳ね上がった材料でケガをするケースも多発したようである。

　さらに、シヤーでの災害は金属シヤーと紙断裁機に分類され、金属シヤーの災害の発生状況は平成16年に186件、平成19年に171件、平成22年に141件、その後120、141、102件と推移しておりあまり変化が無い。また紙断裁機では平成22年に90件、平成19年に70件、平成22年に40件というデータがある。

　レーザ加工機は、ほとんどが自動で行われるため危険性が無いように思われるが、高圧ガス、有毒ガス、粉塵、高温による火傷、レーザ反射光・スパッタによる火災などの災害が発生している。その上最近のレーザ発振器の高出力化などにより、放射を直接受けて眼の障害や皮膚の障害など大きな災害

表8.2 プレスブレーキの挟まれ・巻き込まれ災害の形態[2]（単位：件）

上金型と下金型の間に挟まれた	84 49.4％
曲げられた加工物（金属板）とスライド側面などの間に挟まれた	42 24.7％
上記以外（下型とバックゲージ、バックゲージと加工物の間）	9 5.3％
不明	35 20.6％
合計	170

表 8.3 我が国におけるレーザ光線による災害事例[3]
〔レーザ機器導入・安全取扱い講習会、(財)光産業技術振興協会〕テキストより〕

症例	年齢	レーザ	受傷年	最終視力
大学講師	34	ルビー	1965	1.5
研究員	35	アルゴン	1973	1.2
研究員	35	YAG	1975	0.06
大学院生	25	YAG	1979	1.2
研究員	30	YAG	1980	0.8
大学院生	23	YAG	1982	0.3
研究員	31	YAG	1982	0.1
大学院生	26	YAG	1983	0.1
大学生	21	YAG	1984	0.6
研究員	23	YAG	1984	1.2

につながっている例もある（表8.3）。今まで加工できなかった材料や厚板が加工できるようになった技術革新が認められる反面、新たな災害が発生しており懸念される状況となってきている。

8.2 労働安全衛生法の規制

　板金加工機械は、プレスブレーキやタレットパンチプレスのようにプレス機械に属するもの、シヤーに属するもの、レーザ加工機のように金属加工機として機械一般のものに属するものなどに分類される。プレス機械やシヤーは危険機械として安全衛生法の規制の対象となる。危険機械は、法20条により構造規格に合致したものでなければ設置できない。危険防止措置、定期自主検査、安全衛生教育の対象にもなり法規制が厳しくなっている。
　平成18年には、危険性または有害性などの調査等に関する指針「リスクアセスメント」、平成19年に機械の包括的な安全基準に関する指針「機械の

リスクアセスメント」が出され機械メーカー・ユーザーのリスクアセスメントが強く要求されるようになった。

　また、平成23年に労働安全衛生規則の改正・動力プレス機械構造規格、プレス機械またはシヤーの安全装置構造規格が改正され、その解釈のための通達（平成23年2月18日厚生労働省基発第0218第3号）が出されている。この改正に対応して平成24年に動力プレスの定期自主検査指針の改正、平成27年にプレス機械の安全装置管理指針が出され一連の改正の整備がなされた。

　機械メーカーは平成23年以後は新しい構造規格に準拠したものを製造しなくてはならない。使用者も平成23年以後は新しい構造規格に合致したものを譲渡・貸与・設置しなくてはならない。板金機械に関連するものとしては、労働安全衛生規則108条の2が新設され、ストローク端による危険の防止が規定された。労働者に危険を及ぼすおそれのある機械のストローク端については、改正前は工作機械のみ、柵、覆いなどを設けることを規定していたが、工作機械以外の移動するテーブルやラムを有する機械でも、テーブルと建物・設備の間に挟まれる死亡災害が発生していることから、ストローク端のリスクを有する全ての機械について、危険防止のための措置を講じなければならないこととなった。

　タレットパンチプレスは、従来までは自動プレスであり無防備でもよかったが、この規制の対象となり危険防止措置を講じなければならなくなった。①覆い・柵を設けること、②光線式安全装置・マット式安全装置を設置し、作業者の進入を検知したときに機械の作動を停止させることが必要となった。また労働安全衛生規則131条第2項三号が追加され、プレスブレーキ用レーザ式安全装置が新たに安全装置として認められ、設置する際には保持式制御装置の機能を追加しなくてはならなくなった。

　さらに、131条の追加解釈として、自動プレス（自動的に材料の送給及び加工並びに製品等の排出を行う構造の動力プレス）は従来まで安全対策は必要とされていなかったが、「当該プレスが加工等を行う際には、プレス作業者等を危険限界に立ち入らせない等の措置が講じられていること」が要求されるようになった[4]。これにより全ての自動化されたプレス関連機械は何らかの対策が必要となり、従来以上に法規制が厳しくなっている。

また、レーザ加工機については、前述の障害が発生しており眼の障害だけでなく健康診断や環境整備など法規制も多岐にわたっている。
　板金機械に関連する労働安全衛生法関連の条文を列記する。
　労働安全衛生法の主たる内容を**太字**で表し、その関連の施行令や規則をそのまま記載した（法：労働安全衛生法　令：労働安全衛生法施行令　則：労働安全衛生規則として表す）。

法10 総括安全衛生管理者

法14 作業主任者：則16選任すべき作業　則17職務分担　則18氏名等の通知　則133選任　則134職務

法19の2 教育（能力向上教育）

法20 事業者の講ずべき措置等：則27規格適合の機械　則28条安全装置の有効保持　則29条事業者の適切な措置　則101条回転軸等の危険防止　則105飛来による危険防止　則107掃除等の運転停止　則108条刃部掃除の運転停止　則108-2ストローク端の覆い等　則131プレスの危険防止　則131の2スライドの危険防止　則131の3金型の調整　則132クラッチ機能の保持　則134の2キーの保管等　則136作業開始前の点検　則137プレス等の補修　329電気機械器具の囲い等　則333漏電による感電防止

法21 墜落防止：則519高所作業の覆い等

法22 健康障害防止：則584騒音の伝ぱの防止

法23 建設物等の必要な措置：則604照度　則605採光及び証明

法26 労働者の遵守事項：則520安全帯の仕様　則29労働者の守るべき事項

法28 指針等：プレス金型の安全基準の指針

法28の2 調査等：則24の11危険性有害性等の指針

法42 譲渡等の制限：令13規格・安全装置等を具備すべき機械　則27規格に適合した機械等の使用

法44の2 型式検定：令14の2型式検定を受けるべき機械　告示：安全プレス　安全装置、

法45 定期自主検査：令15の二プレス機械、三シャー　則134の3プレス定期自主検査　則135シャーの定期自主検査　則135の2記録　則135の3特定自主検査

法 54 の 3：検査業者：省令 19 の 13 検査業者の登録事項
法 59 事業者の安全衛生教育の義務
法 60 事業者の安全衛生教育の義務
法 66 健康診断
法 100 報告：省令 19 の 19 定期報告　様式 7 号の 6
法 103 書類の保存：省令 19 の 20 帳簿（3 年保存）
法 54 の 4 資格を有するもの：省令 19 の 22（登録検査業者）
法 59 安全衛生教育：則 35 雇入れ時等の教育　則 36 特別教育が必要な業務　則 38 特別教育記録の保存
法 88 計画の届出等：則 85 計画の届出をすべき機械等　則 86 計画の届出　則 263 ガス等の容器の取扱、則 267 油等の浸透したボロ等の処理、則 279 危険物がある場所における火気等の使用禁止、則 285 油等の存在する配管または容器の溶接、則 313 ガス集合溶接装置の管理等、則 325 強烈な光線を発散する場所、則 329 電気機械器具の囲い等、則 335 電気機械器具の操作部分の照度、則 353 電気機械器具の囲い等の点検、則 576 有害原因の除去、則 577 ガス等の発散の抑制、則 579 排気の処理、則 583 の 2 騒音を発する場所の明示等、則 584 騒音の伝播の防止、則 585 立入禁止等、則 593 呼吸用保護具、則 597 労働者の使用義務

その他：粉じん障害防止規則、高圧ガス保安法、一般高圧ガス保安規則、基発第 39 号（昭和 61 年 1 月 27 日）レーザー光線により障害の防止対策要綱、（平成 17 年 3 月 25 日基発第 0325002 号レーザー光線による障害の防止対策について改正）

告示等：動力プレス機械構造規格、プレス機械及びシャーの安全装置構造規格、動力プレスの定期自主検査指針、プレス機械の安全装置管理指針、プレス機械の金型の安全基準に関する技術上の指針、プレス機械作業従事者に対する安全教育について、プレス作業主任者能力向上教育について、プレス災害防止総合対策、危険性または有害性等の調査等に関する指針、機械の包括的な安全基準に関する指針、保護帽規格、防塵マスク規格、防毒マスク規格、防毒マスクの選択、使用、遮光保護具の使用、騒音障害防止のためのガイドライン、JISC6802 レーザー製品の安全基準

8.3 安全対策

　安全対策は、労働安全衛生規則第131条第1項「プレスによる危険の防止」により、身体の一部が危険限界に入らないような措置（ノーハンドインダイ）が最善の策であるとされている。対策をする上で最優先されるものであるから全ての作業で安全囲い、安全柵、安全型、専用プレス（特定の用途のみを加工し安全囲いや安全型などが組み込まれたもの）、プレス作業者（第三者を含む）を危険限界に立ち入れさせないなどの措置を講じた自動プレスなどを検討し、手や身体の一部が危険限界に入らない措置を講じなければならない。

　次に、但書として安全プレスを設置すればハンドインダイ作業が可能であるが、板金機械には安全プレスに該当するものが少ないのでこの対策は難しい。これらの1項対策ができないときに第2項で安全装置を取り付けることが次善の策とされている。実際の作業では次善の策と言われながらも、ハンドインダイ作業では、この安全装置による対策がほとんどを占めている。第3項で切り替えスイッチを設置した場合には、切り替えられたいかなる状態においても安全が確保されていなければならない。

　安全囲い（ガード）や安全柵、厚生労働大臣の検定を取得している安全装置、その他の安全措置を記載する。

▶ 8.3.1　安全囲い（ガード）

　ガードは危険限界に入ろうとしても入れない措置であり、最も基本的な安全対策である。機械の危険限界を覆う安全囲いの場合と機械本体を囲ってしまう安全柵などに分類される。手や身体の一部が危険限界に入らない措置なので、安全対策の最優先対策である。

　危険限界に手や指が入らないようにするためには、該当部分の大きさ（指などの太さなど）と開口部分の寸法を考慮に入れて設置しなければならない。

開口部から安全囲いや安全柵までの安全距離を確保する場合には、JISB9718 ISO13857 に規定があるので参照する。

また、機械本体を囲う場合の安全柵を設置する場合には**表**8.5 を参照し、危険限界の高さと保護構造物の高さ（ガードの高さ）に応じて安全距離を設置することが望ましい。

機械類の安全性―危険区域に上肢が到達することを防止するための安全距離（JISB9707）や機械類の安全性―危険区域に下肢が到達することを防止するための安全距離（JISB9708）を参考にするとよい。タレットパンチプレスやロボットのプレスブレーキ作業の場合なども自動プレスに相当するので、この安全柵の設置が最も重要な対策と言える。欧州ではプレスブレーキの両側面にも安全囲いが設置されていることが多い。

鉄道のホーム柵の安全性が見直され、設置が急ピッチで進んでおり、機械の囲いも同様に重要な対策の1つとなっている。

表8.4 開口部からの上肢の安全距離（JISB9718、ISO13857）

開口部を通して上肢（指・手・腕）が危険区域に到達する場合の安全距離は下のように設定する。

上肢部分		開口部 (mm)[1]	安全距離 (mm)		
			長方形	正方形	円形
指先	e[1]	$e≦4$	$≧2$	$≧2$	$≧2$
		$4<e≦6$	$≧10$	$≧5$	$≧5$
指また は手	e	$6<e≦8$	$≧20$	$≧15$	$≧5$
		$8<e≦10$	$≧80$	$≧25$	$≧20$
	e	$10<e≦12$	$≧100$	$≧80$	$≧80$
		$12<e≦20$	$≧120$	$≧120$	$≧120$
		$20<e≦30$	$≧850$[2]	$≧120$	$≧120$
腕	e	$30<e≦40$	$≧850$	$≧200$	$≧120$
		$40<e≦120$	$≧850$	$≧850$	$≧850$

(1) 開口部の寸法 e は正方形開口部の辺、円形開口部の直径および長方形開口部の最も狭い寸法に相当する。
(2) 長方形開口部の長さが 65 mm 以下なら、親指はストッパーとして働くので、安全距離は 200 mm まで減らすことができる。

表 8.5 ガードを越えて危険区域に到達する場合の安全距離（リスクが低い場合）

危険区域の高さ (mm)	ガードの高さ (mm)								
	1,000	1,200	1,400	1,600	1,800	2,000	2,200	2,400	2,500
	危険区域への水平距離 (mm)								
2,500	0	0	0	0	0	0	0	0	0
2,400	100	100	100	100	100	100	100	100	0
2,200	600	600	500	500	400	350	250	0	0
2,000	1,100	900	700	600	500	350	0	0	0
1,800	1,100	1,000	900	900	600	0	0	0	0
1,600	1,300	1,000	900	900	500	0	0	0	0
1,400	1,300	1,000	900	800	100	0	0	0	0
1,200	1,400	1,000	900	500	0	0	0	0	0
1,000	1,400	1,000	900	300	0	0	0	0	0
800	1,300	900	600	0	0	0	0	0	0
600	1,200	500	0	0	0	0	0	0	0
400	1,200	300	0	0	0	0	0	0	0
200	1,100	200	0	0	0	0	0	0	0
0	1,100	200	0	0	0	0	0	0	0

注）高さ 1,000 mm 未満の保護構造物は、人体の動きを制限するのに十分でないため含まない。

8.3.2 安全装置

（1）光線式安全装置

　光線式安全装置は、平成 23 年に構造規格が改正され、従来の製品より防護範囲や遮光性能が大幅に改良され、平成 27 年には安全装置管理指針が施行された。その主なものは

① 防護範囲は機械プレスでは、ストローク長さ＋ダイハイト以上、油圧プレスでは、デーライト（ボルスタからスライド上限までの距離）以上、または、スライド下面の最上位置が 1,400 mm 以下の場合は 1,400 mm とし、1,700 mm を超える場合は 1,700 mm としても差し支えない。

② 遮光性能を表す光軸間隔の規定がなくなり、連続遮光幅が 50 mm 以下となり、30 mm 以上は追加距離が必要となった。

③ 有効開口角が規定された。

④ ブランキング機能、光軸の一部分（特定光軸という）を無効化できるものが認可された（このブランキングという言葉は、連続打ち抜き作業を行うためのブランキング作業とは異なるので注意）。

⑤ 光軸とボルスターの前端との間に身体の一部が入り込む隙間がある場合は、安全囲いや光軸間隔が 75 mm 以下の光線式安全装置などを設置することが適当であるとされた。

　この中で新たに認可されたブランキング機能はプレスブレーキでも活用できる。プレスブレーキ作業では材料を両手で押さえて足踏みで操作するため、手が危険限界に残るので従来までの光線式安全装置は使うことが難しかった。この欠点を補うためにブランキング機能が認可されて、非常に使いやすくなった。これは従来から欧州では認可されていたが、我が国では平成 23 年の安全装置構造規格の改正以後検定品として追加されたものである。新たな安全装置として広く普及し始めている。

　ブランキングには、固定ブランキング（FIXED BLANKING：ブランキングする位置が固定で移動できないもの）方式と移動ブランキング（FLOATING BLANKING：ブランキング位置を移動できるもの）方式があり、移動ブランキング方式がプレスブレーキの作業には有効である。固定ブランキングは自動プレスなどに取り付けられているフィーダなどが光線の防護部分を遮光してしまう場合に有効な方式である。

　一方、移動ブランキングは金型の下降とともに材料が移動するので、無効部分を移動させることが可能な方式である。従来まで 2 光軸遮光方式などと呼ばれていたものであるが、連続遮光幅による追加距離を正しく設定すれば、2 光軸だけでなく複数の光軸を移動しながら無効にして作業をすることが可能である。また、固定ブランキングと移動ブランキングを併用したものもある。

　スライドが上死点から下降し始めるときは、材料置台の部分だけが無効化されている（**図 8.1**a）。スライドが下死点を通過して材料が曲り始めるとブランキング部分が上方に移動し固定ブランキング部分と移動ブランキング部分の両方が無効化される（図 8.1b）。さらに材料が大きく曲がってもその位置に併せて無効化部分が移動する（図 8.1c）。移動ブランキングを使用すれば材料の移動位置だけを無効化することができ、そのほかの防護領域に手などが侵入したときは停止信号を発生することができる。光線式安全装置の機能を多様化するためのものとして評価されている。従来と同様キースイッチ付きの切り替えスイッチを使用してブランキング機能無しでも使用できる。

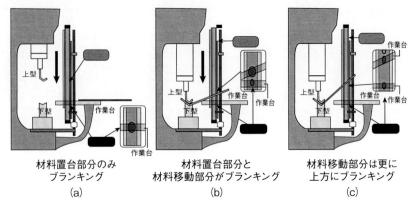

図 8.1 移動ブランキング式光線式安全装置の動き

また、指の検出の用途ではなく、腕や人体の侵入を検知する光線式検出装置も応用が広い。これらは一般にエリアセンサーと呼ばれている。一般的な光線式安全装置の使い方と同様であるが、タレットパンチプレスの周囲防護、自動機械の周囲防護などに広く使われている（図 8.2）。設置する場合には、危険源からの安全距離と最下光軸の位置に注意しなければならない。安全距離は、$S = 1.6x$(最大停止時間)$+ 850$ mm で計算し、最下光軸は、300 mm 以下に設定することが望ましい。

（2）プレスブレーキ用レーザ式安全装置

プレスブレーキ用レーザ式安全装置は、プレスブレーキのスライド前面の左右にレーザ光線を使用したセンサーを設置し、危険限界内に侵入している手などを検出し急停止させる装置である。手などが危険限界に残っているにもかかわらずスライドが下降する方式で、厚生労働省の従来までの考え方（スライドの移動中に手などを危険限界内に残さない考え方）とは一線を画しているもので注目されている。

センサーはスライドの動きと同期が取られ、危険限界内にある指先の微細な動きを検出しプレスブレーキに停止信号を発生させる。プレスブレーキの主要な災害を占める「上型と下型に挟まれたもの 84 件 49.4 %」を防護する装置である。この装置も平成 23 年の構造規格改正の際に新たな装置として検定され使いやすい装置として急速に普及している（図 8.3）。

第 8 章 板金加工における安全と装置

図 8.2 光線式検出装置（エリアセンサー）

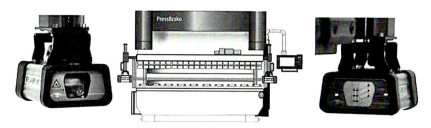

図 8.3 プレスブレーキ用レーザ式安全装置

　レーザ光線は単光軸のものから多光軸のものまで多彩であるが、スライドの動きと同期を取るためシステムが多少複雑化されている。時系列的に動作を説明する。

① スライドが急速に下降するとレーザセンサーも同時に下降する。レーザセンサは手指などを有効に検出しスライドを停止させることができる。
② さらに下降し所定の位置に来ると曲げ加工をするためスライドの速度が急速から微速に変わる。（低閉じ速度切替点）この位置に来たときにはセンサーが有効な部分と無効になる部分とを切り替えることが必要になる。
③ さらにスライドが下降し材料を曲げる位置に来るとスライドの速度は低閉じ速度となり全てのセンサーが無効になる（ミューティング）。このときのスライドの速度は毎秒 10 mm のものと規定されている。無効になる位置はスライドの動きと同期が取られる。

④ 曲げる材料が1次曲げの場合と2次曲げ・箱曲げの場合にはバックゲージによる無効化などを考慮してレーザの位置を変更しなくてはならないので更に複雑な動きとなる。
⑤ 機種によっては、プレスブレーキの停止性能や電気回路の異常を検出する機能も併せ持っている。

▶ 8.3.3 その他の安全措置

（1）レーザスキャナ

　レーザスキャナとは、レーザ光線を360度スキャニングさせて検知領域をパソコンでプログラムできる自由度の高い検出装置のことである。1本のレーザ光線を高速で360度回転させて180度の範囲内の任意の領域を警告範囲、停止領域に設定、さらにその領域内で出力させる範囲をパソコンで設定するものである。検定は取得していないが防護の検出装置として活用範囲が広い（図8.4）。マットスイッチと同様な使い方ができるが、検知範囲を局面にしたり障害物のある領域をキャンセルしたり自由に設計できるのが長所である。

（2）材料追従装置

　プレスブレーキの災害発生形態の中で2番目に多かったのが、「曲げられた加工物とスライド等に挟まれた事例で42件24.7％」を占めていた。材料にあおられる災害は、予想外に多く、また重い材料を手で押さえて作業にあたるので疲労も多く、大変な労力を消耗している。材料追随装置は、材料の

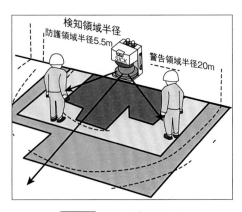

図8.4　レーザスキャナ

動きと同期をとり、スライドが下がってきて加工を始めるとその動きに同期して上方向に追随する装置である。作業者が材料を加工した後まで保持している必要がなくなるので、材料にあおられたりして、このタイミングでの災害を未然に防止することが可能である。多様な寸法や厚みの材料に対してデジタル設定で同期をとり、追随させることができる。作業者は曲げ作業に入る前にはスライドの動きを凝視しているが、曲げ作業に入ると急速に材料が上方に移動し身体の一部を損傷する可能性が高くなり非常に危険である。材料追随装置は、この急速な上方移動の際に作業者を危険限界から遠ざけて装置本体が材料に追随するので作業者の危険性を大幅に軽減するものである。また、大きな材料を加工する場合には材料を保持しなければならないので複数作業者が必要となるが、材料追随装置を使うと大きな材料をテーブルに置くだけで加工が出来るので省力化が可能となる。安全性を確保し能率を上げる装置といえる（図 8.5）。リニアセンサーをプレスブレーキ本体に装着している。装置本体は移動が可能になっているので後付けも容易な構造となっている。

（3） 保持式制御装置

保持式制御装置は、安全装置構造規格では「低閉じ速度でスライドをする

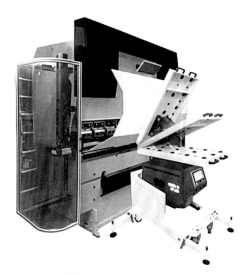

図 8.5　材料追随装置

ときはスライドを作動させるための操作部を操作している間のみスライドが作動する構造のもの」とされ、いわゆる保持式の操作をしなければならないことを規定している。加工作業においてはスライドと手が近接することが多いことから、「スライドを作動させるための操作部を操作しなければスライドが作動せず、かつ、スライドの作動中にスライドを作動させるための操作部から手が離れたときはスライドの作動が停止する構造」が要求され、フットスイッチを用いる場合は、踏んでいる状態である間のみスライドが作動するものである。

この場合、スイッチを踏まない状態のときはスライドが停止しており、踏んだときにスライドが作動し、さらに深く踏み込んだときにスライドを停止するもの（スリーポジションタイプ）も含まれるとされている。実際に使用してみるとミューティング時に踏み込んで非常停止をかけることができるので安心である（図8.6）。

（4）遮光眼鏡

レーザ加工機は極度に自動化された機械であり、その加工部分に身体の一部が進入するような危険性は本来は存在しない。しかし、そのレーザ光線の高度技術化、高出力化のために各種の災害が発生しており見逃せない。皮膚傷害としては、レーザ光線が当たった部位において熱により火傷を生じさせたり、紫外線による日焼け、継続的な暴露による皮膚がんの発生などがあると言われている。眼の傷害はレーザ光線を受けて視力低下、高密度なレーザ光線により角膜・網膜の組織に障害を与え後遺症として不自由な生活を余儀なくされることもある。

図 8.6 スリーポジション式フットスイッチ

また、その他の障害として、レーザ周辺の設備や環境汚染による健康障害、高電圧による感電、電磁波の人体への影響、衝撃音による聴覚障害などもある。このため、昭和63年11月にJIS C6802レーザ製品の放射安全基準が制定され、製造者、使用者に対しての安全規格が定められ、その後平成9年12月に改定されレーザ製品の安全基準となっている。

使用者側の措置としては「レーザ光線による障害防止対策要綱」の中でクラス3R以上のレーザ機器を使用する場合には、保護メガネの着用が義務付けられている。

保護眼鏡は、通常の散乱光から保護するもの(側面シールド付きやゴーグルタイプのようなもの)と、万が一誤ってレーザ光線が照射された場合にその状態から回避する時間内で眼の保護をするもの(直接露光を前提として堅牢につくられ飛散防止用のガラスフィルタを装着したもの)などがある(図8.7)。

正しく選択するには下記の手順がある。
① 波長の確認
② レーザ出力の確認
③ MPE(最大許容露光量)
④ 最大露光持続時間の決定
⑤ 最大放射露光量の算出
⑥ 必要光学濃度の算出
⑦ 可視光レーザの場合、ビームを見る必要の有無の確認
⑧ 保護眼鏡の形状の選択(矯正メガネの着用の有無)

新しい保護眼鏡を着用した後は定期的な性能測定検査も必要である。過酷

側面シールド付きゴーグルタイプ

直接露光を前提として堅牢につくられ飛散防止用のガラスフィルタを装着したもの

図8.7 保護眼鏡

な環境で使用していたために性能が劣化していたり、在庫期間が数年に及ぶものなど眼には見えないが性能的に問題がある場合もあるので、定期的な検査は重要である。

また、レーザ加工機の周囲を完全に遮断するバリアカーテンなどのスクリーンタイプのものが効果があるが、この場合、レーザ光線が隙間から漏れないように万全の防護が必要である（図8.8）。

日本人の職業意識からくる専門家意識の高さから、保護具は使用されないことが多いため、災害が後を絶たない傾向も否めない。眼障害はほとんどの場合、保護眼鏡を正しく使用していれば未然に防げるので、必ず使用しなければならない。

▶ 8.3.4　今後の進め方

災害の発生を防止する安全対策は、
(1) 機械本体の危険性によるもの
(2) 人間とのかかわり合いによるもの
(3) 周辺機器との危険性によるもの

(a) レーザシールドウインドウ
　　レーザの高出力に対応した高い光学
　　濃度を持つもの

(b) レーザバリアカーテン
　　カーボンファイバーを使用し、
　　全波長の高エネルギーレーザの
　　直接照射から保護できるもの

図8.8　遮光スクリーン

などがあるのでそれぞれの危険性に対して安全方策や教育が必要になっている。

　機械本体の危険性によるものとは、板金機械そのものから発生する危険を防止するものである。プレスブレーキやシヤーの機械本体や部品が破損したり、誤作動することによって発生するものであり、構造的な安全性が要求される。安全な板金機械本体が必要であり、経年変化があっても災害を起こさない構造になっていることが重要である。プレス機械の場合には、安全プレスとして、この部分の対策が十分であると言える。

　人間とのかかわり合いによるものとは、板金機械を使って作業をするオペレータやそれにかかわる第三者が作業を行っているときに発生する危険である。すなわち、板金作業の安全に相当する部分である。機械の作業領域と人間の作業領域とが交錯したときに発生する可能性がある。この対策を実施するうえでは安全装置が大きな役割を演じることができる。光線式安全装置、エリアセンサー、レーザスキャナ、材料追随装置など作業者が危険にさらされているときにこれを救済することが可能なので、必ず装備しなければならない。保護眼鏡もこの対策に属すると言える。またこれらの装置の点検や安全教育も定期的に行い安全性を保持しなければならない。

　さらに、機械本体と作業における安全が確保されたうえで周辺機器との危険性も対策しなければならない。ロボット、送り装置、取り出し装置、移動テーブル、熱処理装置などの装置などから発生する新たな危険性をも除去しなければならない。特にロボット作業での危険性は、機械が停止していても一時停止、条件待ち停止、緊急停止、非常停止、電源停止などいろいろな停止の種類があり、それぞれの停止態様により安全対策が異なってくる。予期しない危険性に対して、リスクアセスメントなどにより十分な対策を講じなければならない。特に板金機械では、人を介さずに全自動で作業をする機械が毎年発表されており、高度に自動化されたものが多数輩出されている。これらの最新鋭の板金機械では、特に周辺装置との組み合わせによる危険性をついて最新の注意が必要である。

　災害発生状況の項にて説明したが、プレス機械の災害が順調に減少したことと比較して、プレスブレーキの災害はほとんど減少していなかった。年間200件程度の発生が止まらなかったのだが、今後はプレスブレーキ用レーザ

式安全装置，ブランキング式光線安全装置などの活用や総合的な対策を充実させることによって大いなる減少をさせなければならない。自動化された機械の第三者防護やプレスブレーキなどのストローク端を持つ機械の安全化も新しい安全対策として厚生労働省から通達されている。

　安全対策の具体化は，グローバル化が進んでいることは周知の事実であるが，プレスや板金加工機械の安全レベルは，残念ながら国際基準に追いついていない。プレス機械はともかく，安全装置は平成23年の構造規格改正においても国際規格に追いつけずにダブルスタンダードになっているのが現状である。欧州先進国では，プレス関連の機械の災害は200件を切り，イギリスでは2桁台を更新している。我が国の500件台は少ないとは言えないことを認識しなければならない。既に新規格施行から6年も経過しているため，再度の見直しをして国際規格との整合性を諮り，災害ゼロを目指して継続的な努力を惜しんではならない。

参　考　文　献

1) 労働安全衛生研究，Vol. 1　No. 2（2008年）に加筆修正
2) 労働安全衛生研究，Vol. 1　No. 2（2008年）
3) 安全衛生情報センター，レーザー光線による障害の防止対策について（(財)光産業技術振興協会　テキスト）
4) 平成23年2月18日，厚生労働省基発0218第2号

第9章

金型の選定と保守

　金型による板金加工は、打抜き加工、成形加工、曲げ加工など様々な加工方法が存在するが、その加工を行う加工機本体の位置決め精度、加工精度は近年非常に高精度化してきている。使用される金型は、その加工機の精度を正確に製品に反映し、より良い製品を製作するという重要な役割りを担っている。

　最近では、合理化・コストダウンのため、板金製品が筐体やカバー類などだけではなく、切削加工部品のような機構部品に採用されるなど、より高精度化が求められている。その製品精度を安定して確保するためには、正しい金型の選定と保守・管理が必要である。また、製品精度の確保だけでなく、板金加工における作業の安全性へも影響を与えるため、正しい金型の選定方法と保守・管理について十分理解することが重要である。

9.1 パンチンプレスにおける金型の選択と保守

パンチング加工において、使用する金型の状況がそのまま製品の品質や生産に影響する。これは金型の保守がいかに重要であるかを示している。また、金型の選択は、物の移動工数や段取り工数、出来栄えなどに現れ、パンチングプレスの稼働範囲を拡大し、いかにQCD（品質・コスト・納期要求）に寄与するかが重要である。加工現場では合理化・コストダウンおよび品質向上が追及されているが、このためには金型の選択と保守を適切に行うことが必要である。

▶ 9.1.1 金型の選択

ここでは、金型を選択する際に必要な計算式、選択肢について説明する。

（1）打抜き荷重計算

打抜き荷重は、使用するパンチングプレスの加圧能力を考慮し、次の式（9.1）で求められる。**表9.1** に板金加工に主として用いられる金属材料のせん断抵抗を示す。

$$P = A \times t \times \tau \div 1{,}000 \ (\text{kN}) \tag{9.1}$$

P：打抜き荷重（kN）
A：打抜き輪郭長さ（mm）（**図9.1**）
t：板厚（mm）

表9.1 主な板金材料のせん断抵抗

SPC	冷間圧延鋼板	約 314 N/mm^2
SUS	ステンレス鋼板	約 470 N/mm^2
AL	アルミニウム	約 157 N/mm^2

※そのほかの材料でせん断抵抗が分からないときは、引張り強さの80％として代用することもある。

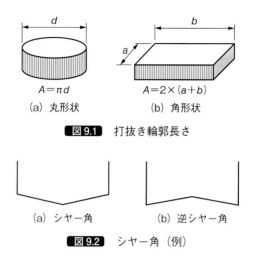

図 9.1　打抜き輪郭長さ

図 9.2　シヤー角（例）

τ：せん断抵抗（N/mm^2）

　なお、打抜き荷重は材料の品質や加工条件によって変化するため、計算結果は参考値とする。

　打抜きにおいては、シヤー角（**図 9.2**）を付けることによって、打抜き荷重を低減することができるが、様々な計算方法があるため、金型メーカーのホームページの計算ソフトを利用するとよい。

（2）打抜き最小穴径

　一般的に打抜き最小穴径は、SPC などの軟鋼板は板厚の等倍、SUS などの高張力鋼板は板厚の 2 倍程度と言われている（**表 9.2**）。これは打抜き時の荷重にパンチ刃先が耐えられずに座屈したり、刃先が材料にめり込んでしまい、せん断面が大きくなり刃先の寿命が短くなるためである（**図 9.3**）。

　上記よりも小さい穴を打ち抜くために、刃先の長さを短くしたり、ガイドの穴で刃先を保持するなどの方法がある（**図 9.4**）。

（3）金型材質とコーティング

　一般的にパンチング加工用金型に使用されている材質や種類を以下に示す。

・合金工具鋼（SKD）

　低コストで単発抜きなどの単純な抜き加工に適している。

・高速度工具鋼（SKH）

　合金工具鋼よりも耐久性を要する抜きや追い抜き加工に適している。

表9.2 主な板金材料の一般的打抜き最小穴径

SPC	冷間圧延鋼板	$t×1$
SUS	ステンレス鋼板	$t×2$
AL	アルミニウム	$t×1$

t：板厚（mm）

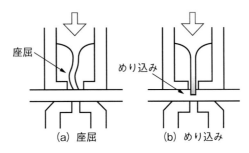

図9.3 小径打抜き時のトラブル例

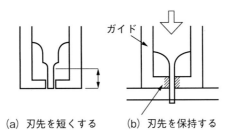

(a) 刃先を短くする　　(b) 刃先を保持する

図9.4 小径打抜き時のトラブル対策例

・粉末ハイス

　耐摩耗性、じん性および耐疲労性に優れている。

・表面処理

　高速度工具鋼や粉末ハイスなどの耐摩耗性を更に向上させるために表面処理やコーティングを施したものであり、各金型メーカー独自のノウハウがある。

・エアブロー

　パンチングプレスから金型にオイルを含んだエアが供給され、しゅう動部や刃先を潤滑し耐久性を向上させるとともに、カス上がり防止効果なども兼

ね備えている。

▶ 9.1.2　金型の保守

　金型および金型周辺の点検、メンテナンスを行うことにより、製品の品質金型寿命を向上させることができる。ここでは金型の保守について説明する。

（1）金型の摩耗と研磨

　金型の摩耗状況を判断する手段として一般的なのは、製品のバリ高さを見ることである。穴に発生するバリはダイの切れ刃部の摩耗の影響が大きく、抜きカスが製品になる場合はパンチの切れ刃部の摩耗が影響する。角形状の場合は、パンチの角部の摩耗が穴と抜きカス両方に影響し、さらに追い抜き加工の継ぎ目にも突起状のバリを発生させる（図9.5）。

　製品ごとのバリ許容高さを把握しておき、その高さを超える前に金型の研磨をすることが必要になる。パンチ刃先の切れ刃部摩耗部分、角部摩耗部分、ダイ刃先の切れ刃部摩耗部分を研磨で除去する（図9.6）。

　金型の研磨は、早期に行うのがよい。摩耗が進行した状態で打ち抜きを続けると刃先の負担が徐々に増加し、摩耗の進行が早まり最悪の場合、欠損してしまうこともある。早い段階で少しずつ研磨して使用することが、製品の品質を維持し、金型の寿命を伸ばすことにつながる。

　金型メーカーで扱っている金型専用の自動研磨機は、取り扱いが簡単で精度の高い研磨ができる物もある。角形状の角部は、切れ刃部と比べて打抜き時の負担が大きく摩耗の進行が早く摩耗領域も長いため、一度の研磨量が増

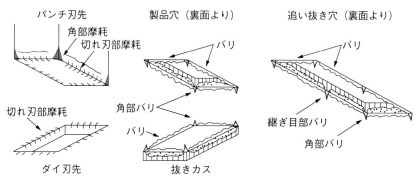

図 9.5　刃先摩耗の製品バリへの影響

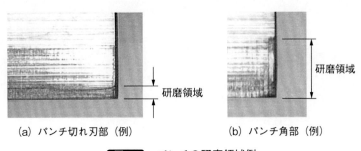

図9.6 パンチの研磨領域例

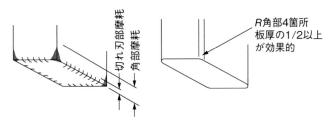

図9.7 角形状の角部摩耗対策

えてしまう。摩耗を抑えるために角部に R を付けることが効果的である。金型メーカーによっては、初めから角部に R を付けている物もある（図9.7）。

（2）金型の寿命

　金型の寿命とは、パンチ刃先、ダイ刃先の摩耗と研磨を繰り返し、その金型の研磨代を超えて使用できなくなることをいう。最近では、パンチ長さの調整、パンチの交換などが簡単で、パンチの研磨代が増えている物もあるので、金型の仕様および取り扱い方法を十分に把握したうえで使用することが望ましい。

　研磨代の範囲を超えて使用を続けると、加工中のトラブル、金型の破損、最悪の場合パンチングプレスの故障につながることもあるので注意が必要である（図9.8）。金型の材質やコーティングなどの改良を重ねた結果、寿命が飛躍的に伸びている。使用用途に応じて金型を選ぶことが製品品質の向上、コストダウンにつながる。

図9.8 パンチ・ダイ研磨代

(3) 金型および周辺の清掃と給油

近年では、金型の自動交換、自動潤滑、抜きカス吸引などの機能が付いたメンテナンス工数を低減できるパンチングプレスが増えているが、このような機能が付いていないパンチングプレスでは、定期的な金型および周辺の清掃と給油が大切である（図9.9）。

①上部、下部タレットの清掃と潤滑油の給油

定期的に上部、下部タレット上面および側面をウエスなどで清掃し、金型ステーション、リフタースプリング、ショットピン穴に潤滑油を塗布する。

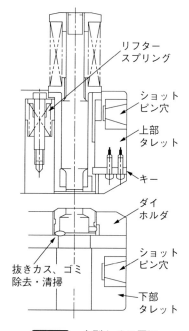

図9.9 金型とその周辺

②ダイホルダ内の清掃

ダイホルダ内に抜きカス、ゴミなどがある場合はこれを除去し清掃する。放置してダイを装着し加工すると、ダイおよびダイホルダが損傷する。

③金型の清掃と潤滑油の給油

定期的にタレットから金型を取り出しスライド部に傷などないか、キー、キー溝に摩耗などないか確認し、ゴミなどが付着していた場合は除去し、ウエスなどで清掃してから各スライド部に潤滑油を塗布する。

(4) 金型の管理

多くの金型を使用するパンチングプレスでは、金型の管理が重要な課題となる。管理を怠ると、どの金型がどこにあるのか分からない、使用するときにはさびていたり、刃先が摩耗していたり、既に廃棄していたなど、必要な金型をそろえるまでに多大な手間と時間を要することになる。

金型を管理するためには、管理台帳などを作成し金型の寸法、形状、保管場所、使用実績などを把握し、研磨、メンテナンスを適切に実施し保管しておかなければならない。

パンチングプレス専用の金型保管庫などを販売している金型メーカーもあるので、活用すると保管場所が明確になり、保管状態も良好に保つことができる。

また、近年のIoT化に伴い、金型に2次元コードなどを印字し、パソコンとパンチングプレスをネットワークで継ぎ、保有している金型の寸法、形状、保管場所、パンチングプレスへの装着状態、使用実績、研磨、メンテナンス実施状況などを一括管理できるシステムも実現されているので、活用するとよい。

9.2 ベンディングマシンにおける金型の保守

曲げ金型は、直接ワークに接触して塑性加工を行うもので、その金型のコ

ンディションと製品精度は密接な関係にあり、製品精度を維持するためにも、金型の保守管理を確実に実施することが重要である。

ここでは、金型の状況変化が製品精度へ及ぼす影響と保守・管理について説明する。なお、曲げ金型の選択については、第4章で解説している。

▶ 9.2.1　金型の摩耗

曲げ金型は、曲げ加工時の荷重やワークとの接触により摩耗する。その摩耗の度合いは、加工するワーク材質・板厚・金型の条件などにより異なる。特に、ステンレスなど引張強さの高いワークやSPHCのように表面に酸化膜が形成されているワークなどを加工する場合、その摩耗の度合いが大きくなる。また、金型の材質や硬度によっても摩耗度合いは変化する。

（1）パンチ

パンチは、曲げ加工により主に刃先の先端R形状部分が摩耗・変形する。これは、曲げ加工時に刃先先端R部に局部的に大きな曲げ荷重が負荷されるためである。

この先端R部が摩耗・変形し、その形状や寸法が変化すると、曲げ加工時の曲げ伸び値が変化する。その摩耗度が大きい場合、1曲げ当たり0.04～0.08 mm程度伸び値が変わることもあり、製品の仕上がり寸法精度に大きく影響を与える。

また、使用頻度の偏りにより、パンチ刃先が局部的に摩耗が進んでいる場合は、製品の曲げ通り精度にも大きく影響を及ぼす（**図9.10**）。

（2）ダイ

ダイは、曲げ加工により主にV溝部の肩R形状部分が摩耗・変形する。これは、曲げ加工時にワークがこの肩R部を滑り込みながら曲げられるためである。摩耗・変形により肩R部の形状や寸法が変化すると、主に製品の曲げ角度と曲げ傷の発生状況に影響を与える（**図9.11**）。

また、パンチと同様に使用頻度の偏りにより肩R部の摩耗が局部的に進んでいる場合、製品の曲げ通り精度にも大きく影響を及ぼす（**図9.12**）。

▶ 9.2.2　金型の変形・損傷・割れ

金型に変形や損傷・割れなどがある場合、製品精度や品位へ影響を与える

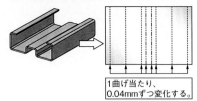

《例》
SUS（$t=1.5$mm）8工程曲げの場合、パンチ先端が$R0.2$から$R0.6$相当へ摩耗すると、展開寸法が 約0.32mm 変化する。

(a) 摩耗による金型高さの変化　　(b) 摩耗による伸び値の変化

図9.10　先端R部の摩耗による寸法の変化

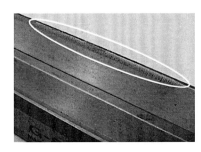

図9.11　肩R部の摩耗状況

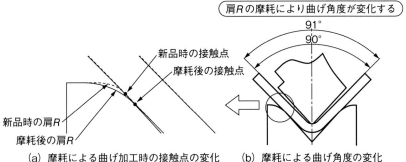

(a) 摩耗による曲げ加工時の接触点の変化　　(b) 摩耗による曲げ角度の変化

図9.12　肩R部の摩耗による寸法の変化

だけでなく、その状況によっては、作業の安全性に対しても大きく影響し、金型の破損につながる場合もある。

（1）パンチ

パンチ刃先部の変形・パンチ刃先端面部の変形

製品曲げ通り角度のばらつきおよび、製品曲げ外 R 部の品位劣化などが発生する（図9.13）。

軽度の変形であれば、オイルストーンなどで修正することが可能である。

（2）ダイ

①肩 R 部の変形・ダイ端面部の変形

製品曲げ通り精度のばらつきおよび、製品への曲げ滑り傷・ダイ継ぎ目による傷の悪化などが発生する（図9.14）。ダイの場合、その曲げ傷が製品の表側になることが多く、製品品位に大きく影響を及ぼすため、変形などが発生した場合は、早期に対応が必要である。

②V溝底部のヒビ・割れ

ダイの許容荷重を超えた局部的な高荷重の負荷や衝撃などによりダイにヒ

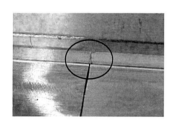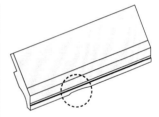

図9.13　パンチ刃先部の破損・変形例

図9.14　ダイ肩 R 部・端面の破損・変形例

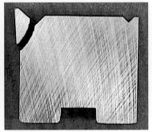

図 9.15　ヒビの入った状態で使用し破損したダイ

ビや割れが発生した場合、ダイの強度が低下し、曲げ加工中のダイの破損などを引き起こすことがある（図 9.15）。

▶ 9.2.3　金型のさび・汚れ・溶着

金型のさび、汚れ、溶着は製品品位の低下（変形・汚れの付着）を引き起こす（図 9.16）。特に、溶融亜鉛めっき鋼板や保護シート無しのステンレスなどを連続して加工した場合、V 溝肩 R 部に鉄粉や亜鉛皮膜などが溶着し、製品不良（曲げ角度・傷・外観）につながる。

▶ 9.2.4　金型の研磨

金型の刃先部が摩耗・消耗した場合は、摩耗した刃先部を研磨し直すことで、元の精度に再生することができる。ただし、金型の種類やメーカーの対応によっては、再生研磨ができない場合もあるため、注意が必要である。

曲げ金型の再生研磨は、成形砥石を使用して新規品製造時と同様の加工方法で行われるため、専門の金型メーカーに依頼する必要がある（図 9.17）。再生研磨を行うと刃先部は新品と同等の精度に再生できるが、研磨加工により金型の取り付け高さが変化するため、使用や管理においては高さ違いの金型と混載しないよう注意が必要である（図 9.18）。

▶ 9.2.5　金型の寿命

金型は、前述のとおり、再生研磨により刃先を再生することができるが、新品時と同等の機械的性質を維持するには、その再生研磨の回数（研磨代）

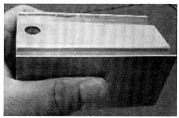

図9.16 ダイに鉄粉や汚れが付着した状態

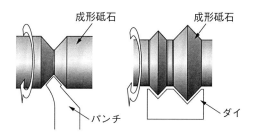

図9.17 再生研磨工程イメージ

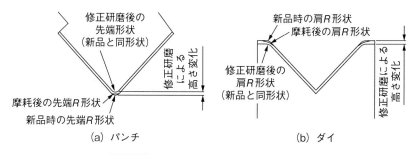

(a) パンチ　　　　　　　　(b) ダイ

図9.18 再生研磨後の金型の寸法変化

にも規定があり、規定に達した場合、または、変形や損傷の度合いが大きく再生研磨が不可能な場合は、その金型は廃棄となる。

　金型の再生研磨代は、その金型の形状や特性などにより異なるため、各金型製造メーカーへ確認が必要である。

▶ **9.2.6　金型の管理**

　曲げ加工において、パンチやダイはそれぞれ単体で使用することより、同形状の金型を複数並べて使用することが多い。その際、並べて使用する金型のコンディションがそれぞれ異なっていると、曲げ精度不良を引き起こすことにつながる。金型のコンディション・使用状況・使用実績・保管場所などを把握していないと、実際に曲げ加工を行うまでに多くの時間を要することになるため、日ごろの金型の保守・管理が重要である。

　今後、曲げ金型においても IoT 化により金型に ID コードを付与し、金型の情報を管理するシステムが実現されていくので、パンチング金型と併せて金型情報の一括管理に活用するとよい。

（1）金型管理のポイント

　金型の使用や保管について正しく管理することにより、製品精度や金型のコンディションを長期にわたり良好な状態で維持することができる。ここでは、金型の管理を行ううえでのポイントをいくつか紹介する。

① 金型の使用前後で日常点検を実施し、製品の精度や金型自体に異常を発見した場合は速やかに対応を行う。

② 金型の偏摩耗を防ぐため、使用頻度が偏らないよう定期的に金型の並び替え（ローテーション）を実施する（**図 9.19**）。

③ 加工する材質（アルミニウム・ステンレス）・曲げ長さ（長尺・短尺）・加工製品精度（精密・一般）ごとに、金型を使い分ける。

④ ステンレスなど引張強さの高いワークを加工する場合やレーザにより切断されたワークを加工する場合には、ブランク加工でのバリの状態を確認し、バリを除去してから加工を行う。

⑤ 曲げ加工を行う前には、パンチ刃先部、ダイ V 溝部、加工するワーク表面を清掃し、ゴミ・異物などを除去する。

⑥ 加工するワークに対して適正な金型条件（金型角度・V 幅）を選択し、使用する金型の保証耐圧内で使用する。

⑦ 分割金型を使用する場合は、できるだけ同一ロットの金型を組み合わせて使用する。

⑧ 金型の保管をする場合には、直射日光・水分を避け、刃先部・V 溝部を上にして防錆・防塵対策を施し、専用の収納庫などにて保管する。特に、

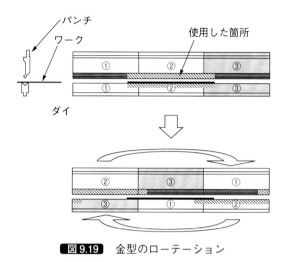

図 9.19　金型のローテーション

　金型の出し入れ時などに金型の端面同士が接触して、端面部を変形させないように注意が必要である。
⑨　プレスブレーキごとに使用する金型を分け、保管場所や使用実績を把握し、定期的に一括して再生研磨を行う。また、再生研磨の履歴を把握しておく。

（2）金型点検項目

　高品位・高精度な製品加工を行うためには、日常での金型の保守・点検が重要である。**表 9.3** に金型ごとの点検すべき項目を示すので参考にしていただきたい。

表9.3 金型点検項目表

確認箇所			確認内容	製品への影響	対策
上部テーブル		(1)	テーブル下面	中間板取付け面に変形・座屈などは無いか？	角度のばらつき 寸法のばらつき	清掃・オイルストーンなどにて修正
		(2)	ボルト	緩んでいないか？ 適正なトルクで締め付けられているか？	寸法のばらつき	確認・増し締め
中間板		(3)	取付（基準）面	傷・変形などは無いか？	寸法のばらつき	清掃・オイルストーンなどにて修正
		(4)	取付（加圧）面	傷・変形などは無いか？	角度のばらつき	清掃・オイルストーンなどにて修正
		(5)	締め板	傷・変形・摩耗などは無いか？	寸法のばらつき	修正不能であれば交換
		(6)	ボルト	適正なトルクで締め付けられているか？	角度のばらつき 寸法のばらつき	確認・増し締め
		(7)	全体	座屈・芯ずれなどは無いか。	角度のばらつき 寸法のばらつき	修正不能であれば交換
パンチ		(8)	刃先先端R部	傷・打痕・変形・摩耗などは無いか？	角度のばらつき 傷・外観	再生研磨・交換
		(9)	刃先斜面	傷・打痕・変形などは無いか？	角度のばらつき 傷・外観	再生研磨・交換
		(10)	取付面	傷・変形などは無いか？	角度のばらつき 寸法のばらつき	清掃・オイルストーンなどにて修正
		(11)	全体	曲がり・ねじれ・さびなどは無いか？	角度のばらつき 傷・外観	修正不能であれば交換
ダイ		(12)	V溝肩R部	傷・打痕・変形・摩耗などは無いか？	角度のばらつき 傷・外観	再生研磨・交換
		(13)	V溝斜面	傷・打痕・変形・ゴミなどは無いか？	角度のばらつき 傷・外観	再生研磨・交換
		(14)	取付面	傷・変形などは無いか？	角度のばらつき 寸法のばらつき	清掃・オイルストーンなどにて修正
		(15)	はめあい部	傷・打痕・変形・摩耗などは無いか？	角度のばらつき 寸法のばらつき	清掃・修正不能であれば交換
		(16)	全体	曲がり・ねじれ・さびなどは無いか？	角度のばらつき 傷・外観	修正不能であれば交換
レール		(17)	ダイ取付面	傷・打痕・変形・ゴミなどは無いか？	角度のばらつき	清掃・修正不能であれば交換
		(18)	はめあい部	傷・打痕・変形・摩耗などは無いか？	角度のばらつき 寸法のばらつき	清掃・修正不能であれば交換
		(19)	レール取付面	傷・打痕・変形・ゴミなどは無いか？	角度のばらつき	清掃・修正不能であれば交換
		(20)	全体	曲がり・ねじれ・さびなどは無いか？	角度のばらつき	修正不能であれば交換
ダイホルダ		(21)	ダイ取付面	傷・打痕・変形・ゴミなどは無いか？	角度のばらつき	清掃・修正不能であれば交換
		(22)	ボルト	規定の数量のボルトを使用しているか？ 適正なトルクで締め付けられているか？	寸法のばらつき	確認・増し締め
		(23)	ホルダー取付面	傷・打痕・変形・ゴミなどは無いか？	角度のばらつき	清掃・修正不能であれば交換
		(24)	全体	曲がり・ねじれ・さびなどは無いか？	角度のばらつき	修正不能であれば交換
下部テーブル		(25)	テーブル上面	傷・打痕・変形・ゴミなどは無いか？	角度のばらつき	清掃・オイルストーンなどにて修正
		(26)	基準面	傷・打痕・変形・ゴミなどは無いか？	角度のばらつき	清掃・オイルストーンなどにて修正
		(27)	ボルト	適正なトルクで締め付けられているか？	角度のばらつき 寸法のばらつき	確認・増し締め

第10章

自動化ツール

　近年、中小企業における受注の状況は、単品からアセンブリ製品の加工へ、量産から多品種少量生産や試作品生産へシフトしている。また、受注品には高品質（高精度）、低コスト、短納期が要求されている。

　本章ではこれらの受注の状況変化へ迅速に対応するために、各板金機械を最大限に活用する方法として、板金CAD/CAMを用いるスマートなモノづくりをするための自動化・知能化ツールによる設計・加工ノウハウ、改善ポイントを中心に説明する。

10.1 自動プログラミング装置

▶ 10.1.1 自動プロの基本構成

自動プログラミング装置（以下、自動プロ）とは数値制御（NC：Numerical control）装置付き工作機械用の加工プログラムをコンピュータにより、それぞれの機能のメニューや条件などを対話形式により自動的に作成する機能である。

（1）基本構成

一般的なパンチングプレス・レーザマシン用自動プロの機能の構成を図10.1に示す。これらの機能を、自動プロの画面メニューから選択し実行する。

①展開図の作成

紙の三面図から2次元CADのコマンドで直接、展開図を作成する。1980年代初期の自動プロでは、電子データの展開図作成機能が無く、紙の展開図から直接、NCプログラム文（Gコード指令）を作成する方法であったが、現在はプログラムに組み込まれている。

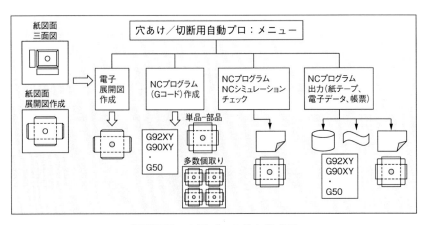

図10.1　自動プロの基本構成図

②NC プログラム（G コード）作成

部品の展開図から、内側の穴形状や外周線へ、手動で金型による打ち抜きやレーザ切断加工パターンを割り付けし、NC プログラム（G コード）を作成する。

③NC シミュレーションチェック

作成された NC プログラムデータに対して、シミュレーションにより、データフォーマットや加工の可否のチェックを行う。

④NC プログラム出力

テキスト文字ファイル（電子データ）を紙テープに出力し、同時に作業指示書（NC プログラムリスト、使用金型、レーザ切断条件、使用材料）を印刷する。

また、一般的なベンディングマシン用の自動プロの機能の構成は次のようになる。

①NC プログラム（曲げ工程 G コード）作成

部品の展開図と曲げ断面図から曲げ用 NC プログラム（曲げ工程番号、L 値：フランジの曲げ長さ、D 値：曲げ金型の押し込み深さ）を手動で作成

②NC プログラム出力

NC プログラムリスト、使用金型を印刷する。

(2) 自動プロの運用について

一般的な自動プロの運用を図 10.2 に示す。受注先から受けた紙による部品の三面図から展開図を作成する。次に作成された展開図に対し、各部品の NC プログラムを作成する。その際、「単品の加工」もしくは、「同一部品の多数個取りシート加工」かにより、最適な NC プログラムを選択する。その後、NC シミュレーションによる加工の可否チェックを行い、NC プログラムを出力し、マシンの NC 装置や現場端末で NC プログラムを登録し、加工を行う。

① 展開図作成の手順

　ⅰ）紙の三面図の平面図の底面を基準面として作成する。

　ⅱ）次に側面図から左右、上下のフランジ面の寸法値を外―外に統一し（図面には外―外、内―内、外―内、内―外などの寸法が混在する）、

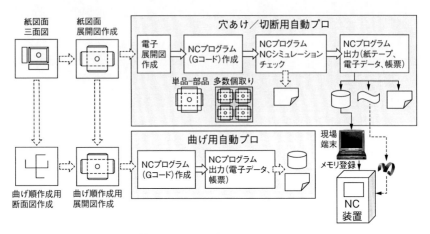

図 10.2 自動プロの運用の流れ

各フランジ面寸法値を計算する。

ⅲ）その各フランジ面寸法値に合わせて、各フランジ面を突き出しや面合成作業（面と面を曲げ線で継げる作業）を行う。その際、各フランジ面の外─外寸法長さから曲げ伸び値（α）分を短くした展開図を作成する。なお、詳細については 10.1.2 項で説明する。

② NC プログラム作成

部品の展開図の内側の穴形状や外周線に対して、金型やレーザ切断加工パターンを手動で割り付けする。部品の加工数に合わせて、単品の部品取りや多数個取りの NC プログラムを作成する。

③ NC シミュレーションチェック

対象マシン、材料、クランプ位置、使用金型を設定し、NC プログラムのシミュレーションを行い、チェックする。不具合、変更が発生した場合、NC プログラム作成画面に戻り、修正作業を行う。

④ NC プログラムの出力

⑤ マシンの NC 装置への NC プログラム登録と加工

(3) NC プログラム（G コードデータ）

本節ではブランク加工機（タレットパンチプレスやレーザ切断マシン）用 NC プログラムの例を示す。なお、各社の機種・仕様により異なるので注意が必要である。図 10.3 に NC プログラムの仕様の概略を示す。また、本 NC

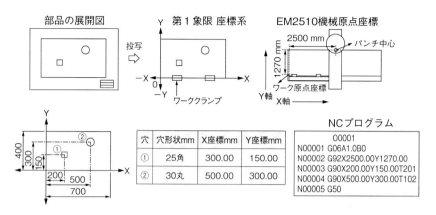

図10.3 図面/機械座標系とNCプログラムとの関係

プログラムはマシンを実際に稼働させるものであり、各社のマシンの仕様には多少の差異があるが、基本的な考え方は参考になるはずである。

各自動プロや第10.2節で紹介する板金CAD/CAMソフトでは、本NCプログラムを生成することになる。本NCプログラムを十分に理解したうえでソフトを使用することにより、マシンの加工特性を十分に発揮させることができる。

① タレットパンチプレスの機械原点座標の設定
② 部品の展開図面をマシンの第1象限座標系に投写
③ NCプログラムの基本機能コード群
　O：プログラム番号
　N：シーケンス番号
　G：G機能（主動作/パターン指令）
　M：M機能（補助指令）である。
④ NCプログラムの基本的な構成
　ⅰ）O0001：プログラム番号
　ⅱ）G92　：機械原点座標　　　　G92X2500.00Y1270.00
　ⅲ）G06　：板厚／材質指令　　　G06 A――B――
　　（機種に依存した特別な命令。通常、G06はGコードには存在しないことに注意）
　ⅳ）G90/91：絶対値／相対値指令　G90X---Y---

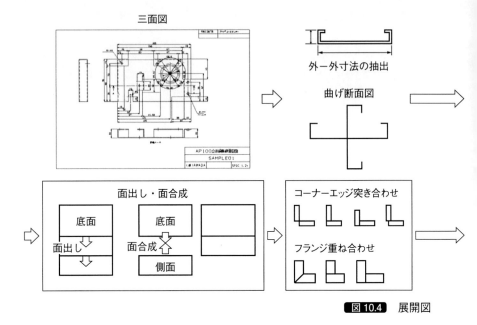

図 10.4　展開図

　v）TxxxC±θ：金型番号指令と金型角度指令
　　（角度指令は金型回転機構のある機種に依存した特別な指令。）
　vi）G50：プログラム終了＆原点復帰指令
　　（機種に依存した特殊な命令。通常のプログラムストップは M00 を使用する。機種の仕様を確認する）
⑤　代表的な G/M 機能の一覧を**表 10.1** に示す。

▶ 10.1.2　展開図の作成と運用

　一般的に展開図の作成は、発注先から、紙による製品／部品の三面図として入手する場合が多いため、展開図の作成と運用のポイントを**図 10.4** で説明する。

（1）入手した三面図の基準底面と側面から各フランジ寸法を算出し、曲げ断面図を作成
　①　各面とフランジ寸法を外―外寸法、内―内寸法に統一し、算出
　②　曲げ用の断面図イメージを作成

第 10 章　自動化ツール

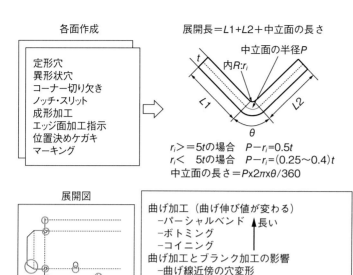

各面作成
- 定形穴
- 異形状穴
- コーナー切り欠き
- ノッチ・スリット
- 成形加工
- エッジ面加工指示
- 位置決めケガキ
- マーキング

展開長＝$L1+L2+$中立面の長さ
中立面の半径P
内$R:r_i$

$r_i \geq 5t$の場合　$P-r_i=0.5t$
$r_i < 5t$の場合　$P-r_i=(0.25\sim0.4)t$
中立面の長さ＝$P\times2\pi\times\theta/360$

展開図

曲げ加工（曲げ伸び値が変わる）
　－パーシャルベンド　↑長い
　－ボトミング
　－コイニング
曲げ加工とブランク加工の影響
　－曲げ線近傍の穴変形
　－曲げ膨らみ変形

作成の流れ

表 10.1　NC プログラムの代表的な G/M コード一覧

	パンチング加工用			レーザ加工用	
	コード番号	指示内容		コード番号	指示内容
	Oxxxx	プログラム番号		Oxxxx	プログラム番号
G機能コード	G92	機械限定指令 G92X2500.00Y1270.00	G機能コード	G92	機械限定指令 G92X2500.00Y1270.00
	G93/94	ローカル限定座標オフセット G93X__Y__		G93/94	ローカル限定座標オフセット G93X__Y__
	G98/75/76	多数個取り配置指令		G98/75/76	多数個取り配置指令
	G06	板厚・材質指令　G06A__B__		G04	ドゥエル：待機時間 G04X__
	G90/91	絶対値・相対値指令　G90X__Y__		G00/01	G00：レーザヘット移動、G01：切断移動
	G70	パンチングオフ移動指令 G70X__Y__		G02/03	G02：CW 回転移動、G03：CCW 回転移動
	G27/25	自動リポジショニング指令 G27X__		G24	レーザ制御ピアスモード
	G72	パターン指令の基準位置指令 G72X__Y__		G31/32/33	G31：アシストガス選択、G32/33：Z 軸ならいセンサー On/キャンセル
	G26—G79	パターン指令（例） G26I__J__K__T__　[BHC] G66I__J__P__Q__D__T__　[SHP]		G40/41/42	ビーム径補正指令：キャンセル、右、左側
				G111-116	定形穴指令
	Txxx C—	T__：金型番号　C__：金型角度指令		G126-137	パターン指令
	G50	プログラム終了		G50	プログラム終了
M機能コード	M00, 02, 30	M00：プログラムストップ、M02 プログラムエンド	M機能コード	M00, 02, 30	M00：プログラムストップ、M02 プログラムエンド
	M33/34	M33：シートローディング、M34：アンローディング		M100/101	レーザモードオン/オフ
	M500-	パンチング・成形パターン		M103/104	ピアスカット切断モード開始/キャンセル
				M722/723	トラッキングセンサー調整
				M758	ビーム ON
				E1-10	切断条件選択
				E101-103	ピアス条件

353

(2) 各面の穴、コーナー、切り欠き、スリットなどの面を作成
(3) 各面とフランジの曲げ伸び値を算出

材質、板厚、曲げ角度、内 R 値、曲げ方法（エアベンド、ボトミング、コイニング）、金型（ダイ V 幅、ダイ肩 R、パンチ先端 R）など条件により伸び値が変わる（**表 10.2**、**表 10.3**）〈第 4 章参照〉。

表 10.2 曲げの種類による金型（パンチ・ダイ）との関係

曲げの種類	エアベンディング	ボトミング	コイニング
説明図	$V=12〜15\times t$	内 R：$ir≒V/6$ $V=6〜12\times t$	パンチ先端の食い込み $V=5〜6\times t$
V 幅	12〜15t	6〜12t	5〜6t
r_i（内 R）	2〜2.5t	1〜2t	0.5〜0.8t
曲げ角度のばらつき	±45′以上	±30′	±15′
面精度	大きな曲率半径を持った面になる	良好	良好
特徴	曲げ角度の範囲を自由に取ることができる	比較的弱い力を使って良い精度が得られる	極めて良い精度が得られるが、所要トン数がボトミングの 5〜8 倍かかる

出所：(http://www.ai-link.ne.jp/)

表 10.3 常用伸び代　SPCC（90 度曲げ）の例

t＼V	4	6	7	8	10	12	14	16	…	32
0.5	0.47	0.55	0.59	0.63	0.70					
0.6	0.54	0.62	0.65	0.69	0.77	0.85				
0.7	0.60	0.68	0.72	0.76	0.83	0.91	0.99			
0.8	0.67	0.74	0.78	0.82	0.90	0.97	1.05	1.13		
1.0	0.80	0.87	0.91	0.95	1.03	1.10	1.18	1.26		
⋮	V 幅が大きくなると伸びも大きくなる →									
3.2						2.15	2.58	2.66		3.24

出所：(http://www.ai-link.ne.jp/)

(4) 各面／フランジのコーナーエッジの突き合わせ、フランジの重ね合わせを選択

各選択により、各面／フランジの長さ、底辺のコーナー形状、フランジ端面形状が変わる。

(5) 曲げ近傍の穴の変形、曲げ線上の端面の膨らみの防止を考慮した展開図の修正

曲げ変形：曲げ線の部位へのスリット加工や膨らみ部の切り込みに注意する（図 10.22）。

(6) (2) で作成した面とフランジ寸法と (3) の曲げ伸び値を考慮した面出しと面合成による展開図を作成する。

▶ 10.1.3　パンチング加工と運用

パンチング加工の実施は 10.1.1 (3) 項で作成した NC プログラムを用い、タレットパンチプレスのテーブル上にクランプで保持されたシート材料をマシン座標系の第 1 象限の X–Y 位置に移動し、パンチング金型・ダイを保持したタレットから T 金型番号指令で呼び出し、打抜き加工を行う。その際、次のシート／部品加工の順序を考慮した NC プログラムを作成する必要がある。シート材料が図 10.5 の加工範囲内を移動する。同図のようにタレット内も移動するため、シートとタレット内の金型・ダイとの干渉回避が必要となる。

(1) タレット回転、ストライカー間移動など金型の交換時間が加工時間に影響するため、これらを考慮する必要がある。
(2) 材料の歩留まりを向上させ、安定した高速軸移動加工をするために、シート材料上の配置領域内の部品の配置を指示する。
一般的にはクランプで保持されたシート下側や中心部には剛性があり、高速軸移動の安定加工に適している（シートや部品の揺れ、テーブルや金型などとの接触などの回避）。
(3) 品質、精度を維持し、安定した軸移動加工をするために、シートの加工順序を決める。
(4) 部品単位の加工順序も品質、精度、安定した加工に資するよう考慮する部品内の加工順序も同様である。

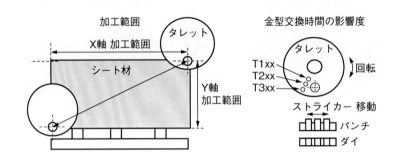
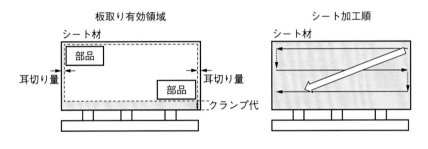

図 10.5 パンチングの

（1）金型配置の順序

タレットパンチプレス加工では保有している金型・ダイを効率よくタレット上に配置し、各部品やシートを加工する際、金型交換や段取り作業の軽減を図り、加工時間の短縮と連続安定加工を行う必要がある。これを実現するための金型の配置の手順について説明する。この考え方は 10.2 節の板金 CAD/CAM でも重要となる。

①目的

金型の交換や段取り換えをできるだけ削減

②前提

　ⅰ）使用頻度の高い金型はタレット内の固定領域に保持

　ⅱ）異なる材料の材質・板厚に対するクリアランスを変えたダイも固定領域に保持

第 10 章 自動化ツール

金型使用順の考慮

標準58ステーション
金型タレット配置図

部品単位での加工順
シート材

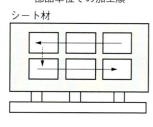

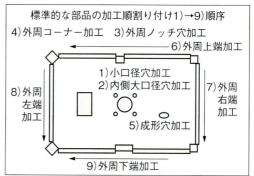

工程と加工運用

 iii）使用頻度の低い金型（特型、成形型など）は非固定領域に保持

 iv）上向き成形加工時、加工済み部品が板の移動に伴い成形部が潰れたり、裏傷が付いたりする。これらを回避するための金型配置の工夫が必要

 v）自動プロ、板金 CAD/CAM はこの金型配置を参照し、金型交換や段取り換えの工数を削減する NC プログラムを作成

③順序（図 10.6）

実際のタレットに対して、上記の目的に合わせた各金型配置名を適用。

 i）金型配置内の固定・非固定領域内の配置を対象部品群から決定

 ii）加工実績から各金型の配置内容を更新

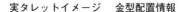

固定（グレー）：
金型交換段取り無し
非固定（赤）：
金型交換対象

金型配置名	固定（常駐）領域	非固定（非常駐）領域
A	薄板用パンチ・ダイ	A：成形・特型・金型
B	厚板用パンチ・ダイ	B：成形・特型・金型
C	薄板用パンチ・ダイ	C：成形・特型・金型
D	厚板用パンチ・ダイ	D：成形・特型・金型

頻繁に使用する金型の金型加工順（交換時間）を考慮した配置にする

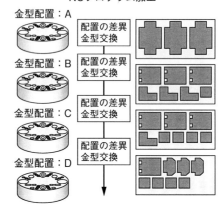

図 10.6 タレットパンチプレスの金型配置運用

▶ 10.1.4 曲げ加工での手順

曲げ加工では、パンチング加工のために作成された展開図と曲げ断面図から、ベンディングマシンの作業者が曲げ金型（パンチ・ダイ）の選択、加工機、曲げ方法、曲げ順序を決定する。その結果をベンディングマシンの NC 装置に直接入力しながら曲げ加工を行う。

（1）展開・断面図からの曲げ加工

本節では 10.1.2 項で述べた曲げ伸び値を考慮した展開図から、曲げ加工を行うために必要な各種の作業について、**表 10.4** を用いて説明する。

表10.4 図面から読み取る曲げ加工のための項目

図面から読み取る項目		決定すべき加工のための項目	
材質 SPCC・SUS・AL	曲げトン数・スプリングバックから金型角度	金型	パンチ
板厚	V幅の決定・曲げトン数と金型耐圧比較		
曲げ長さ	曲げトン数・機械テーブル長さ側板間距離ギャップ		ダイ
曲げ断面図/展開図/精度	曲げ順序		
内R	曲げ種類　コイニング（内R0.5tから0.8t） 　　　　　エアベンディング（内R1tから2.5t） 　　　　　R曲げ（内R2.5t以上）	曲げ種類	
曲げフランジ長さ	最小フランジ　V幅x0.7 最大フランジ　バックゲージ測長・側板間距離ギャップ		
Z曲げ寸法	V曲げ　　　ダイ奥行き 1回段曲げ（板厚段差）　段曲げ金型	曲げ順序	
垂れ下がり	ダイ高さ		
箱曲げ立ち上がり	パンチ高さ		
コの字寸法	パンチリターンベンド		
成形バーリング	金型の干渉チェック		
箱曲げ・切り起こし	分割金型長さ	機械	
曲げ線近くの穴 曲げ線-端面の膨らみ	変形に注意	作業条件	
展開の縦・横寸法重量	作業人数：1人		
表面の状態（傷不可）	傷防止対策（ダイ肩R・めっきなど）		

①金型（パンチ・ダイ）の決定

材質、板厚、曲げ長さ、内Rから曲げ伸び値、曲げトン数、スプリングバック値などを考慮し金型を決定

②曲げ種類の決定

　ⅰ）内Rから曲げ方法（エアベンディング、ボトミング、コイニング）を決定

　ⅱ）曲げ断面、曲げフランジ長さ、コの字寸法などからZ曲げ、ヘミング曲げ、段曲げ、箱曲げなど曲げ方法を決定

③曲げ順序の決定

　展開図/断面図から

　　・長辺から短辺フランジの順に、長辺フランジの外側からの曲げ順を指示。

　　　ただし、正逆曲げ（90°、−90°）の場合、曲げ順が変わる。

　　・次に、短辺フランジの外側からの曲げ順を指示。

④加工機の決定

材質、板厚、曲げ長さから曲げトン数とテーブル長を計算し、マシンを決定。

⑤作業条件の決定

部品のサイズ、表面の状況から作業段取りを決定

10.2 板金CAD／CAM

　近年の製造業においては製品・部品設計工程で2次元、3次元CADによる設計が普及してきている。しかしながら、発注先と受注元の間では、板金製品の製造工程における加工意図や加工技術（加工機、金型・治具）などのすり合わせが十分に行われていない場合があり、これらを考慮した設計を行う必要がある。また、我が国においては、発注元からの製造依頼の図面が紙ベースの三面図や展開図で渡される比率が高い状況にある。受注形態は多品種少量生産、短納期化が進んでおり、グローバル市場でもIndustrie 4.0やIoTによるモノづくり革命が話題になっている。本節では現状の課題を解決するためのスマートな板金CAD／CAMの運用について説明する。

▶ 10.2.1　現状の課題

　国内の発注先企業での代表的な課題は次のようなものがある。

（1）多品種少量生産加工において全工程にわたるリードタイムの短縮とコ

表 10.5 現状の課題と解決策の例

受注・生産状況	課題	課題解決のための解決策の例			
① 多品種少量生産 (1-10ロット) ② 新規率アップ ③ 単品からアセンブリ受注 ④ 1シフト (8時間) +残業 ⑤ 高品質、短納期、低コスト生産 ⑥ 少子高齢化 (労働力不足) ⑦ 高人件費 ⑧ グローバル競争化	① 設計工数増大 ② 段取り作業増大 ③ 材料歩留まり低下 ④ 工程間の滞留増加 ⑤ リードタイムの拡大 ⑥ ボトルネック工程 (CAD、曲げ、溶接) 負担増大 ⑦ 正確な見積、原価コスト算出が困難化 ⑧ 設計/加工の技術伝承の問題 ⑨ マシンの高生産化 ⑩ 低コスト生産含む (ECO化含む、紙帳票増大)	事務所側	品質向上	①生産管理 ②板金MES・スケジューラ ③板金3次元設計 ④全工程板金CAD/CAM	
			設計工数削減		
			リードタイム短縮		
			非熟練者対応		
		現場側	品質向上	ブランク工程	曲げ工程
			非熟練者対応	①複合機自動化セル ②ファイバーレーザ自動化セル ③部品仕分け装置	①金型自動機 ②全自動機
			リードタイム短縮	段取り工数削減	
				高生産性 (高速)	
				工程間滞留削減	①台車 ID管理運用 ②部品、金型ID管理
			低コスト生産 (電力ECO)	ファイバーレーザ 上記複合機セル	上記マシン群

スト削減
(2) 非熟練工への技能伝承、人材の育成と確保
(3) ボトルネック工程（CAD／CAM、曲げ、組立・溶接）の解消
これらの課題と課題解決のための解決策の例を**表10.5**で紹介する。

▶ 10.2.2　スマートなモノづくりのための板金CAD／CAM

　板金製造工場の上流工程（情報・管理系業務）下流工程（製造現場の生産加工設備群）、そしてそれらを保守/運用サポートするメーカー間の3つをIoTにより接合し、上流工程から設計・製造の監視とコントロールを行うことで、各工程での無駄、手戻り、滞留のないモノづくりを行う。これにより、

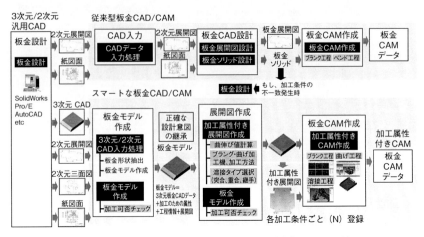

図 10.7 スマートな板金 CAD／CAM の構成と運用の流れ

全体の効率化を図り、全工程のリードタイム短縮を実現し、利益の拡大を目指す。この目的を達成するための CAD/CAM を紹介する。

（1）従来型 CAD／CAM

3次元／2次元汎用 CAD から出力された2次元展開図データを入力し、板金 CAD 設計機能により、板金展開図と板金ソリッド（3次元）モデルを作成し、板金 CAM 作成でブランク／曲げ用の CAM データ（NC プログラム）を作成する。これは汎用 CAD が一方通行で加工条件変動（加工機、曲げ方法による曲げ伸び値）に合わせた展開図の作成が直接できないため、最初の汎用 CAD の板金設計への手戻りが発生する。

（2）最新のスマートな CAD／CAM（図 10.7）

汎用 CAD から入力した2次元展開図や三面図、3次元データから3次元板金モデル[*1]を作成する。この最新3次元モデルにより、上流工程から最終工程での加工条件の変動に合わせた加工の可否判定が可能になり、間違いの無い展開図の作成ができる。また、各加工条件に合わせた展開図と3次元モデルを登録することができる。

＊1）「板金モデル」は仮称。現在、各社から新たな3次元板金データ・モデルが提供されているため、詳細については注意が必要。

（3）3次元の製品アセンブリの全工程設計・製造

①発注元メーカー動向

メーカーが手がける生産改革とグローバルマーケティングの流れ：

　ⅰ）全工程での最適化と現場のモノの流し方の見直し
　　（無駄のない整流化と停滞のない搬入と搬出）
　ⅱ）上流からの3次元設計構想に基づくモノづくり
　ⅲ）協力会社と協業による加工課題の解決

そこで求められる協力会社像は、次のとおりである。

　ⅰ）部品からユニット（製品・アセンブリ）納入への対応
　ⅱ）ユニット単位の品質保証
　ⅲ）ユニット単位のコスト提案
　ⅳ）納期・進捗の把握
　ⅴ）分納に対応

②製造サイドの課題と解決策（図10.8）

　ⅰ）従来の設計が部品レベルの場合

2次元CAD設計後、部品の展開図から板金ソリッドモデル（板金3次元

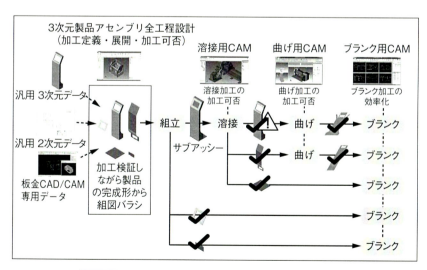

図10.8　3次元製品アセンブリの全工程設計の運用図
出所：Sheetmetal ましん&そふと　2017年2月号

データ）や，NC プログラムを作成するため，そのブランク・曲げ加工された部品は，後工程で精度・加工不良やミスが発生する場合がある．
　ⅱ）単品加工だけでは他社との差別化が難しい
　　　− 単品加工では価格競争になりがち
　　　− 製品・アセンブリなど付加価値をつける対応が必要
　　　− コスト・品質改善された VA/VE 提案
　ⅲ）依頼元からの３次元製品／アセンブリ（製品）発注対応が要求される

この解決策として，3 次元製品アセンブリ板金設計が必要になる．これらの製品レベルでの加工可否チェックにより，不良の削減が可能なる．また，3 次元モデルを取引先との円滑なコミュニケーションツールとして活用できる．

（4）最終工程から上流工程への設計・加工可否判定
①製品の最終工程から上流工程へ逆上った設計

　従来型の板金設計と製造は，部品の展開図の作成からブランク用 NC プログラム作成し，ブランク加工する．そして，曲げ加工後，各部品を組み立て，溶接を行う．この場合，後工程での加工不良やミスによる手戻りが発生することがあった．近年は受注形態も多品種少量生産，部品から製品（アセンブリ）へ，単工程から全工程に変化しており，より効率的な製造が望まれている．この課題の解決策として，部品組み立て後の最終形状（製品の出来上がり形状）から，製品のバラシを行い，溶接，曲げ，ブランクへと前の工程に戻りながら加工の可否検討が可能なシステムが導入され始めている（図 10.8 参照）．これにより，ミスや手戻り，精度不良のない「最適な作業段取り指示」と「NC プログラム」の作成が可能となる．

②後工程からの間違いのない展開図の作成（図 10.9）

　従来の汎用 CAD の展開図による展開図作成作業は，全工程の加工方法の考慮が不十分であったため，10.1.2 項の展開図の作成でも紹介した溶接方法，曲げ方法，抜き方法，そしてマシンによって，展開図が変わる．最新の CAD/CAM を使用した間違いの無い展開図に基づき，ブランク加工を行い，各工程で正確に加工することで，最終工程の組み立て・溶接で手戻りのない正確な加工が行える．

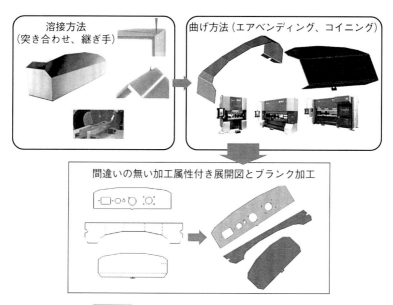

図10.9 間違いの無い展開図作成と加工

（3）生産スケジュールを考慮した NC プログラム生成

　従来型の CAD/CAM は NC プログラム作成が主の目的であったが、近年の多品種少量生産の運用では、それ以外にもマシンの金型交換、材料交換、加工済み部品の仕分け作業などの段取り削減や自動化装置の連続運転を考慮したスケジュール作成にも対応する必要がある。以下に運用の概要を説明する。

①板取り指示
　ⅰ）部品単位での加工対象マシン（同時に複数マシン）の CAM 割り付け（NC プログラム）、タイム・スタディとコスト算出を行い、各部品の対象マシンの絞り込みを指示する。
　ⅱ）各部品の板取りのためのグループ（製造オーダー番号単位、製品、アセンブリや次工程別の配分単位、次工程の納期順、割り込み部品、初物検品対象の部品など）を行う。

②板取り処理
　ⅰ）都度、対象マシン毎に前処理のグループ単位で、前回に板取り処理

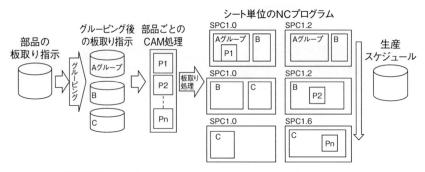

図10.10 生産スケジュールを考慮したNCプログラム生成

されたシート材へ追加で板取りし（多数個取り配置、ネスティング配置、アセンブリ単位配置）、NCプログラムを作成する（図10.10）。

ⅱ）アセンブリ単位の板取り（ファミリー板取り）の例

あらかじめ、アセンブリ単位の板取りデータ（NCプログラム）を準備し、生産指示数に合わせて、繰り返し使用することでプログラム作成や加工後の仕分け、次工程への配分の作業時間を削減する（図10.11）。

③板取り結果

生産シミュレーションでは板取り結果の生産時間と段取り時間、ランニングコストを算出する。

④生産スケジュール確定

板取り結果から最終の板取り結果（スケジュール、作業指示書）を確定する。

(5) 現場工程からの CAD/CAM 補助

従来は事務所プログラム室での設計工程、ブランク、曲げ、溶接プログラマによるNCプログラムの作成後、現場でマシン作業者による実加工を行っていた。しかし、事務所側では曲げ、溶接工程のマシンや加工物、金型、治具、そして現場での加工ノウハウが十分に把握されていない。そのため、設計、加工の手直しが発生していた（図10.12）。

そこで事務所側で作成した3次元製品アセンブリ設計情報を現場の後工程の作業者による最終設計補助（加工の可否、手直し）を行うことで、最初から完成度の高いCAD/CAM設計が行える。特に熟練工に依存している曲げ、

第 10 章　自動化ツール

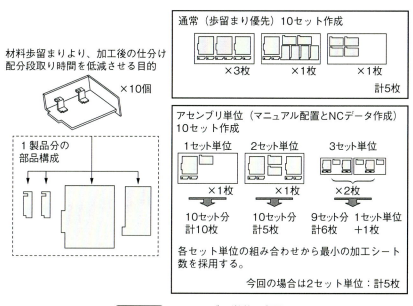

図 10.11　アセンブリ単位の板取り

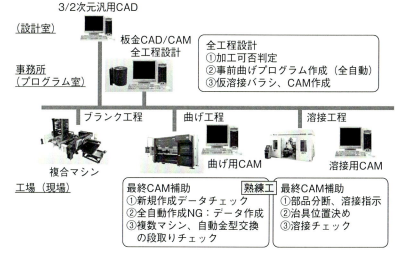

図 10.12　現場工程からの CAD/CAM への補助

溶接工程で、現場からの設計補助により、技能伝承と人材育成の解決手段になる。また、欧米の板金工場の多くでは事務所側のプログラム室のほかに現場のマシン群の隣にもプログラムエリアを設け、プログラマとマシン作業者がNCプログラム作成と段取り作業を協業している。

▶ 10.2.3　3次元汎用CAD

一般的な3次元汎用CAD設計から板金CAD/CAM運用は**図10.13**に示す。板金CAD/CAM運用フローは以下のように分かれる。

① 設計サイド（発注元の設計部門、受注側の設計部門）での3次元汎用CAD設計（Pro-E、CATIA、SolidWorksなど）
② 製造サイド（発注元の製造部門、受注側の製造部門-3次元板金CAD/プログラム工程）での3次元板金CAD設計
③ 板金CAD/CAM設計で各工程のNCプログラムを作成
　近年、発注元側でも、汎用CADでの設計後、3次元板金CAD機能で3次元モデルと三面図・展開図の作成までを行うこともある。ここでは3次元汎用CAD設計の主機能の概要を説明する。

（1）3次元化の導入効果（図10.14）

① 設計・製造工程で、意図・仕様、設計、板金加工可否などの検討の前倒しが可能で、全工程で3次元データを活用できる。これにより手戻り、

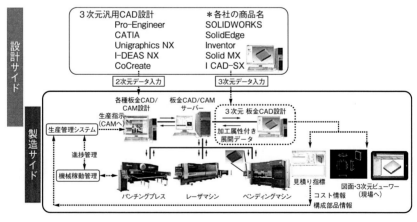

図10.13　一般的な3次元CADから板金CAD/CAM運用図

第 10 章 自動化ツール

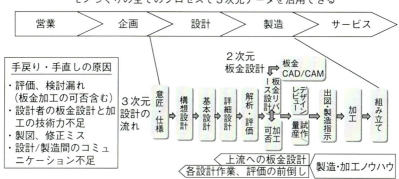

図 10.14 3次元化の導入効果（手戻り削減）

手直しの無いモノづくりが行える。

② モノづくりの全てのプロセス（営業、企画、設計、製造、サービス）で3次元データが活用できる。

（2）3次元汎用CADの主な目的（図10.15）

① 製品・部品の3次元化とアセンブリ化

全工程で加工の可否検討が容易

② 類似品作成の作業工数の削減

パラメトリック機能を活用（長さ・高さ・板厚寸法を変更が可能な数値パラメータとして定義し、形状変更ができる）

計算式活用により、穴数・穴ピッチを自動変更

③ 取引先や製造サイドとの円滑なコミュニケーション

取引先や製造サイドへの正確で明解な情報伝達

VA/VE 提案の効果的なツールとして活用

▶ 10.2.4　3次元板金CAD

3次元板金CAD設計は、設計サイドと製造サイドを連携させるための重要な機能である。設計サイドの設計意図を正確に製造サイドの製造者に伝達すること、製造サイドの加工意図、ノウハウ、加工技術を設計サイドの設計者に共有させるという重要な役割を担う。各社の3次元板金CADの機種や

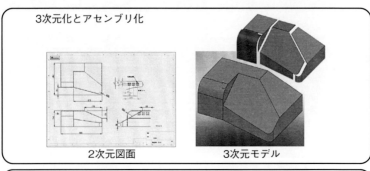
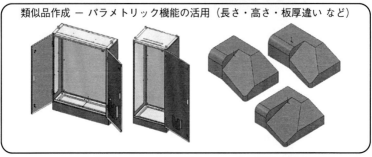
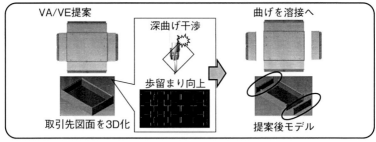

図 10.15 3次元化の導入効果（設計作業）

仕様には多少の差異があり注意が必要だが、基本的な考え方は参考になるはずである。代表的な機能は以下のとおりである。

① 3次元シェルモデルから板金ソリッドモデルを作成

シェルモデルを作成し、曲げ線・突き合わせなど板金加工工程を定義し、板金アセンブリ作成を行う（図 10.16）。

② 板金アセンブリモデルでの溶接・組み立て用位置決め機能

ホゾ・溝、タブ、ノッチ、ケガキなどの情報を挿入する。（図 10.17）。

シェルモデル	板金化定義 (各エッジに曲げ・突き合わせ などの条件を入力)	板金アセンブリ自動作成 (複数材質・複数板厚で 構成させることも可能)

図10.16 シェルモデルから板金ソリッド作成

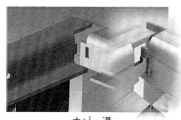 

ホゾ・溝　　　　　　　　　　　ダボ

  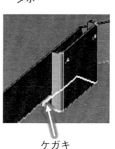

ノッチ　　　　タブ　　　　ケガキ

図10.17 板金アセンブリモデルでの溶接・組立用位置決め

③ 3次元・2次元データの入力

特型・成形型形状の自動認識（**図10.18**、**図10.19**）

汎用CADからの3次元データや2次元三面図、展開図を入力する場合、自動形状認識により板金モデルを認識。

④ 板金ソリッドモデルチェック

曲げ線近くの穴変形、曲げのエッジ端の膨らみ、曲げ時の最少フランジ長さなど、実際の加工で問題となりそうな箇所をチェック（**図10.20**）。結果

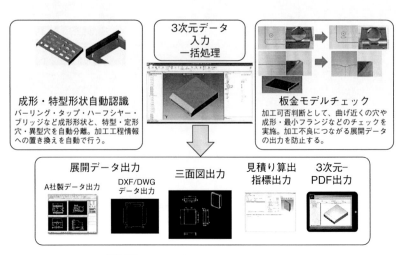

図 10.18　3 次元板金 CAD 設計の代表機能

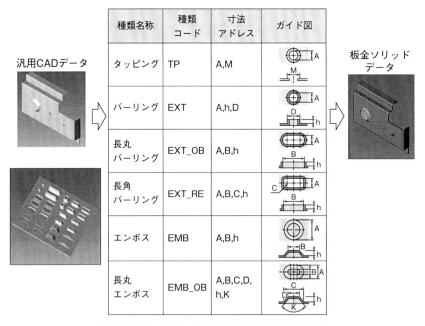

図 10.19　成形・特型形状の自動認識抜粋例

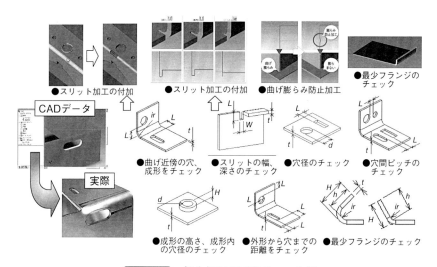

図10.20 板金加工の可否チェック例

に基づき、回避するための加工属性と加工技術を指示。

⑤ 正確な展開図の補正処理

曲げ線のスリット、曲げ線にかかる円弧、曲げ線近傍の微小線などの展開図の補正（**図10.21～23**）。

⑥ 後処理の板金CAD/CAMへの3次元CADデータ、2次元展開図、三面図出力、生産管理システムへの見積りの算出のための指標データの出力

（1）板金モデルで加工技術・加工方法を考慮したCAD設計

10.2.2節で説明したように、今後の板金モデルは製品アセンブリレベルで、板金製造にかかわるあらゆる情報を集約する必要がある（アセンブリでの板金部品、非板金部品、3次元形状データ、展開図、工程順序、加工マシン、加工方法、加工順序、NCプログラム、図面、画像など）。特に製品アセンブリ全工程の各部品の加工意図、加工技術情報を基に、最終的な加工のための製造データをつくり出すことになる。ここでは代表的な加工技術と活用機能を紹介する（**図10.24**）。

①加工技術
 ⅰ）曲げ線近傍の加工補助のためのスリット加工
 ⅱ）溶接・組み立ての位置決め用ダボ、ホゾ・溝加工

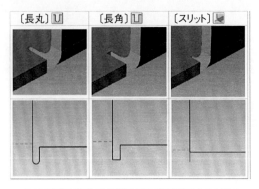

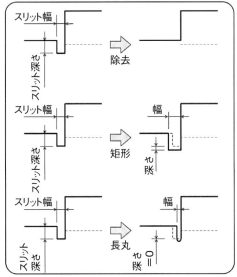

図 10.21 展開図作成での曲げ際のスリット形状補正

　ⅲ）曲げ後に発生する曲げ膨らみ（曲げコブ）除去加工
　ⅳ）ファイバーレーザ溶接
②活用機能
　ⅰ）部品バラシ、フランジの突き合わせ機能
　ⅱ）曲げ近傍の穴変形防止指示
　ⅲ）定形穴の認識処理
　ⅳ）位置決め用レーザケガキ・センターポンチの指示

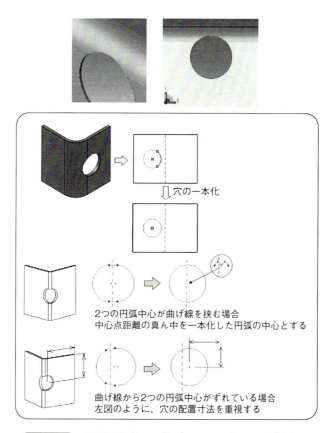

図 10.22 展開図作成での曲げにかかる穴の円弧化補正

v）溶接方法の指示

▶ 10.2.5　2 次元汎用 CAD 設計

　本設計工程では AutoCAD などに代表される汎用 CAD ソフトウェアによる 2 次元の三面図と展開図を作成する（**図 10.25**）。そこで、作成されデータは DXF 形式や DWG 形式のファイル形式となるが、DXF ファイルでは材料名称や材質、曲げ線情報を電子データとして保存し渡すことができない。そのため、2 次元展開図データを下流の板金 CAD/CAM に渡すために考慮すべき例を説明する。

(a) コーナーの曲げ逃げ形状補正

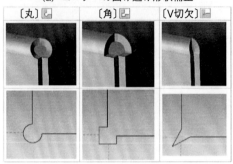

(b) 曲げ線端部の微小要素除去

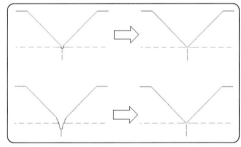

図 10.23 展開図作成での加工属性の補正処理

（1）材料の材質と板厚情報の受け渡し
　① ファイル名称に材質と板厚情報を付加する。
　② インタフェースに合ったファイルを渡す。
（2）曲げ線情報の受け渡し（図 10.26、図 10.27）
　① 曲げ山・谷、角度、内 R 値を曲げ情報レイヤーの名称で渡す。
　② 曲げ情報レイヤーに、直線の線種・色で渡す。
（3）ブランク加工の成形・特型形状情報の受け渡し
　表 10.6 に示す情報として渡す。

▶ 10.2.6　2 次元板金 CAD 設計

　本節では三面図の DXF ファイル、紙図面から板金 CAD 設計の流れを簡単に説明する（図 10.28）。

第10章　自動化ツール

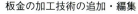
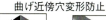

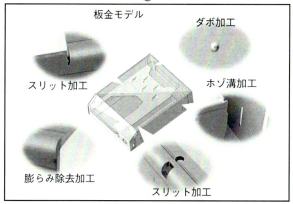

図10.24　板金モデルで加工技術・加工方法を考慮した CAD 設計
出所：Sheetmetal ましん&そふと　2017年2月号

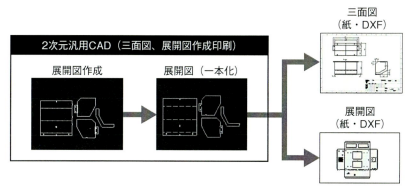

図10.25　2次元汎用 CAD 設計の流れ

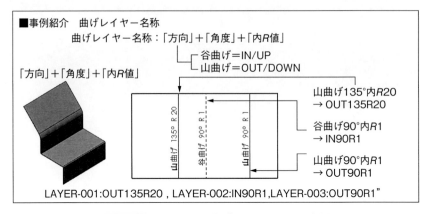

図 10.26 DXF での曲げレイヤー渡しの事例

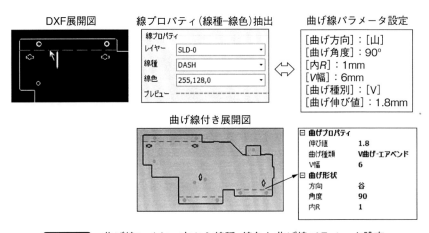

図 10.27 曲げ線レイヤー内から線種-線色と曲げ線パラメータ設定

(1) 三面図入力
　① DXF データの読み込み
　② 図面枠線などの不要なレイヤーの除去
　③ 寸法線、補助線、コメントなど不要な要素の削除
　④ 定形穴、成形型や特型の形状の認識（表 10.6）
　⑤ 構成の 2 次元面のみを抽出
(2) 紙の三図面からデータ入力

第10章 自動化ツール

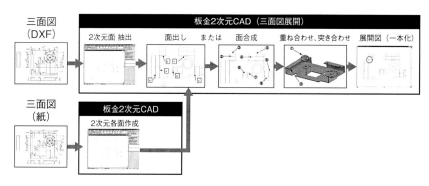

図10.28 一般的な2次元板金CAD設計の流れ

① 材料情報（材質-板厚）の加工段取りデータの入力
② 原点から対象面の左下座標値の入力
③ 外形線の入力
④ 穴、異型穴を入力
⑤ 外形線、円弧を編集
⑥ 切り欠き形状の作成
⑦ 角度線、寸法線の入力と寸法確認
(3) 面出し、面合成による展開の面を拡張
(4) 3次元の立体化を行い、重ね合わせ・突き合わせの形状の編集
(5) 板金の加工属性の一本化処理で板金の加工属性（金型やレーザ加工の穴、曲げ線、溶接線など）付きの展開図を作成
(6) 展開図DXF形式のファイルを出力

(1) CADデータの読み込み処理

①2次元／3次元汎用CADデータの読み込み

2次元CAD三面図・展開図、3次元CADデータを読み込む（代表的な汎用CADデータ形式については**図10.29**を参照）。

②図形クリーニングと板金形状の認識

図面データ内の部品線と同じレイヤーで描かれている図枠や寸法、矢印などを認識し、板金用部品線を抽出する。

③3次元板金モデルへ自動変換

汎用CADデータの設計意図を立体モデルへ反映する。板金加工のための

表 10.6　2次元三面図/展開図での

種類名称	DXF/DWGデータ	種類コード	寸法アドレス	ガイド図（断面図）
バーリング	二重円で描かれており、側面図は外径円の直径に一致する突起が描かれている	EXT	A, h, D	
長丸バーリング	上記と同様	EXT_OB	A, B, h	
長角バーリング	上記と同様	EXT_RE	A, B, C, h	
タッピング	二重円で描かれている（側面図に表現されている必要が無い）	TP	A, M	
バーリングタップ	三重円で描かれており、側面図は外径円の直径に一致する突起が描かれている	EXTP	A, M, h, D	
丸ハーフシヤ	単独の円で描かれており、側面図は外径円の直径に一致する突起が描かれている	HS	A, h	
長丸ハーフシヤ	上記と同様	HS_OB	A, B, h	

第 10 章　自動化ツール

成形・特型形状認識一覧表

名称	図	コード	パラメータ	側面図
長角ハーフシャー	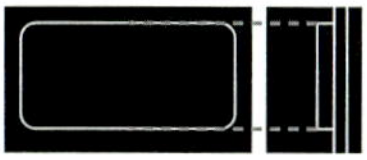 上記と同様	HS_RE	A, B, C, h	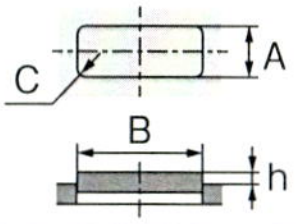
丸エンボス	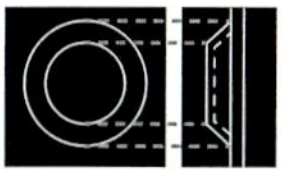 二重円で描かれており、正面図に対応する側面図が図のように描かれている	EMB	A, B, h	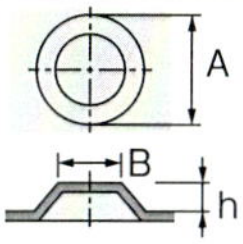
長丸エンボス	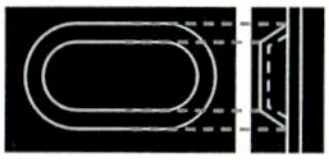 上記と同様	EMB_OB	A, B, C, D, h, K	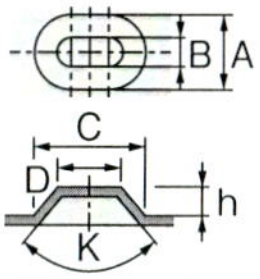
長角エンボス	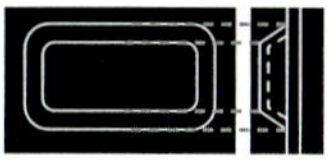 上記と同様	EMB_RE	A, B, C, D, E, h, K	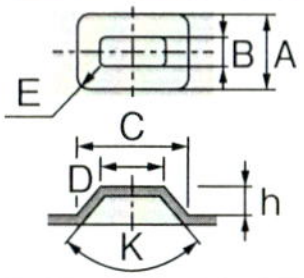
皿もみ	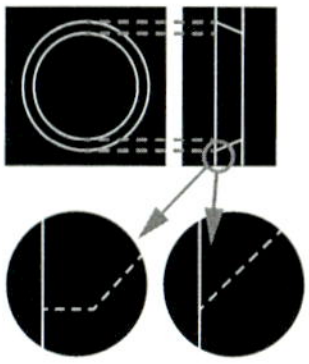 二重円で描かれており、側面図は図の様に皿もみの断面線が描かれている（上部の直線部は描いても、描かなくてもよい）	CS	A, B, H, K	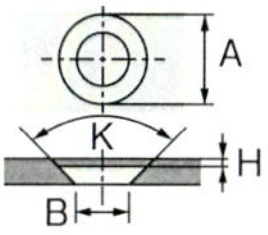
長丸皿もみ	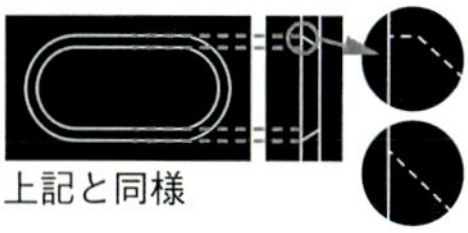 上記と同様	CS_OB	A, B, C, D, H, K（H=0でもOK）	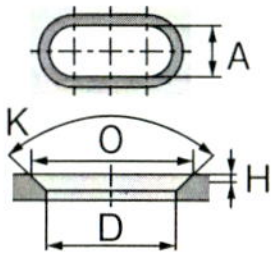
長角皿もみ	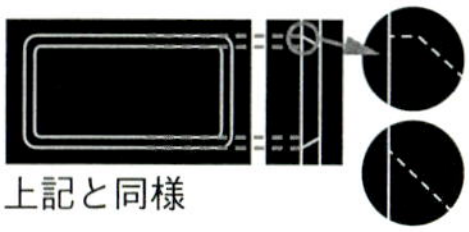 上記と同様	CS_RE	A, B, C, D, E, H, K（H=0でもOK）	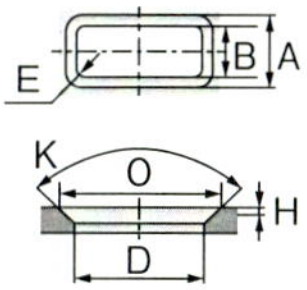

381

■表10.6　2次元三面図/展開図での

座ぐり	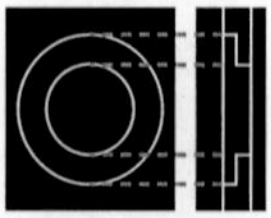 二重円で描かれており、側面図は図のように座ぐりの断面線が描かれている	CB	A, B, H	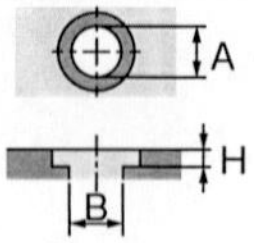
ルーバー	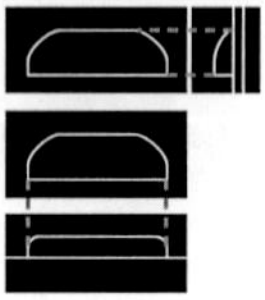 ルーバーを上から見た絵と、上下左右いずれかの側面図が、図のようにRを含んで描かれている	LOU	A, B, D, E, h	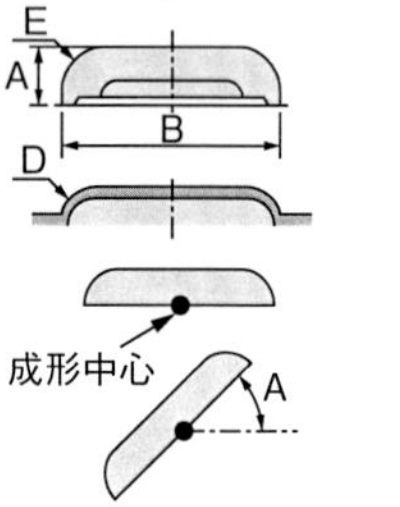 ルーバーの成形中心点は上図のとおりとなる。またルーバーは配置角度（A）の情報を持つ。
丸コイニング	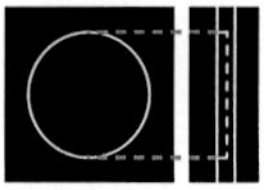 一重円で描かれており、側面図は図のようにコイニングの断面線が描かれている	COI	A, H	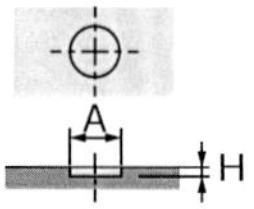
長丸コイニング	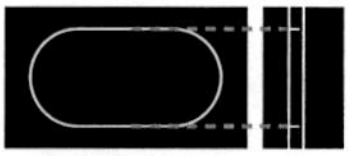 上記と同様	COI_OB	A, B, H	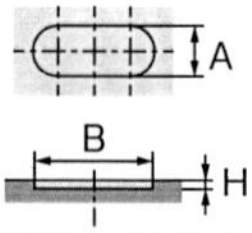
長角コイニング	 上記と同様	COI_RE	A, B, C, H	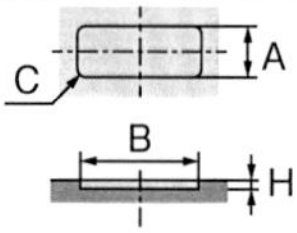
丸カウンターシンク	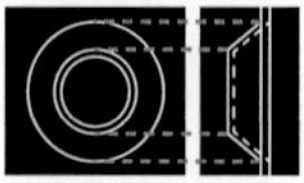 三重円で描かれており、正面図に対応する側面図が図のように描かれている	CE	A, B, h, K	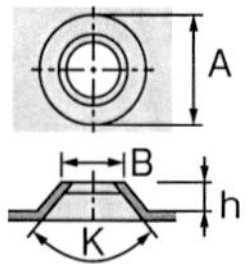

成形・特型形状認識一覧表（続き）

名称	図	コード	寸法	側面図
長丸カウンターシンク	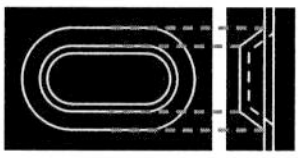 上記と同様	CE_OB	A, B, C, D, h	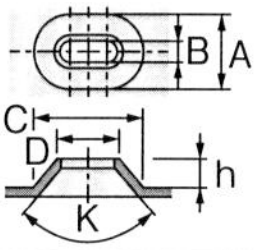
長角カウンターシンク	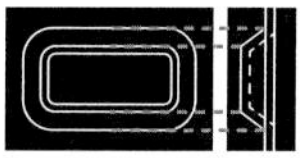 上記と同様	CE_RE	A, B, C, D, E, h, K	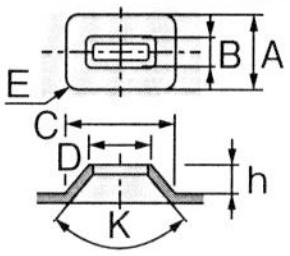
ブリッジ	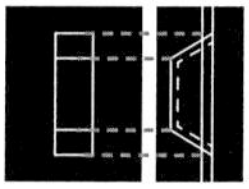 ブリッジを上から見た絵と、対応する側面図が描かれている	BRI	A, C, D, h, K	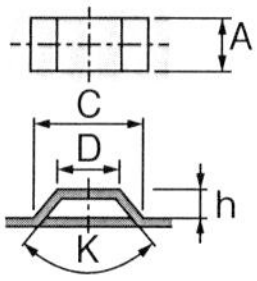
Rブリッジ	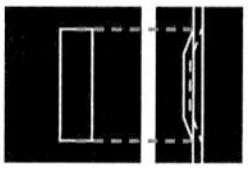 Rブリッジを上から見た絵と、対応する側面図が描かれている	BRI_R	A, C, h	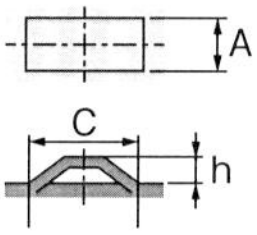
ディンプル	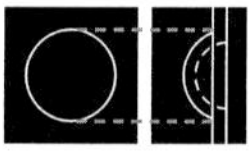 一重円で描かれており、側面図は図のようにディンプルの断面線が描かれている	DIM	A, h	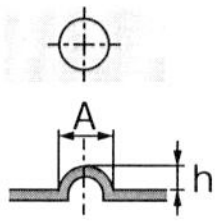
ビード	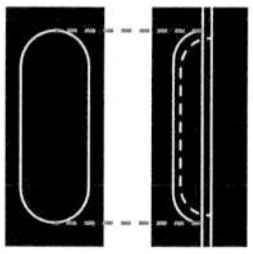 一重円で描かれており、側面図は図のようにビードの断面線が描かれている	BED	A, C, h	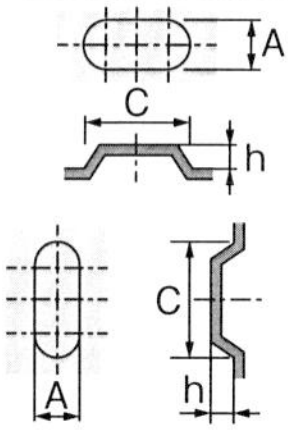
不明な成形	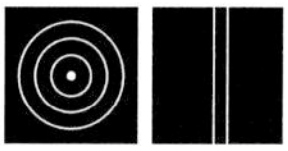 三重円で描かれており、側面図には表現されていない	UNK	A, B, C	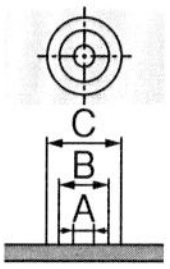

3次元CADデータ　　2次元CADデータ　　2次元CADデータ
　　　　　　　　　　（展開図）　　　　（三面図）

ファイル書式		ファイル拡張子	バージョン
3次元	ACIS	*.sat, *.sab	~v26.0
	Parasolid	*.x_t, *.x_b	~v28.1
	STEP	*.stp, *.step	AP203, AP214, AP242
	IGES	*.igs, *.iges	5.1, 5.2, 5.3
	Autodesk Inventor	*.ipt, *.iam	~2017
	CATIA V5	*.CATPart, *.CATProduct	~V5-6 R2016（R26）
	Pro/Engineer	*.prt, *.prt.*, *.neu, *.neu.*, *.asm, *.asm.*, *.xas, *.xpr	Pro/Engineer 19.0 ~ Creo 3.0
	NX	*.prt	~NX11.0
	SolidWorks	*.sldprt, *.sldasm	~2017
	Soid Edge	*.par, *.asm, *.psm	V19, V20, ST, ST2, ST9
2次元	DXF/DWG	*.dxf, *.dwg	AutoCAD R2007-2013

図 10.29　CADデータ書式と

成形、特型形状の自動認識、曲げ線自動認識などを行う（表10.6）。

（2）2次元展開図作成

　CADデータの読み込み後、設計意図が含まれた「3次元板金モデル」を作成する。その後、溶接突き合わせ方法・曲げ方法・マシンを選択し、加工属性が考慮された「加工属性付きの3次元板金モデル」を作成する。同時に正確な加工属性付きの展開図を作成する（図10.30）。

▶ 10.2.7　ブランキング用CAM

　多品種少量生産でのリードタイム短縮、段取り削減、コスト削減のためのパンチングプレスとレーザ、パンチ・レーザ複合マシンのCAMで考慮する

第10章　自動化ツール

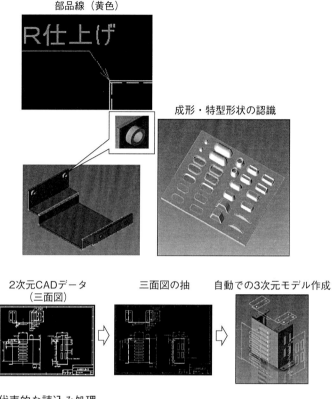

代表的な読込み処理

ポイントを紹介する。ただし、各社のCAM商品で対応差異があるため、注意が必要である。
(1) パンチングプレスと、パンチ・レーザ複合マシンの金型交換の段取り削減のためのCAM割り付け時点では、CAMは現場のマシンに装着された金型や材料在庫とリアルタイムに同期し、NCプログラムを作成していない。そのため、実際の加工時には待ち時間が発生する。リアルタイムで同期するシステムを用いれば、より正確な金型交換段取りや材料手配が行え、待ち時間を短縮することが可能となる（**図10.31**）。
(2) 共有切断での配置とCAM割り付け
該当部品の外周形状に合わせた配置パターンで共有配置ができる。

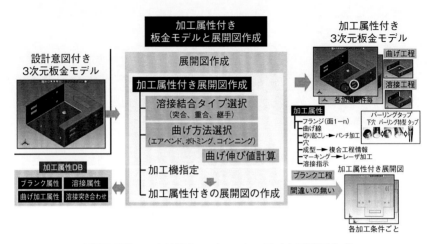

図 10.30 3次元板金モデルからの正確な展開図作成

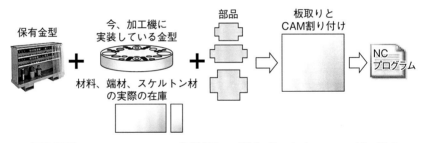

図 10.31 リアルタイムでの作業段取り時間短縮のための CAM 割り付け

そのため、材料歩留まり向上と加工時間の短縮が可能になる（**図 10.32**）。

(3) レーザ加工の小物部品の切り起こし、落下回避と仕分け作業改善

剣山タイプのレーザマシンでは、小物部品の落下や切り起こしが発生するため、ジョイントで固定するが、仕分け作業に時間がかかる。この対策として、複数部品をブロック化し、仕分け作業がしやすい位置にジョイント付けすることで、仕分け時間が短縮する（**図 10.33**）。

(4) 部品搬出装置付きパンチ・レーザ複合マシンの部品外周加工方法

複合機での外周の加工方法については、該当部品の形状や外周部に求められるエッジ面質、製造コストを考慮し選択する。レーザ加工のみ、パンチング加工のみによる外周加工はレーザマシン、パンチングプレスの

第 10 章　自動化ツール

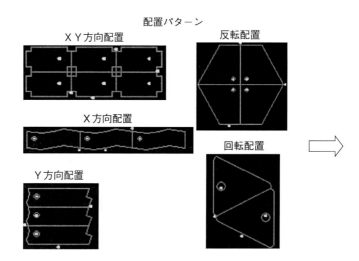

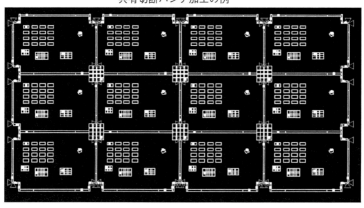

図10.32　共有切断での配置と CAM 割り付け

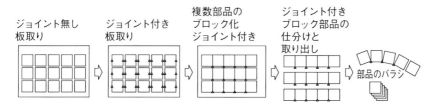

図10.33　レーザ加工の小物部品の切り起こし／落下回避と仕分作業改善

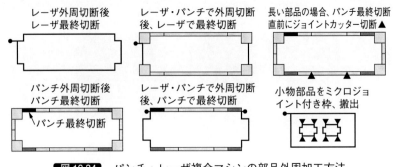

図 10.34 パンチ・レーザ複合マシンの部品外周加工方法

場合と同様である（図 10.34）。

▶ 10.2.8　曲げ用 CAM

汎用ベンディングマシンと自動金型交換装置付きのマシン、自動ロボット付きマシン共通の手動 CAM の操作および各データ作成モードと多品種少量生産に最適な曲げ用 CAM の運用を紹介する。

（1）手動の CAM 操作の流れ（図 10.35）。

　① 曲げ工程順番を設定

展開図から対象の曲げ線を選択し曲げ工程の順番を決定する。

　② 金型選択

該当曲げ線に対して、パンチとダイを選択し、金型配置を決定する。

　③ 加工シミュレーションと加工の可否チェック

該当曲げ線の加工シミュレーションと加工の可否を行う。

全ての曲げ工程（曲げ線）数分に対し①から③の処理を繰り返す。

　④ 正常に全ての加工シミュレーションが完了した後、曲げ加工データが保存

（2）曲げ用 CAM の各作成モードの運用の流れ

本節では曲げ用 CAM の各作成モードの説明と運用の流れを説明する（図 10.36）。なお、各社の CAM では対応できる作成モードに差異があるので、注意が必要である。

　① 2次元／3次元板金 CAD で部品の曲げ線付き展開図を作成し、共有領域へ登録

第 10 章　自動化ツール

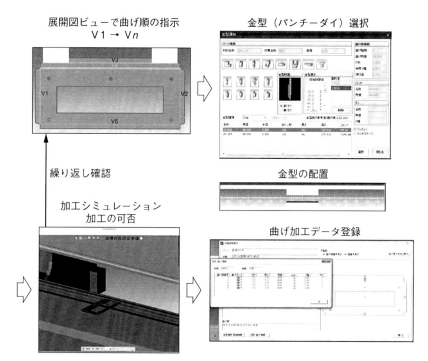

図 10.35　手動の CAM 操作の流れ
※各曲げ線の V1 から Vn の n 番号は曲げ工程順番を表す。

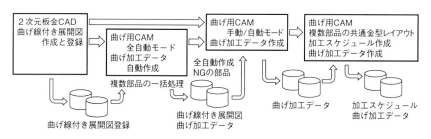

図 10.36　曲げ用 CAM の各作成モードの運用の流れ

② 全自動モード

共有領域（データサーバーなど）へ新規に曲げ線付き展開図が保存されると、曲げ用 CAM が自動的に曲げ加工データを作成する。作成できない場合

は、未作成の部品の一覧を表示する。

　③　手動モード

10.2.8（1）項の手動機能により、部品の曲げ線付き展開図から曲げ加工データを作成する。

　④　自動モード

共有領域に登録している複数の部品（曲げ線付き展開図）を選択し、自動で曲げ加工データとスケジュールを作成する。

　⑤　複数部品の共通金型レイアウト作成（多品目一括金型段取り機能）

あらかじめ曲げデータを作成された部品を複数選択し、共通金型レイアウトとスケジュールを作成する。

（3）自動金型交換装置付きベンディングマシンの曲げ用CAM

汎用ベンディングマシン単体機と自動金型交換装置付きベンディングマシンによる部品の加工時間と金型交換時間の違いのベンチマーク一覧を示す（**表10.7**）。なお、各社の加工機や仕様には差異があるため、各社の内容を確認する必要がある。

製品「コントロールボックス」内の部品4パーツの例では、自動金型交換装置による金型交換時間：4分10秒、多品目一括交換の時間：1分55秒である。これに対して、汎用単体機の場合はそれぞれ15分と10分である。汎用単体機、自動金型交換装置付きベンディングマシン10セット（4部品）の1サイクル製造、5セットの2サイクル製造の2つのパターンに対して、部品単位ごとと、多品目一括金型交換におけるそれぞれの加工時間と金型交換時間を算出した。全40部品の曲げ時間はどの製造パターンもほぼ同一で32分40秒となる。各製造パターンにおいて、全加工時間は金型交換作業の人手、自動交換作業の回数、時間に大きく影響される。

また、自動金型交換装置はサイクル回数を増加させるほど単体機との金型交換時間の削減に効果を発揮する。特にセット数＝1の場合、製品・アセンブリ単位の台車を搬送方式で、製品1個流しの有効な解決策になる。1サイクル分として1製品を5分11秒ごとに次工程へ搬送することが可能になる。

▶ 10.2.9　溶接ロボット用CAM

本節では10.2.2（2）項で紹介した最終工程の溶接、組み立ての製品・ア

表10.7 製造パターン別のベンチマーク一覧

対象マシン		汎用ベンディングマシン		自動金型交換装置付きベンディングマシン	
製造パターン		10セット× 1サイクル製造	5セット× 2サイクル製造	10セット× 1サイクル製造	5セット× 2サイクル製造
全40部品 曲げ時間 コントロールBOX 4部品(28曲げ)=3分16秒 (1曲げ/7秒換算)		32分40秒	32分40秒	32分40秒	32分40秒
部品単位での金型交換時間 汎用ベンダー単体： 1部品平均5分換算(2部品 が同一金型配置加工)		15分	30分	4分10秒	8分20秒
多品目一括段取りの 金型交換時間		10分	20分	1分55秒	3分50秒
全加工時間	部品単位	47分40秒	62分40秒	36分50秒	41分00秒
	一括段取り	42分40秒	52分40秒	34分35秒	36分30秒
1サイクル分 の加工時間	部品単位	47分40秒	31分20秒	36分50秒	20分30秒
	一括段取り	42分40秒	26分20秒	34分35秒	18分15秒

出所：Sheetmetal ましん&そふと 2017年2月号

センブリ設計の考えと連動する。以下に概要を紹介する（**図10.37**）。ただし、各社のCAMと溶接ロボットの仕様には差異があるため、注意が必要である。

（1）3次元板金CADでの曲げ、溶接突き合わせ、位置決め形状の挿入
　　溶接、組み立ての作業のための部品の位置決めを行い、溶接から曲げ
　　工程の加工方法を反映する。
（2）製品・アセンブリの配置、治具配置
　　溶接用ロボットの3次元シミュレータで配置を決定する。
（3）溶接順、ヘッド角度の編集
　　3次元シミュレータで溶接順とヘッド角度を指定する。
（4）加工シミュレーションにより、加工物とヘッドの干渉をチェックする。
（5）最終チェックを行い、加工プログラムの作成し、登録する。

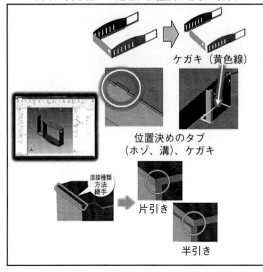
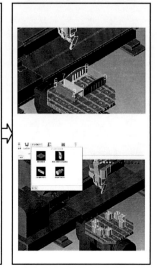

図 10.37　溶接ロボット用の

▶ 10.2.10　台車による部品の搬送の考え方

多品種少量生産加工において、全工程にわたるリードタイム短縮とコスト削減が重要になっており、また、製品・アセンブリ品の比率が上がっている。これに対しては、現場でのボトルネック工程間を部品単位ではなく製品・アセンブリ品単位で台車に乗せて搬送する手法が有効である。各工程間での物流の整流化、仕掛品の滞留の削減、各工程の物探し、待ち時間、作業段取り工数等の無駄の削減を実現し、より正確な工程間搬送が可能になる。

重要な点は、以下の事項である。
① 台車による製品・アセンブリ単位の搬送運用への移行
② 後工程にとって最適な単位で積載（製品、作業段取り単位）
③ 台車 ID を使用し容易に台車・製品を識別
④ 搬送は外段取り専任者が担当

（1）搬送の考え方

製造現場の各加工機のスケジュールは、次の２方式がある。
　1）　フォワード方式（生産管理システムなどを用いて、前工程から後工程

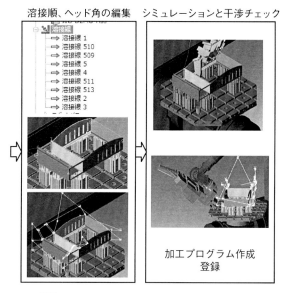

CAM機能

に向かって負荷の山崩しを行う方式）
　2）バックワード方式（納期から後工程・前工程に向かって負荷の山崩しを行う方式）
　しかし、各マシンのスケジュール運転、作業段取りのため、対象ワーク（製品、アセンブリユニット、部品）の工程間搬送方法により、工程間のリードタイムと滞留時間が大きく変わる。また、マシンの稼働率にも影響する。ここでは代表的な3つの搬送方法を説明する（**表10.8**）。
　①通常の部品単位
　ブランク工程後から曲げ工程までを部品単位で台車搬送し、加工を行う。曲げ加工後、待機エリアで保管し、後工程の組み立てや溶接からの呼び出しに合わせ、対象部品を製品・アセンブリ単位でラックに収納し、後工程に搬送する。この方法では、部品探しや製品単位の取りまとめの際待ち時間・滞留時間が発生する。
　②製品・アセンブリ単位
　ブランク工程の加工後に製品・アセンブリ単位で、台車やラックに仕分け

表10.8 現場の生産形態に合わせた

		フォワード生産	
(1) 通常の部品単位 台車搬送方式	ブランク加工	部品バラシ、仕分けと部品単位配膳	
(2) 製品・アセンブリ単位 台車搬送方式		部品バラシ、仕分けと全部品を製品／アセンブリ単位で台車・ラック収納 製品単位 製品1単位	ピッキング
(3) 後工程の目的別単位 台車搬送方式	ブランク加工でも多品目一括段取り順の単位での板取りとシート加工を行う	多品目一括段取り順の単位で台車・ラック収納	ピッキング

出所：Sheetmetal ましん＆そふと　2017年2月号

積載し、ブランク工程後から組み立て・溶接工程間を台車搬送し、各工程で製品・アセンブリ単位で加工する。この場合、後工程の組み立て、溶接の加工着手を早め、製品加工全体のリードタイムを短縮する。ただし、各加工マシンの作業段取り（金型交換）が多くなる。特に曲げ工程の自動金型交換装置と多品目一括金型段取り機能は金型交換の時間短縮により効果を発揮する。

③後工程の目的別単位

本方式は①②の方式に対して、曲げ工程の多品目一括段取り対象の部品からブランク工程の加工単位と連動することで、リードタイム短縮が図れる。

ワーク搬送方式

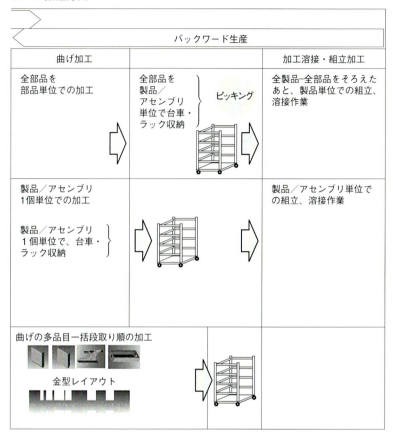

(2) スマートなモノづくりの解決策（図10.38）

多品種少量生産と新規比率の高い生産の両立を図るために、全工程のリードタイム短縮と非熟練工（新人や若手）による機械の運用を実現させる必要がある。ブランク工程、曲げ工程、溶接工程での代表的な解決策は以下のとおりである。

　ブランク工程：パンチ・レーザ複合マシン自動化セルを使用
　曲げ工程：自動金型交換装置付きベンディングマシンを使用
　溶接工程：溶接自動化ロボットセルを使用

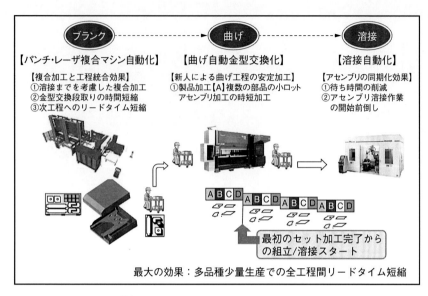

図 10.38 製品単位の台車搬送方式の事例

　各工程間：製品・アセンブリ単位の台車搬送運用を使用

　但し、対象の加工製品、各社のマシンの機種や仕様に違いがあるため、注意が必要である。

第 11 章

板金加工システムと IoT

　第 1 章から第 10 章まで、板金加工の加工法と加工機械について詳述してきた。我が国の製造業が存続するためには、多品種少量生産と省人化・無人化への対応が必要である。板金加工は多品種少量生産には適した加工であるが、省人化・無人化に対応することが迫られている。そして、加工無人化の実現には加工システムの構築が欠かせない。

　本章では板金加工システムの必要性、背景、システムを導入する目的と効果、システムの運用の必要なソフトウェアの構成など実例を挙げて説明する。板金加工は早くから NC 化が進み、インターネットとの接続も早くから行われていた。IoT 活用の気運が高まる中で更に進んだ機械知能化の取り組みも紹介し、今後の板金加工の課題などについても述べる。

11.1 板金加工システム

▶ 11.1.1 FMSの必然性

世界の先進国の製造業が抱える問題として
(1) 労働環境の変化（若年労働者の減少、製造業離れ）
(2) 自働化の孤島の出現（ネットワーク化困難な「島」の出現）
(3) グローバリゼーション（製造業の海外移転）
(4) 現用技術の整備体系化の不足（生産技術・技能の移転が困難、データベース化不足）
(5) 消費者ニーズの多様化（多品種少量生産）
(6) 産業の空洞化と製造技術・技能の低下

がある。これらの問題は1980年代から現在までも同じであり、かつ先進工業国共通の問題である。例えば、グローバリゼーションの問題の1つとして、生産拠点の海外移転があり、国内から東南アジアへ製造拠点を移す動きが1990年代以降加速され問題となっていたが、ドイツでも旧東欧への製造拠点移転の問題を抱えていたし、米国では自動車メーカーがメキシコに生産拠点を移していた。この背景は先進工業国の高賃金体質と発展途上国の低賃金があったことはいうまでもない。また消費者ニーズの多様化は多品種少量生産を余儀なくさせる。

上記の問題を解決する手段として、工場の自働化・省人化・無人化が指向されたのであるが、上記の(2)、「自働化の孤島の出現」という問題が残る。「島」とはある作業をする領域のことを言い、例えば「旋盤の島」と言えば旋盤作業を行っている領域を表すのである。「自働化の孤島」とは工場の中で、自動化が極めて困難な工程が存在することを意味する。

例えば、部品のバリ取りは避けては通れない工程であるが、この工程は付加価値が低く、かつ自動化が難しい（一般論であって、板金加工でバリが生じるのはせん断・切断工程であり、板形状のままなので、ほかの加工に比べ

ればバリは処理しやすい）。この工程を自動化するために多額の投資は経済的合理性を欠き、人件費が安ければ、人力に頼った方がいいことになる。自働化ができないとネットワーク化が困難になるのはいうまでもない。

　自働化の孤島が生じるからと言って、自働化をしないわけにはいかない。少種多量生産の自働化は比較的たやすいが、多品種少量生産を自動化するのは難しい。このような多品種少量生産を自働化するのがFMS（Flexible Manufacturing System）である。FMSは古いと思われているが、その概念は今でも通用する。製造業がFMSを志向せざるを得ないし、塑性加工も例外ではない。なお本章では、今後、板金加工FMSは板金加工システムと同義であるとして板金加工システムと記載する。

▶ 11.1.2　工場自働化の構成要素

　前項で述べた工場の自働化のためには次のことが必要とされている。
（1）設計の効率化
（2）FMS化
（3）物流のシステム化
（4）情報のネットワーク化
（5）管理業務などの事務の合理化

　すなわち、設計、製造、生産に伴う物流、情報、管理業務の全てにわたって合理化を進めないと目的を達成できないことが示されている。このうちFMS化は前項で述べたように、多品種少量生産に対応することが必要であるからである。設計の合理化は単にCADを使えばいいというものではない。モノづくりの合理化は、まず、最上流である設計から手を付けるべきである。作りやすい形状、部品の共通化など設計の段階から生産コストの削減、納期の短縮を目指す必要がある。物流のシステム化は、トヨタ生産方式に見られるように、コストの削減に必要な手段であり、情報のネットワーク化、管理業務などの合理化は言わずもがなであろう。

▶ 11.1.3　板金加工システムとは

　ある目的を達成するために要素を組み合わせたものをシステムと呼ぶ。例えば、複数のプレスを並べ、材料の供給装置、プレス間の搬送用ロボットな

どを取り付けたトランスファラインなどはその典型である。板金加工システムは、一般に、板金加工用のプレスなどに加え、材料倉庫、倉庫からの材料の取り出し装置、材料搬送装置、製品の搬出・仕訳装置などから成っており、原則として無人で板金加工ができるものをいうことが多い。板金加工は多品種少量生産に適した加工であるから、板金加工の自働化はFMSとなるのは自然である。

FMSは1970年代に機械加工の分野で始まり、これが塑性加工分野にも取り込まれるようになった。塑性加工は、プレス加工に見られるように、大量生産に適した加工であるので、多品種少量生産に対応することは、加工機が加工の柔軟性を有すること、すなわち、複数の製品・部品を加工しやすいことが求められる。また、自働化・無人化もFMSには必要な条件である。板金加工には以上の条件を満たした加工機、タレットパンチプレスやレーザ加工機などがあり、板金加工システムの導入[1]は我が国には必然であったと言える。

1976年にタレットパンチプレスに材料の供給、製品の搬出装置を付けた板金加工FMSが出現し、以降、このタイプが1980年代以降に急速な普及をみており、現在もこのタイプが主流である。なお、このようなシステムの導入は我が国が海外よりも進んでいたことは特筆されるべきである。

これから分かるように、当時の板金加工システムはせん断加工を行うシステムであり、曲げ加工のFMS化は1980年代にはほとんどなされていない。これは曲げ加工機のFMS化、特に、金型の長さの変更、すなわちフレキシブル化と金型交換の自動化／無人化が難しいことに原因がある。しかし1990年代以降はこれらの問題はある程度解決された。

2000年以降については、調査が行われていないので不明であるが、いわゆるバブルの崩壊により、国内企業の設備投資は抑えられ、さらに工場の海外移転が進んだという状況下で、板金加工システムの導入数の伸びは1980年代ほどではなかったと思われる。

▶ 11.1.4　板金加工システム導入の目的と効果

システムを導入するに当たっては、当然導入する目的があったはずである。この導入目的を1980年代半ばに調査した結果[2]を**表11.1**に示す。この調査

表 11.1 板金加工システムの導入目的

項目(キーワード)	割合(企業数)/%	割合(回答数)/%	割合(重みつき)/%
イ 増産	53.3	14.5	14.2
ロ 多様化	86.7	23.6	27.1
ハ 即納	46.7	12.7	11.4
ニ 省人化	93.3	25.5	25.7
ホ 24時間運転	33.3	9.1	8.6
ヘ 無人化	6.7	1.8	1.4
ト 在庫縮小	13.3	3.6	2.9
チ 経費削減	33.3	9.1	8.6

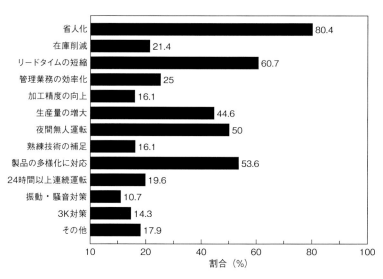

図 11.1 1990年代の板金加工システムの導入の目的

では導入の主たる目的を1つ、従たる目的は複数、選択できるとした。したがって、表11.1において、企業数の割合を合計すると100％を超える。そこで回答総数に対する割合と、従たる目的は複数選べることから、主たる目的の回答数に重み2を掛けて割合を計算したものも示している。これを見ると多様化への対応と省人化が大きな導入目的であったことが分かる。

さらに、1990年代半ばにも同様の調査を行った。その結果[3]を**図 11.1**に

示す．この調査では，1980年代の調査よりも選択肢を増やしている．結果を見ると，省人化が一番の目的となり，次いで短納期化，それから多様化への対応となっている．注目すべきことは，夜間無人運転や24時間無人運転を目指した企業が多いことで，両者を無人運転というキーワードで合わせてみると40％になる．これは10年間でシステムが進歩したとみなすべきであろう．前述のように2000年以降の調査は行われていないが，経済状況から考えて，省人化・無人化の流れは加速しているとみるべきである．また板金機械メーカーも長時間連続運転に耐えうる板金加工システムを市場に出している．

一方，このような目的に対して効果があったかどうかについての1980年代の調査結果を**表11.2**に示す．省人化，時間の短縮（加工時間の短縮，短納期化を含む）には8割以上の企業が効果があったとしている．さらにコスト削減や管理業務の削減にも2～3割の企業が効果ありとしており，導入の効果が認められる．1990年代には，省人化について細かく調べたところ，生産現場では2％～100％の削減ができたという回答があり，平均で48％であった．企業により効果にばらつきがみられる．

もう1つの多様化への対応を示したのが**図11.2**である．同図は横軸には生産のロット数を対数で，縦軸には生産の品種数をやはり対数を取り示した

表11.2 板金加工におけるシステム導入の効果

導　入　の　効　果	件数
省力・省人化	26
時間の短縮 （加工時間、段取り時間、リードタイム、納期など）	24
在庫の減少など （仕掛り在庫、完成品在庫などの減少）	6
費用の削減 （金型費、材料費、外注費、仕掛り費）	8
生産管理業務の合理化 （帳票の削減、図面レス化）	6
そ　の　他 （品質の安定化、均一化、加工精度の向上など）	7

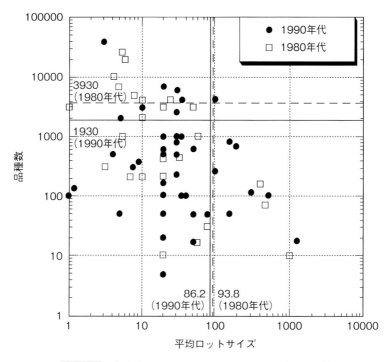

図 11.2 板金加工 FMS の平均ロットサイズと品種数

ものである。ロット数は 100 以下が多く、品種数は 500 以上という企業が多い。この傾向は 2000 年以降も変わることはない。いずれにせよ、導入された板金加工システムは導入の目的を果たしたとみることができる。

▶ 11.1.5　板金加工システムの加工内容と業種

1980 年代と 1990 年代に導入された板金加工システムの加工内容を示したものが図 11.3 である。同図から、1990 年代までは、板金加工システムは板の切断／せん断システムと考えてもよい。曲げ、溶接、タッピングなどを取り入れたシステムもあるにはあるが、これらのシステムのレベル高くはなかった。加工機械の自動化と加工のフレキシビリティを考えると、せん断／切断ほどではないからである。

現在はフレキシブルな曲げ加工機械や溶接ロボットなどが進化しており、

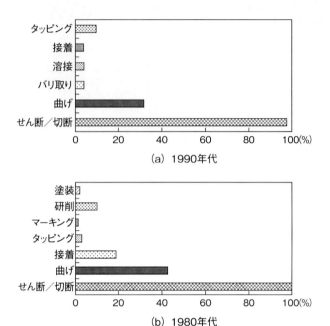

図 11.3 板金加工 FMS における加工内容

　加工のフレキシビリティと自動化を両立させ、曲げ、タッピング、溶接、塗装などを含んだ板金加工システムが存在するが、せん断・切断が主であることには変わりがない。せん断／切断に用いられた機械はタレットパンチプレスが主流であったが、レーザマシンの切断速度が速くなり、またレーザ発振器が値下がりしたこともあって、レーザが主力になりつつある。しかしレーザマシンでは、パンチプレスではできる成形加工ができない。パンチレーザ複合マシンは加工のフレキシビリティと生産能率の高さを併せ持つ加工機として評価を受けている（図 11.4）。

　どのような加工・加工機を含んだシステムにするかということは、企業が自社の生産形態に合わせて決定すべき事柄である。

　多品種少量生産への対応と、省人化から無人化へという傾向は全く変わることなく今に続いている。板金加工システムの必要性は現在でも変わることが無い。

図11.4 パンチレーザ複合マシンと加工サンプルの例

▶ 11.1.6　板金加工システムの分類と実例

　板金加工に限らず、生産システムの分類法としてワークのフローに着目し、これにグラフ理論を利用する方法がある。グラフ理論は「点と線の数学」と言われているが、線に向きを付け（有向グラフ）これを矢印（→）で表してワークの流れに対応させ、加工や中間在庫などを点（•）に対応させた。これを用いた板金加工システムの分類の結果[1]を図11.5に示す。ライン型が多い。
　ライン型とはワークが常に上流から下流に向かって流れるが、流れ方としてストレート、分流、分枝に細分できる。分流は、例えば、加工機を2台、並列に並べて加工の分担を行うタイプである。分枝は加工の流れの途中で、例えばロボットがワークをピックアップし、加工後、元のラインに戻すよう

型	例	種類	記号	1990年代システム数		1980年代システム数	
ライン		ストレート	A_0	25	38	12	39
		分流	A_1	11		17	
		分岐	A_2	2		6	
		複合	A_3	0		4	
ループ		単一	B_0	0	0	0	1
		多重	B_1	0		0	
		分岐	B_2	0		1	
ネット			C	3		2	
ツリー			D	7		0	

図 11.5　システムの分類とシステム数

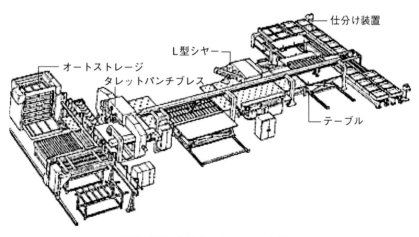

図 11.6　板金加工システム事例 1

な流れである。ストレートと分流の例を図 11.6 および図 11.7 に示す。

　ループ型は複数の加工機の間を回りながら加工が進んでいくもので、機械加工の FMS では多く見られるが、板金加工システムでは見かけない。ネット型は多くの加工機の間を複数の流れで結んだものである。ツリー型はライン型とよく似ているが、ワークの逆送がある点でライン型とは異なっている。

第 11 章 板金加工システムと IoT

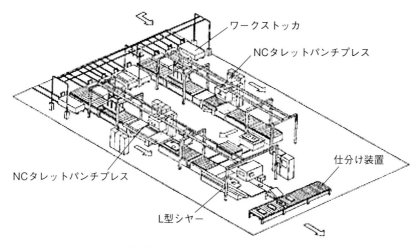

図 11.7 板金加工システム事例 2

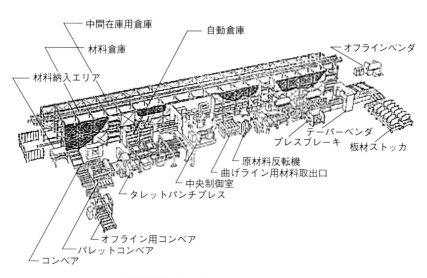

図 11.8 板金加工システム事例 3

1980 年代には見られなかったが、1990 年代になるとこの型が見られる。
　初期のツリー型のシステム例を**図 11.8**[4]に示す。自動倉庫から出たワークはタレットパンチプレスによる加工を経て、一端、自動倉庫に戻される。倉

407

庫にしまわれたワーク（中間在庫）は取り出され曲げ加工された後、直ちに次の工程に送られる。パンチング加工した板は平面を保っているが、曲げ加工したワークは3次元形状となり、これを貯蔵することは集積効率を落とすからである。またせん断／切断工程にかかる時間と曲げ加工にかかる時間がアンバランスであるという問題もあり、せん断／切断後に一端倉庫に戻した方が合理的であることも理由の1つである。このツリー型の流れは2000年代に導入された板金加工システムで多くの例がみられる。省人化・無人化による必然の流れである。

11.2 板金加工システムとソフトウェア

▶ 11.2.1 基本構成

　生産システムを自動で円滑に運営するためには、機械とシステムを制御するコンピュータ群とそれらを運営管理するソフトウェアが必要である。図11.9に生産システムのソフトウェアの基本構成を示す。考え方の基本は同じであり、現在でも通用する。図11.8に基づいて説明する。まずシステムは製品計画システムと生産プロセスシステムに大別される。製品計画システムは更に技術情報処理システムと管理情報処理システム、生産制御システムに分けられる。

　技術情報処理システムは製品設計システムと生産工程設計システムから成り、製品の設計とそれを生産するための生産工程設計で構成される。製品の設計においてはCADが用いられることが多いが、設計図面が用いられることもある。生産工程設計システムは製品設計システムで設計された多品種の製品を、必要な量と納期内に自社の設備あるいは外注を含めて、うまく生産を行うかを設計するするシステムであり、コンピュータで処理することが望ましいが、「人」の介助を必要とする場合が多い。

　板金加工システムでは、板取りやスケジューリングといった問題があり、

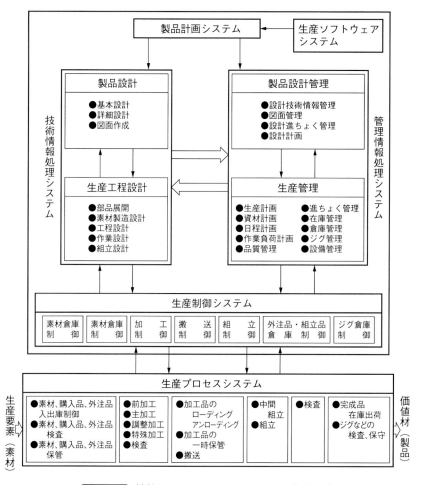

図 11.9 精算システムのソフトウェアの基本構成

これらをコンピュータ処理することが課題となる。これで分かるように、製品の設計からその製品を生産するために必要な機械類を決定し、製造に要する時間を用いてシステム全体の最適化を図る必要がある。そのためのデータを収集し蓄積することが重要で、現在も変わらない課題である。

　管理情報システムは、製品設計管理と生産管理に分けられ、前者は、製品の設計に関するあらゆる情報を管理する。生産管理は製品の生産に関わる全

ての情報を管理する。これらの管理システムはコンピュータを用いて行うことが望ましい。生産制御システムは上述の技術情報、管理情報に基づき、実際に生産する各種機器の制御を行うシステムである。

生産プロセスシステムは、上述のシステムを活用して実際の生産を行うシステムで、個々で用いられる各種機器の制御は前述の生産制御システムによって行われる。

これらのシステムの運用管理はコンピュータで行うことが望ましいが、一部をコンピュータで援用しているシステムも少なくない。企業の置かれている環境に依存するがコンピュータによる運用を目指すべきである。

▶ 11.2.2　板金加工におけるモノと情報の流れ

板金加工システムを導入したことにより、モノ・情報の流れがどう変化したかを実例で示す。図 11.10 は大手メーカーの板金工場における従来の板金製品のモノと情報の流れを示す。本社設計部門から送られた製品図などは製造のために製品の展開図→板取り図→NC プログラミングへと流れ、試作加工を経て各 NC 加工機にプログラムが送られる。

一方、本社生産管理部門から生産計画指示書が渡され、工程設計を経て生産指示がなされ、素材が投入されて NC 加工機が工程通りに加工を行っていく。これらの工程は工程管理されている。ここで各種の情報の加工、すなわち設計情報が加工に必要な情報へと加工されているが、人力に頼っていた。

この工場に板金加工システムが導入された。その加工と情報の流れを図 11.11 に示す。設計情報は CAD データベースとして本社から通信（この場合は衛星通信を使っている）により工場の CAM データベースに入る。加工のためのサブシステムは CAM データベースと双方向で、情報が加工され NC プログラムなどが作成され、結果の一部は生産管理部門にフィードバックされる。生産管理部門からの生産指令により、加工に必要な NC プログラムは通信により各 NC 加工機に伝達され、素材が供給されて加工が行われ、製品・部品になる。

この実例で分かるように、モノの加工の流れはシステム導入前と変わっていないが、情報の流れは大きく変化し、特に人手を介していた作業が、CAM データベースを中心にコンピュータを援用した対話型システムになり、

第 11 章　板金加工システムと IoT

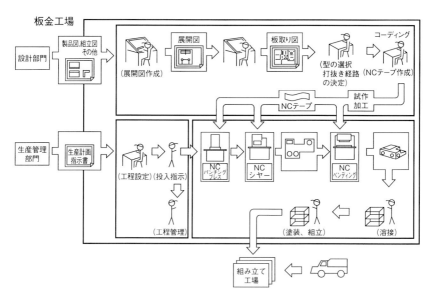

図 11.10　板金加工におけるモノと情報の流れ

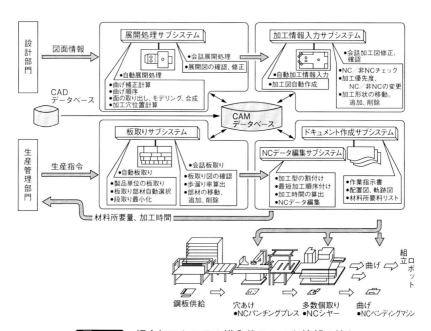

図 11.11　板金加工システム導入後のモノと情報の流れ

時間、労力などの大幅な削減につながっている。ここに示したのは一例であるが、システムの情報の流れは基本的なものであり、ほかのシステムにおいても、大幅に異なることはない。

2000年代以降、情報はインターネット経由で流されるようになり、情報の蓄積もクラウドなどの概念が用いられるようにはなっているが、手段が変わるだけで考え方が変わることはない。

▶ 11.2.3　CIMの階層モデル

工場あるいは企業の全ての情報をコンピュータで処理し自動化することをFAあるいはEA（Enterprise Automation）と呼ぶことがあるが、これらは和製英語であって、国際的にはCIM（Computer Integrated Manufacturing）と呼ばれている。図11.12にCIMの6階層モデルと言われているものを示す。これはCIMの段階を表しているものと考えてよい。なお、この図は全ての製造業に当てはまるように記載されているので、図の破線（著者が書き加えた）の右側は機械系以外の製造業に当てはまるものとみなせるので、ここでは左側のみで考えることにする。

第1層は物理層とも言われ、実際に加工する機械類を表す。第2層は機械類を制御する層で、NCや機械のコントローラはこれに当たる。複数の機械の集合をセルと呼び、これを統括するコンピュータ（システム）がセル管理システムである。第4層はこれらの複数のセルをエリアとしてエリア管理コンピュータで統括管理する。各エリアの集合として工場全体をコンピュータで管理統括するのが第5層で、これをFA（Factory Automation）と呼ぶことが多い。さらに、企業全体の経営までコンピュータで統括管理するものが企業経営コンピュータシステムであり、EA（Enterprise Automation）とも呼ばれる。

図11.13を基に、1990年代に各企業がどのレベルにあったかを示すのが**図11.13**である。セル管理、すなわちレベル3にとどまっているのが1/3であるが、レベルの5、6に達している企業もあり、レベル5以上とすると全体の1/3が到達している。1980年代にはほとんどの企業がレベル3であったことを考えると、10年間の進歩が著しいことが分かる。情報通信技術、コンピュータの進歩に負うところが大きい。

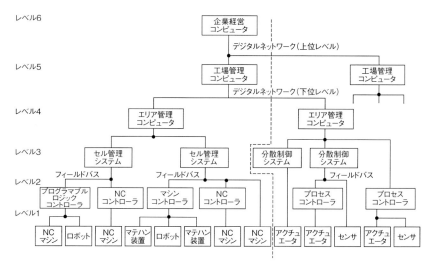

図11.12 CIMの6階層モデル

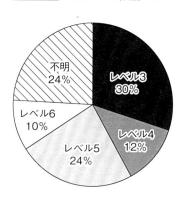

図11.13 システムレベルの割合

この傾向は2000年以降も続いており、多くの企業が5ないし6階層に到達している。特にインターネットの普及が進み、機械・セル・エリア・企業がインターネットでつながり、まさにIoTとなっていることが分かる。IoTは決して目新しい概念ではなく、2000年代には板金加工システムに取り入れられていたのである。

11.3 板金加工システムと周辺機器類

▶ 11.3.1 板金加工シスステムで用いられている加工機

　板金加工システムでは、前述のように NC シヤ、パンチングプレス、レーザ加工機、NC 曲げ加工機などが用いられている。板金加工システムにおいて、どのような加工が行われていたかを示しているのが前に記した図11.3である。ほとんどがせん断・切断のシステムであったことが分かる。曲げ加工が本格的にシステム内に大幅に取り入れられたのは 2000 年代以降であり、それ以前は板金加工システムに適合した曲げ加工機が少なかったのが主な原因である。

　板金加工はせん断・切断、曲げを経て溶接などの結合加工が行われることは既に見てきたとおりである。そこで板金加工システムで行われている加工で、シヤ、パンチングプレス、レーザ加工などのせん断／切断、曲げ加工、溶接については本書で詳述しているので、それ以外の加工に用いられている機械について述べる。

（1）タッピング加工機

　溶接と並んで最も一般的な接合法が、ネジによる締結である。ネジによる締結は、取り外しが簡単なため、多用されている。タレットパンチプレス、レーザマシンなどによってあけられた下穴にネジを切り込んでいくのがタッピング加工である（図11.14）。既にパンチング加工のところで詳述したように、パンチングプレスでタッピングを行うことができるが、タッピングの専用機、タッピングマシンもあり、タッピング加工用の専用機として板金加工システムで用いられることがある。図11.15に NC タッピングマシンを示す。図11.16 に示すように、複数のタッピング工具を内蔵し、必要な径のタップを立てることができる。

（2）スタッド溶接機

　ネジを立てるのに、タッピング加工を行わず、必要なサイズのスタッド

図 11.14 タッピング加工工程

図 11.15 NC タッピングマシン

図 11.16 タッピング機構

（雄ネジ）またはナット（雌ネジ）を、直接板に溶接する機械がある。スタッド・ナットと板材の間に瞬間的に放電させて接合面を加熱した後、両者を加圧し溶接する。下穴加工は不要である。スタッド専用溶接機が NC スタッド溶接機である（**図 1.17**）。必要なサイズの雄ネジあるいはナットを NC で位置決めしながら溶接することができる。

（3）ファスナー圧入機

ナット、スタッドなどを板材に圧入する機械（**図 11.18**）もある。ナット、スタッドなどのファスナーを板材の下穴に圧入する（**図 11.19**）。板材が塑性変形し、ファスナーの溝部分に食い込むことによってファスナーが固定される。

▶ 11.3.2　板金加工システムの周辺機器

前述のように、システムは加工機だけでは成り立たず、周辺機器が必要である。プレスラインは大量生産を行っているので、素材にはコイルが用いられ、これに必要な機器が用いられるが、板金加工は多品種少量生産であるので、コイルを用いることはせず、定尺材あるいはスケッチ材が用いられる。

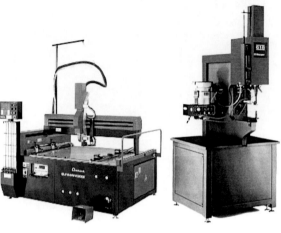

図11.17 NC スタッド溶接機　図11.18 ファスナー圧入機　図11.19 ファスナーの圧入

このような板状素材を材質や板厚を変えて蓄え、加工機に搬送し、さらに自動で加工機に送り込み、加工後の製品・部品を自動で仕分けする必要がある。したがって板金加工 FMS では自動倉庫、搬送機器、板のローディング／アンローディング機器、仕分け装置などが必要となる。これらは図 11.5〜図 11.7 の実例にも見られる。これらの機器類は、対象とする製品／部品の生産に応じて、システムの構成と仕様によって選択、決定される。

　自動倉庫：多品種少量生産においては、定尺材あるいはスケッチ材を用いざるを得ない。材質、板厚は、システムが対象とする製品にもよるが、様々である。システムの自動化を成し遂げるためには、まず、素材の材質、板厚、寸法別に蓄えておくことが必要であり、さらに、加工すべき製品／部品に合わせて蓄えてある板を必要な量だけ自動的に取り出し、加工機まで搬送する必要がある。

　この貯蔵の部分を担当するのが自動倉庫であり、納入された素材を仕分けした後、自動的に棚などに蓄え、必要に応じて取り出すという作業を自動的に行う機能を有する。素材の材質、板厚、量などの情報は自動倉庫の NC 装置あるいはシステムを統括するコンピュータなどに記憶され、必要に応じ呼び出される。自動倉庫の例を図 11.20 に示す。

第 11 章　板金加工システムと IoT

図 11.20　自動倉庫の例

　図 11.7 に示すシステムのように、パンチング加工やレーザ切断後に自動倉庫に再貯蔵する必要が生じる場合があり、この場合、自動倉庫の容量は必然的に大きくなる。夜間無人運転や 24 時間以上の無人運転を志向するシステムは必然的に大型の自動倉庫を備えることになる。

　搬送機器：ワークを自動倉庫から加工機へ、加工されたワークを自動倉庫あるいは次工程に搬送する機器は、搬送する長さやワークの量によって選択される。長距離に場合には自走台車がよく使われ、短い場合にはローディング／アンローディング装置と兼用のマニピュレータが用いられる場合、ローラーコンベアなどが用いられることもある。これらはシステムが扱うワークの量や加工される製品・部品に依存する。

　ローディング／アンローディング装置：加工すべきワークを加工機に送り込むための装置である。ワークをバキュームを用いて吊り下げるタイプが多いようである。ハンドリングロボットを用いている例もある。

　1990 年代にはプレスブレーキのハンドリングロボット（**図 11.21**）が市販されている。このロボットはプレスブレーキに直結されており、曲げ加工の自働化に貢献した。このロボットの特徴は、ロボット言語によるプログラムができることであるが、ロボット言語を使いこなすことが難しいので、加工対象ワークを分類し、ある製品に類似の製品に対しては、寸法のパラメータを変えるだけで対処できるようにしたことである。このパターン化されたソフトウェアの考え方は多くの工場で取り入れられたようである。現在は汎用ロボットでハンドリング行っているものもある。

　仕分け装置：加工された製品／部品ごとに自動的に仕分ける装置も必要である。加工されたワークは穴があいていたり、成形を受けていたりする。そ

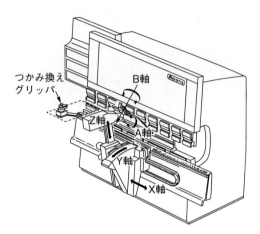

図 11.21 プレスブレーキロボット

こでこれをどのようにピックアップし仕分けするかは製品／部品の形状や量によって異なる。ただ、どのような製品／部品が加工されてきたかということはコンピュータが認識しているはずであるから、この情報を用いている。システムの特性により、最適なものが選ばれる。例えば図 11.5 の例では NC ローラーコンベアが仕分けに用いられている。

11.4 板金加工と IoT

　IoT あるいはインダストリー4.0 という言葉が産業界をにぎわせている。IoT はよく知られているように Internet of Things の頭文字を取ったものであり、全てのモノをインターネットにつなぐということである。もちろん、ただつなぐだけでは意味がないのであって、インターネットにつなぐことにより、多くの情報を取り扱い、かつ収集し、その収集したデータからより良い手段や方法を見いだすことに意義がある。大量のデータを収集し、取り扱うのであるから、データの保存場所が必要であり、クラウドという概念が

重要とされている。また大量のデータから有用な情報を取り出すためのツールとして、データマイニング、エキスパート・システムなどのAI（Artificial Intelligence：人工知能）情報処理技術が期待されている。

　一方、インダストリー4.0はドイツが国を挙げて取り組んでいるもので、第4次産業革命ともいうべきところから4.0としたようである。ここでもベースとなるのはIoTであるが、インターネットで企業間を結ぶということに特徴があるようである。これにより、生産における無駄を排除し、コストを下げ、納期を減らすことを目指しているようである。

　このように見て行くと、IoTもインダストリー4.0もインターネットやAIを活用し、産業界においていかにコストを下げ、納期を短くするかということを目標としている。コスト削減や納期短縮は製造業がいつでも取り上げるべき課題と言える。

　11.2節で見てきたように、板金加工システムを成立させるためには、情報のネットワーク化が必要で、ここにインターネットが用いられることはいうまでもない。実は2000年代にはIoTを取り入れた板金加工システムがあった。このシステムでは、設計情報や生産計画などの情報を本社と工場の間をインターネット経由でやり取りしている。また加工機械の情報が、メーカーとインターネットでつながっており、故障の際には機械のどこに不具合があるかをメーカーが診断し、適切な手段が取れるようになっている。

　このように、板金加工の世界ではIoTの萌芽ともいうべきシステムが、2000年代初頭に存在していたのである。もちろん、このようなシステムが広く普及していたわけではないし、このようなシステムを使いこなすためには、企業の技術力が必要であったと考えられる。IoTはいかにも新しい概念のように言われているが、板金加工の世界では早くから取り組んできていた。人件費の削減と多品種少量生産への対応に対し、無人化と情報技術の取り込みは必然であった。

11.5 板金加工の課題

▶ 11.5.1 板金加工における技術的課題

1980年代における塑性加工のFMS化に関する調査研究[5]において、今後の課題として
- (1) 多機能加工機の開発
- (2) 多機能金型の開発
- (3) 金型・工具の交換・支持・固定に関する技術開発
- (4) 素材・製品の搬送・挿入・取り出し技術の開発
- (5) インライン高度計測技術の開発
- (6) 知識集積型管理・制御ソフトの開発
- (7) システムの設計・評価手法の開発

が取り上げられている。これらの課題は今日においてもなお必要な技術開発課題である。これを板金加工に特化して考えれば
- (1) 加工の柔軟性(フレキシビリティ)を有する自働加工機・金型・工具の開発
- (2) インライン・インプロセス計測技術の開発
- (3) 加工機およびその周辺機器の知能化技術
- (4) システムの設計・運用・評価手法の開発
- (5) 加工のイノベーション

などが考えられる。

加工のイノベーションは未来の加工機であり、科学技術の進歩に依存するのでここでは割愛し、取りあえず現在の延長線上で考えられる技術開発課題に限ることにすると、残りの課題は加工機・加工システムの知能化技術の開発ということに集約できる。本項では板金加工機械・システムの開発課題について、著者の私見を述べることにする。

▶ **11.5.2　知能化技術とは**

　知能化技術の概念は1980年代に11.1.1項で述べた先進工業国が抱える問題の解決方法として提唱されており、決して新しい概念ではないが、いまだに実現はしていない。そこで、まず、知能化機械とはどのようなものを指すかについて述べよう。1990年に著者は知能化技術の概念として**図 11.22**[6]を提唱した。すなわち知能化技術とは、人間係に準え、手足の代わりに機械、感覚に代わりセンサー、脳に代わりコンピュータを、神経系の代わりのネットワークで結んで、人間と同じような機能を有する加工機・加工システムの技術とした。今のところこれに代わる概念が提唱されていることを著者は知らないので、この概念を基に板金機械・板金加工システムの知能化を考える。

　人間が何かの作業をする場合、実際の作業そのものは手足などであるが、それを命令するのは脳であり、脳からの指令により、アクチュエータである筋肉が働き、作業が可能になる。この時、視覚、聴覚、触覚などの感覚器官が働き、その作業を円滑に進めるのであって、感覚器官からの信号は神経系により脳に伝達される。

　すなわち、人間が作業を行うためには、脳、手足、感覚、神経系が有機的に働いている。知能化機械が目指すところはまさに人間の有機的な器官の働きを機械系に置き換えたものである。ところがこれはそう簡単ではない。例えばロボットハンドに卵を握らせようとすると、力の加減が難しく、卵を握り潰してしまったり（力が強すぎ）、落してしまったり（力が弱すぎ）するのである。一方、普通の人間は卵を難なく握ることができる。知能化機械は簡単には実現しないことが理解されよう。

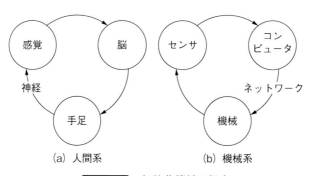

図 11.22　知能化機械の概念

▶ 11.5.3 板金機械の知能化技術の現状

知能化機械として市販されている板金機械は、現在存在していない。研究のレベルにあるもの、試作された機械はあるので、公表されているものについて紹介する。

図 11.23 は大学の研究室で研究された知能化 V 曲げ加工機[7]の一例である。曲げている途中で、曲げの荷重、ストローク、曲げ角度などをセンシングし、その結果はコンピュータで解析して材料の特性値を同定し、これを基に解析を行い、必要な曲げ角度になるようにストロークを決定して所定の曲げ角度になるようにしている。材料特性値の同定や、最終的なストロークの決定などは V 曲げの初等解析を用いている。

V 曲げにおける材料の変形は極めて複雑であることは 4 章に詳しく述べられているが、この研究では円弧ダイを用いることにより、パンチ先端と 2 箇所の円弧ダイによる支持で常に 3 点曲げとなり、解析を容易にしている。アイデアとしては素晴らしいものであるが、実用にはなっていない。

なお、円弧ダイではなく、普通の V ダイを用い、荷重とストロークの関係のデータベースを基に材料特性値を同定しようと試みた研究もある。いずれも実用に至っていない。

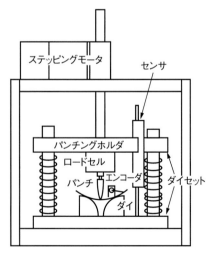

図 11.23　知能化曲げ加工システムの実験機

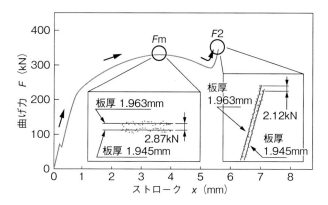

図11.24 V曲げにおける荷重〜ストローク線図と板厚の関係

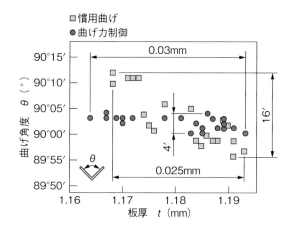

図11.25 知能化プレスブレーキによる繰り返し精度の向上
（従来機と知能化機械による繰り返し精度のばらつきの違い）

V曲げの精度は、4章で述べたように角度精度、繰り返し精度、通り精度がある。繰り返し精度を向上させようとした研究成果[8]がある。軟鋼のV曲げにおける荷重〜ストローク曲線は**図11.24**のように一度極大値F_mを取ったのち、減少し、さらに曲げが進むと荷重が急激に増加する。これはV曲げの変形が、エアベンディング（自由曲げ）、ボトミング、コイニングと変わるためであることは既に述べられているが、この最初の荷重の極大値F_mは同一ロット内の板の曲げにおいても変動しており、これは板厚の僅かな違

いに基づいている。この板厚の違いが繰り返し精度に影響を与える。

図 11.25 は僅かな板厚の違いにより、F_m の値が異なり、同じ最終曲げ角度（この場合は 90°）における荷重値 F_2 が異なっていることを示している。そこで F_m の値を検出し、この値を基に、必要な曲げ角度に対する荷重値 F_2 の値を補正することにより、繰り返し精度を向上させることができる。この結果を**図 11.25** に示す。同図ではプレスブレーキによる普通の V 曲げの結果と荷重補正をかけた V 曲げの結果を併記している。

普通の V 曲げでは 0.025 mm の板厚の違いが、繰り返し精度に対して 16 分の間にばらつきが生じるが、荷重補正をかけた曲げでは繰り返し精度 4 分以内という画期的な成果を得ている。このアルゴリズムを搭載したプレスブレーキは市販されていないが、考え方として役に立つと考えられる。

このようなプレスブレーキが市販に至らないのは、この荷重補正のアルゴリズムが成立するのは軟鋼のような n 乗硬化則の材料に対してであり、ステンレス鋼のような線形硬化則には適用が難しいということにある。なお、荷重補正のアルゴリズムを用いると、温度変化による機械のフレームの僅かな伸縮に対しても繰り返し精度の補正ができる。

プレスブレーキによる長尺材の V 曲げでは、通り精度が問題になる。これは長手方向に荷重が変化していることによる。そこで長手方向の荷重分布をセンシングし、これを基に長手方向に荷重が均等になるように補正をかけることにより通り精度を改善することができる。この考え方を採用したプレスブレーキは一部市販されている。

このように知能化板金機械はまだ研究のレベルであるが、その考え方を少しでも現場で取り入れることが重要である。

▶ 11.5.4　板金加工における知能化技術のこれから

前項で板金加工における知能化機械の現状として、曲げ加工機械の知能化についての研究成果を述べた。知能化機械の開発の対象として、何故曲げ加工が取り上げられたのか？　その理由は、曲げ加工が作業者の技能に依存するからに他ならない。既に第 4 章で、曲げ加工には様々なノウハウが存在することが述べられている。このノウハウ、すなわち経験とか勘とか言った暗黙知に依存する部分を加工機械自身で判断し加工ができるようにするかが研

究開発の課題である。ノウハウに依存する加工作業は無人化が難しいから、研究開発の対象となるのである。板金加工では、曲げのほかに、溶接も技能に依存している。溶接の知能化技術の研究開発も重要な課題である。

加工機械だけではなく、周辺機器やシステム全体の知能化技術の開発も重要である。例えば多品種少量生産におけるスケジューリングをエキスパート・システムといったようなAI技術を用いることにより、効率的で短納期の生産が可能になる。

知能化板金加工機・加工システムの開発に当たっては
(1) 開発目的、対象の明確化
(2) センシング技術の開発
(3) 周辺技術の開発
(4) 知能化機械・システムのアルゴリズムの開発
(5) AI技術・IoT技術の取り込み

が重要である。開発に当たってはまず対象と目的を明確にする必要があることはいうまでもない。これを明確にしておかないと、目的がボケて開発は失敗する。センシング技術を周辺技術と分けたのは、11.5.2項で述べたように、センシングが知能化技術の開発に当たり重要な要素技術であるからである。

ここで周辺技術とは、板金加工の被加工材である板の保持、つかみ換えなどやバリ取りといった知能化には直接的には関係がなさそうに見えるが、自働化には必要な技術開発をイメージしている。また、AI技術、IoT技術の発展は目覚ましいものがあり、それらをいかに板金加工に取り込むかが課題である。

11.6 板金加工業の課題

本書では10章までに加工機・加工の詳細を述べてきた。第11章では板金加工システムについて述べ、今後の技術的課題の私見を述べた。板金加工は

産業規模としては1兆円台あると言われており、海外の板金企業の技術・技能の発達は目覚ましいものがある。我が国において板金企業はどうなるか、どうあるべきか、は板金加工に携わる人々の関心があるところであろう。以下に著者の私見を述べて本書の結びとしたい。

　板金加工は製造業の基盤産業ではあるが、主力産業ではないし、なりえないと考える。したがって以下の見解は我が国の製造業が存続するとの前提に立つ。製造業が無くならない限り、板金加工はなくなることはない。海外の板金加工業の技術力が向上したとしても、板金加工品が全て海外製品にとって代わられることはない。なぜなら、板金加工では素材は薄板であるが、製品は3次元形状となり、これを輸入するとすれば、空気を運んでいるに等しいことになるからである。さらに、板金加工製品は筐体であったり、多品種少量の機械部品であったり、あるいは建築に用いられる資材であったり、さらには美術工芸品に近いものであったりと極めて多くの産業に関わっている。したがって、一部が海外製品に置き換わることはあっても全部が海外に依存することはないであろう。輸送効率を考えれば、発注先企業に近い処での生産が望まれるので、工業における地産地消が基本となろう。

　ここで問題となるのが大手企業の海外移転である。結果として筐体などの一部は海外で作らざるを得なくなる。しかし全てがなくなるわけではない。

　であるからと言って、企業が変革を怠ると退場を余儀なくされることはいうまでもない。特にIoTをはじめ情報技術への対応は必須であり、そのための人材育成は急務である。

　一方で技能の伝承も必須である。技術がデジタル化され、インターネットにつながると、漏えいしたり盗まれたりする危険に常時さらされることになる。技能は盗まれることはない。したがって、企業を発展させるためには技能の技術化が必要であるが、企業を守るためには技能の伝承が必要であり、二律背反の極めて難しい選択を迫られるが、二者択一ではなく、二者を共存させることが望ましい。

参 考 文 献

1) 木内学，中沢克紀，遠藤順一，篠原宗憲，松原茂夫：日本における塑性加工FMSの現状；塑性と加工, 26巻289号（1985）, p. 158-167.

2) 同上：板金 FMS の稼働状況：同上, 28 巻 312 号（1987）p. 16-21.
3) Ken-ichi Manabe, Manabu Kiuchi, Jun-ichi Endow, Yoshinori Nakazawa, Munenori Ono, Shigeo Matsubara: A survey of FMS/FA/CIM for metal forming processes in JAPAN; Proc. Int. Conf. on Manuf. Milestones toward the 21st Century, MM21（1997-July）, pp. 61-66
4) Y. Nakazawa, M. Kiuchi, J. Endow, M. Shinohara, S. Matsubara: Present status of Sheet metal FMS in Japan; Proc. 5th Int. Conf. Flexible Manufacturing Systems（1986）, p. 304-314.
5)（社）機械技術協会生産技術調査分科会塑性加工 FMS・WG 編著；世界の塑性加工 FMS 事例集；マシニスト出版（昭 61）.
6) 遠藤順一：FA の立場から見た知能化技術への期待と課題；塑性と加工, 31 巻 356 号（1990）, p. 1077-1081.
7) 楊明：曲げ加工プロセスの知能化に関する研究；京都大学博士論文（1990）
8) 安西哲也, 遠藤順一, 水野勉, 山田一：曲げ力制御による高精度曲げ加工, 塑性と加工, 37 巻 426 号（1996）, p. 743-748.

索　　引 (五十音順)

●あ行●

アーク	252
アイソメトリック図	18
アシストガス	196, 221
圧接	250
あま曲げ	184
安全囲い（ガード）	318
アンダーカット	285
異形板取り	34
移行現象	272
板取り	34
一元化条件設定グラフ	276
移動ブランキング方式	321
インダストリー 4.0	418
エアベンディング	133
エキスパート・システム	419
エリアセンサー	322
円偏光	223
追い抜き	81
オーバーベンディング	145
オーバーラップ	285

●か行●

カーリング	146
外側寸法加算法	20, 128
ガウジング	228
かえり	64
加工硬化指数（n 値）	122
重ね合わせ	45
ガス圧接	252
ガス溶接	252
割断	198
金型回転機構	95
金型原寸図面	173
金型自動交換装置（ATC）	193
管理情報処理システム	408
技能情報処理システム	408
技能の伝承	426
キャンバー	58
強度配分	219
切り起こし曲げ	185
矩形板取り	34
クラウド	412
鞍反り	130
グラフ理論	405

クリアランス（隙間）	62
クリーニング作用	265
クロージング	146
形状凍結性	135
限界ゲージ	307
限界寸法	189
コイニング	134
高圧ガス	201
鋼製巻尺（コンベックスルール）	301
光線式安全装置	320
交流 TIG 溶接	265
腰折れ	146
固体レーザ	214, 217
固定ブランキング方式	321

●さ行●

サーフェスモデル	50
最小フランジ長さ	125
最小曲げ	123
材料追従装置	324
座ぐり加工	117
サブマージアーク溶接法	254
三角形法	31
三面図	15
シーミング	146
シーム溶接	251
シールドガス	254, 257
ジェットタガネ	297
シェルモデル	50
自走台車	417
自動化システム	210
自動プログラミング装置	348
シヤー角	56
遮光眼鏡	326
重要寸法	184
焦点直径	221
蒸発切断	196
定盤	299
仕分け装置	416
人工知能	419
スケッチ材	11
スコヤ	305
スタッド溶接機	414
ステージベンド	162
捨て寸法	188
スプリングゴー	139

スプリングバック	124
スポット溶接	251, 279
スラグサクション装置	92
スラグ巻き込み	286
スラスト荷重	180
スロッティング加工	97
成形加工	42, 82
生産管理	409
生産工程設計システム	408
生産制御システム	408
生産プロセスシステム	408
製品計画システム	408
製品設計管理	409
製品設計システム	408
精密定盤	299
切削タップ	100
セル管理システム	412
センターベンド	162
せん断面	64
せん断力	56
塑性係数	122
ソリッドモデル	50

●た行●

ダイV幅	124
台形ジョイント	108
ダイベース（ダイブロック）	166
ダイホルダ	166
たたき定盤（箱型定盤）	300
多段折れ現象	176
タッピング	36, 82
タッピング加工機	414
ダブルデッキタイプ	182
ダレ	64
垂下がり	173
タレットパンチプレス	79
段差	173
鍛造バーリング加工	117
知能化技術	421
中立面基準法	22
直流TIG溶接	261
チラー（冷却装置）	198, 240
ツイスト	58
突き当て方向	184
突き合わせ	45, 188
鼓形ジョイント	110
ツリー型	406
定尺材	11
ディスクグラインダ	293
ディスクレーザ	216
データベース	422

データマイニング	419
テストパッド	310
デューティー比率	259
テルミット反応	200
展開図	16
展開長	20
転造タップ	100
溶け込み不足	286
ドロス	233

●な行●

内側寸法加算法	21
ナイフエッジ電極	263
長手反り	130
ニブリング	81
抜き潰し	81
ノギス	301
ノズル	221
伸び補正値（伸び値）	20, 24

●は行●

バーニング	227, 228
ハーフシャー加工	116
ハーフシャージョイント	110
バーリング	36, 82
ハイトゲージ	302
パイプレーザマシン	208
破断面	64
跳ね上がり	146
バリ	64
バリ取り機	295
パルス溶接	258
板金CAD	41
板金加工システム	398
板金ソリッドモデル	51
半自動アーク溶接	270
反射防止剤（ビーム吸収材）	238
搬送機器	416
パンチ・レーザ複合マシン	207
パンチホルダ	165
半導体レーザ	217
半抜き継ぎ目無し加工	98
ピアス加工	224
ビーム径	221
ビット	285
被覆アーク溶接	253
被覆剤（フラックス）	253
ファイバーレーザ	216
ファスナー圧入機	415
フォールディング曲げ	145
複合接合	247

船反り………………………………… 130
プラズマ溶接……………………… 254
フレキシビリティ………………… 403
ブローホール……………………… 285
プロトラクタ（角度計）………… 305
分解図……………………………… 18
平行線法…………………………… 27
ヘミング…………………………… 146
ベルトサンダ……………………… 294
偏光………………………………… 223
ボウ………………………………… 58
放射線法…………………………… 28
保持式制御装置…………………… 325
保障耐圧…………………………… 171
ボトミング…………………… 24,134
ホルダ……………………………… 165
ボンド……………………………… 249

●ま行●

マイクロメータ…………………… 304
曲げ荷重-曲げ角度曲線図……… 133
曲げ順序…………………… 171,184
曲げ伸び…………………………… 127
摩擦撹拌溶接……………………… 282
ミクロジョイント………………… 108
耳付きパンチ……………………… 190
ミラー……………………………… 220
無酸化切断………………………… 230
面合成………………………… 26,43
面取りスクレーパ………………… 293

●や行●

ヤスリ……………………………… 292
ヤング率…………………………… 135
融合不良…………………………… 286
溶接欠陥…………………………… 283
溶接ロボット……………………… 390
溶融切断…………………………… 196
横抜き……………………………… 170
余盛りの過大……………………… 283

●ら行●

ライン型…………………………… 405
リターンベンド限界グラフ… 39,173
立体表示機能……………………… 44
立体編集機能……………………… 45
両頭グラインダ…………………… 294

ループ型…………………………… 406
冷却装置…………………………… 198
レイリー長さ……………………… 221
レーザスキャナ…………………… 324
レーザマーキング………………… 230
レーザ溶接…………………… 254,279
レンズ……………………………… 221
ろう接……………………………… 250
労働安全衛生法…………………… 314
ローディング／アンローディング機器…… 416

●わ行●

ワイヤ供給量……………………… 275
ワイヤジョイント………………… 108
ワイヤフレームモデル…………… 49

●英・数●

2次元測定器……………………… 308
2次元レーザマシン……………… 205
2次せん断………………………… 63
3次元CAD……………………… 48
3次元測定器……………………… 309
3次元板金CAD………………… 369
3次元レーザマシン……………… 206
AI（Artificial Intelligence）…… 419
CAD/CAM……………………… 361
CIM（Computer Integrated Manufacturing）
 ……………………………………… 412
CO_2 レーザ…………………… 213
EA（Enterprise Automation）… 412
FA（Factory Automatio）……… 412
FMS（Flexible Manufacturing System）…… 399
FP加工（フラットポジショニング）…… 116
IoT………………………………… 418
K ファクタ……………………… 126
L曲げ……………………………… 145
MAG混合ガス…………………… 274
MAG溶接…………………… 254,274
MIG溶接…………………… 254,272
NCプログラム…………………… 349
R 曲げ…………………………… 146
TIGアーク溶接………………… 254
T-UP加工………………………… 116
Vカット加工（V溝加工）……… 113
V曲げ……………………………… 123
YAGレーザ……………………… 214

[編著者]
　遠藤順一（神奈川工科大学名誉教授）

[執筆協力]（五十音順）
　石原　実（アマダテクニカルサービス）
　大塚保之（アマダ）
　奥井　勝（アマダスクール）
　金　英俊（アマダ）
　小林清敏（アマダ）
　小森雅裕（小森安全機研究所）
　田中雅之（アマダスクール）
　中村　薫（アマダ）
　林　史郎（アマダ）
　守谷修司（アマダスクール）
　安田克彦（高付加価値溶接研究所長、
　　　　　職業能力開発総合大学校名誉教授：工博）
　渡辺基樹（トルンプ）

◎編著者略歴

遠藤　順一（えんどう　じゅんいち）

1941 年	満州生まれ
1966 年	早稲田大学大学院理工学研究科機械工学専攻修士課程修了
1983 年	工学博士（東京工業大学）
1986 年	東京工業大学助教授
1986 年～1992 年	（株）アマダ　技術研究所副所長、所長を歴任
1993 年	神奈川工科大学教授
	現在、神奈川工科大学名誉教授（日本塑性加工学会名誉会員・フェロー）

●著　書

「プレス加工便覧（形材・パイプの曲げ加工）」、日本塑性加工学会編、丸善、1975 年
「鉄鋼便覧（第 6 巻, 管の曲げ加工）」、日本鉄鋼協会編、丸善、1982 年
「世界の塑性加工 FMS 事例集（共著）」、機械技術協会編、マシニスト出版、1986 年
「JSME テキストシリーズ（加工学Ⅱ　塑性加工）」、日本機械学会、2014 年
「せん断加工（塑性加工技術シリーズ 12）」、日本塑性加工学会編、コロナ社、1992 年

技術大全シリーズ
板金加工大全　　　　　　　　　　NDC 566.5

2017 年 7 月 25 日　初版 1 刷発行　　（定価はカバーに表示してあります）
2024 年 5 月 31 日　初版 4 刷発行

Ⓒ　編著者　　遠藤　順一
　　発行者　　井水　治博
　　発行所　　日刊工業新聞社
　　　　　　　〒 103-8548　東京都中央区日本橋小網町 14-1
　　電　話　　書籍編集部　03（5644）7490
　　　　　　　販売・管理部　03（5644）7403
　　FAX　　　03（5644）7400
　　振替口座　00190-2-186076
　　URL　　　https://pub.nikkan.co.jp/
　　e-mail　　info_shuppan@nikkan.tech
　　印刷・製本　新日本印刷（POD3）

落丁・乱丁本はお取り替えいたします。
2017 Printed in Japan
ISBN 978-4-526-07726-5　C3053

本書の無断複写は、著作権法上の例外を除き、禁じられています。